Thomas Udelhoven

Die raumzeitliche Dynamik des partikelgebundenen Schadstofftransportes bei Trockenwetterbedingungen in kleinen heterogenen Einzugsgebieten

Dissertation

zur Erlangung des Doktorgrades (rer. nat.)
des Fachbereiches VI - Geographie/Geowissenschaften
der Universität Trier

vorgelegt von
Dipl. Geogr. Thomas Udelhoven

Betreuer und
1. Berichterstatter: Prof. Dr. Wolfhard Symader / Hydrologie

2. Berichterstatter: Prof. Dr. Roland Baumhauer / Physische Gepgraphie

Mai 1997

TRIERER GEOGRAPHISCHE STUDIEN

Herausgegeben von der Geographischen Gesellschaft Trier in Zusammenarbeit mit dem Fachbereich VI Geographie/Geowissenschaften der Universität Trier

Herausgeber: Roland Baumhauer

Schriftleitung: Reinhard-G. Schmidt

TRIERER GEOGRAPHISCHE STUDIEN

Herausgeber: Roland Baumhauer

Schriftleitung: Reinhard-G. Schmidt

HEFT 19

Thomas Udelhoven

Die raumzeitliche Dynamik des partikelgebundenen Schadstofftransportes bei Trockenwetterbedingungen in kleinen heterogenen Einzugsgebieten

1998

Im Selbstverlag der Geographischen Gesellschaft Trier in Zusammenarbeit mit dem Fachbereich VI Geographie/Geowissenschaften der Universität Trier

Zuschriften, die die Trierer Geographischen Studien betreffen, sind zu richten an:

Geographische Gesellschaft Trier

Universität Trier

D-54286 Trier

Schriftleitung: Reinhard-G. Schmidt

ISBN: 3-921 599-30-X

Computersatz und Layout: Erwin Lutz, Kartographisches Labor des Fachbereichs VI
Geographie/Geowissenschaften, Universität Trier
Offsetdruck: Paulinus-Druckerei GmbH, Trier

INHALTSVERZEICHNIS

ABBILDUNGSVERZEICHNIS

TABELLENVERZEICHNIS

VORWORT

Die vorliegende Arbeit wurde im Mai 1997 als Dissertation im Fach Hydrologie im Fachbereichs VI: Geographie/Geowissenschaften der Universität Trier eingereicht. Meinem Doktorvater Prof. Dr. Symader bin ich zu besonderem Dank verpflichtet, nicht nur für seine Unterstützung und langjährige wissenschaftliche Begleitung, sondern auch für die Freiräume, die er mir bei der Wahl und Ausgestaltung der Schwerpunkte überließ. Herrn Prof. Baumhauer möchte ich für die Übernahme des Zweitgutachtens meinen Dank aussprechen.

Für die zeitraubenden Analysen am GC/MS danke ich Herrn Dr. Reinhard Bierl. Von ihm habe ich während der Erstellung der Arbeit zahlreiche und wertvolle Anregungen erhalten.

Ohne Bernhard Fink, Susanne Lehmann, Stefan Schuh, Gerlinde Weber und Margret Roth, die mich bei den Laborarbeiten unterstützt haben, hätte das von mir gewählte Arbeitsprogramm erheblich gelitten. Für eine gewinnbringende Zusammenarbeit bedanke ich mich außerdem bei Almut Nagel, Frank Gasparini und Jürgen Schmitt.

Ein herzliches Dankeschön schulde ich darüber hinaus Erwin Lutz, Hermine Marx und Herrn Köhnen für die Durchsicht des Manuskriptes.

Schließlich hätte ohne die Geduld und Unterstützung durch meine Familie diese Arbeit nicht zustande kommen können. Ihr möchte ich dafür in besonderer Weise danken.

EINLEITUNG

Die zentrale Bedeutung von Schwebstoffen als Transportmedium für Nährstoffe und Schwermetalle in Fließgewässern ist allgemein akzeptiert (Ongley *et al.*, 1981, 1365). Nach Schätzungen von Milliman & Meade (1983, S. 18) werden in Fließgewässern weltweit jährlich etwa $13.5x10^{15}$ g Schwebstoff transportiert. Stone & Saunderson (1992, S. 190) beobachten, daß in Flüssen Süd-Ontarios 65-95% des jährlichen Feststoffeintrages alleine während der Frühjahrshochwässer erfolgt. Da der Schwebstofftransport größtenteils ereignisbezogen ist, beträgt der Anteil der jährlichen Schwebstofffracht in den Niedrigwasserperioden durchschnittlich nur etwa ein Prozent (schriftl. Mitteilung D.E. Walling). Daher erfolgt bei Fragestellungen, in denen eine Identifizierung der Schwebstoffquellen oder der partikelgebundene Schadstofftransport im Mittelpunkt stehen, bevorzugt eine Betrachtung der Hochwasserereignisse.

Schwebstoffen kommen in aquatischen Ökosystemen wichtige Funktionen für das Selbstreinigungsvermögen zu. Aufgrund ihres hohen Kohlenstoff- und Nährstoffgehaltes beeinflussen sie zudem die biologische Produktivität von Gewässerökosystemen positiv (STONE & ENGLISH, 1993, S. 17). Vor allem bei Niedrigwasser weisen Schwebstoffe kleine Partikelgrößen und einen hohen Anteil organischer Substanz auf. Dies macht sie zu herausragenden Adsorbaten für Schwermetalle und organische Schadstoffe (STONE & DROPPO, 1994, S. 122).

Bei Hochwasserereignissen gelten die Herkunft der Schwebstoffe sowie ihre Transportbahnen ins Gewässer als übergeordnete Größen, die in kleinen Mittelgebirgsbächen den partikelgebundenen Schadstofftransport von Sedimenten und Schwebstoffen steuern. In der vorliegenden Untersuchung werden die entsprechenden Prozesse während der Trockenwetterperioden in zwei kleinen heterogenen Einzugsgebieten untersucht. Im Mittelpunkt der Betrachtungen stehen die beteiligten Schwebstoffquellen, sowie die Prozesse, die bei Trockenwetterbedingungen den partikelgebundenen Schadstofftransport steuern.

1 STAND DES WISSENS

Der Schwebstofftransport in Fließgewässern ist größtenteils ereignisbezogen und dabei durch eine hohe, kurzzeitige Dynamik charakterisiert (WALLING & WEBB, 1982; SYMADER *ET AL.*, 1991; STRUNK, 1993). Ein Großteil der Forschung über den partikelgebundenen Schadstofftransport in Fließgewässern beschränkt sich deshalb auf die Untersuchung von Hochwasserwellen. Dort stellen die Partikelquellen, die Herkunft der Schadstoffe und die Transportbahnen ins Gewässer übergeordnete Größen dar, die den Schadstofftransport steuern (SYMADER *ET AL.*, 1991, SYMADER *et al.*, 1994). Aus diesem Grund ist ein aus Laborversuchen bekannter Einfluß von Partikelgrößenverteilung und organischer Substanz auf die Schadstoffbelastung, den z.B. KARICKHOFF *et al.* (1979) und KARICKHOFF (1981, 1984) herausstellen, unter natürlichen Bedingungen oftmals nicht verifizierbar (UMLAUF & BIERL, 1987; BIERL, 1988; SYMADER *et al.*, 1994).

Seit Anfang der achtziger Jahre beschäftigt sich eine wachsende Zahl von Studien auch mit den partikelgebundenen Stoffflüssen außerhalb der Hochwasserereignisse (BEDIENT *et al.*,1980; WARRY & CHAN, 1981; FOX *et al.*, 1983; KUNTZ & WARRY, 1983; MAGUIRE *et al.*, 1983; KAISER *et al.*,1985; PLATFORD *et al.*, 1985; PFEIFFER *et al.*, 1986; BURRUS *et al.*, 1990; CAREY *et al.*, 1990; KAISER *et al.*, 1990; BHOSALE & SAHU, 1991; LUM *et al.*, 1991; MERRIMAN *et al.*, 1991; SHERDSHOOPONGSE *et al.*, 1991; DOMAGALSKI & KUIVILA, 1993; GÖTZ, 1994; ROSTAD *et al.*, 1994; ENGELHARDT *et al.*, 1996; BREITUNG & SCHUMACHER, 1996). Sie verdeutlichen, daß die raum-zeitliche Varianz der Schadstoffbelastung an Schwebstoffen auch bei Mittel- und Niedrigwasser sehr variabel ist. Sie zeigen auch, daß ein Verständnis der partikelgebundenen Stoffflüsse nicht nur die Erfassung aktueller Schadstoffbelastungen, sondern auch Kenntnisse über Herkunft, Verhalten und Eigenschaften der beteiligten Feststoffe voraussetzt. Die wichtigsten allochthone Schwebstoffquellen bei Trockenwetter sind hierbei Straßenstaubeinwehungen, Bodendrainagen, Zuflüsse, Kläranlagen und Uferbankmaterial. Die Uferbankerosion wird als Teil der normalen Fluß-Dynamik betrachtet (PETTS, 1984, S. 12), über deren Ausmaß bei Niedrigwasser nur wenig bekannt ist (DUYSINGS, 1986, S. 233). Auch das Sediment ist als Partikelquelle anzusprechen, da als Folge von Turbulenzen, Grundwassereintritten und Bioturbation Partikel freigesetzt werden (STONE & DROPPO, 1994, S. 121).

Eine Vielzahl von Studien beschäftigt sich mit der Schwebstoffdynamik bei Trockenwetter, wobei hierbei der Aspekt des Schadstofftransportes meist vernachläßigt wird. Wichtige Prozesse konnten hierbei u.a. aus der Analyse der Partikelgrößenverteilungen abgeleitet werden. ONGLEY *et al.* (1981, S. 1370) unterscheiden die „effektive particle-size distribution", welche die unbeeinflußte Verteilung im Fließgewässer beschreibt, von der „absolute particle-size distribution", die erst nach Dispergierung der Proben und Zerstörung der organischen Substanz ermittelt wird. Letztere entspricht der "ultimate particle size distribution" nach WALLING & MOOREHEAD (1989, S. 144). Bei der Analyse der Verteilungen konnten als wichtige Prozesse im Transportverhalten der Schwebstoffe Mischungen von Feststoffmaterial unterschiedlicher Herkunft (SANTIAGO & THOMAS, 1992), die Sortierung von Schwebstoffen aufgrund räumlich variierender Transportenergien (WALLING & MOOREHEAD, 1987, 1989), der zeitliche und räumliche Wechsel selektiver Sedimentation und Freisetzung aus dem Sediment (WALLING, 1983) sowie Flockulations- und Dispergierungsprozesse (DROPPO & ONGLEY, 1989; EISMA, 1993; DROPPO & STONE, 1994; STONE & DROPPO 1994; WALLING & MOOREHEAD, 1989) identifiziert werden.

Trockenwetter-Schwebstoffe stellen ein heterogenes Gemisch aus mineralischen und organischen Komponenten dar. Aufgrund eines hohen Anteils organischer Substanz und der Besiedlung mit Mikroorganismen, die extracelluläre polymere Substanzen (EPS) produzieren, neigen sie zur Flockulation, was wiederum das Transportverhalten der Feststoffe erheblich beeinflußt. Im folgenden werden die wichtigsten dieser Faktoren näher betrachtet.

1.1 DER PARTIKULÄRE ORGANISCHE KOHLENSTOFF

In den Trockenwetterperioden wird vorwiegend Feinmaterial in Fließgewässern transportiert. Die partikuläre organische Substanz (POM) bildet einen wesentlichen Bestandteil dieser Schwebstoffe. Eigenschaften, Quellen und Transportverhalten der POM sind gut dokumentiert. Selbst der größte Teil der "gelösten" organischen Substanz wird partikulär, in Form von Kolloiden (< 0.45 µm) transportiert (Perret *et al.*, 1993, S. 99). In der Literatur erfolgt häufig eine Unterteilung der POM in "coarse particulate organic matter" (CPOM), eine Beschreibung für teilzersetzten Makrophytendetritus wie Fallaub und Totholz mit einer Partikelgröße > 1 mm, und in "fine particulate organic matter" (FPOM) für Partikel der Größenordnung < 1 mm bis 0.45 µm (Galas, 1996, S. 449). CPOM bildet u.a. die Ernährungsgrundlage herbivorer Zerkleinerer und steht anschließend als FPOM Filtrierern und Mikroorganismen als organische Kohlenstoffquelle zur Verfügung.

Das Transport- und Abbauverhalten der POM in Fließgewässern ist ebenfalls gut bekannt (LUSH *et al.*, 1973; HOLT & JONES, 1983; AUMEN *et al.*, 1983; BRETSCHKO & MOSER, 1993). Neben dem Abbau stellt die Retention der POM, eine Kombination der beiden Einzelprozesse Zwischenlagerung und Freisetzung, einen wichtigen Mechanismus dar. Sie bewirkt einen verzögerten Transport von suspendierten Feststoffen aus dem Einzugsgebiet.

Wichtige Quellen der FPOM sind Abfallprodukte von Zooplankton, fäkale Pellets, Phytoplankton und die mikrobielle Biomasse. Insbesondere nach Algenblüten führt die Zelllysis zur Freisetzung beträchtlicher Mengen an Proteinen, Lipiden und Speicher-Kohlehydraten (KIES *et al.*, 1996, S. 94). Die Kolloidaggregation gilt als weiterer wichtiger Mechanismus in Fließgewässern für die Bildung von FPOM (SANTSCHI & HONEYMAN, 1991; HONEYMAN & SANTSCHI, 1992; O'MELIA & TILLER, 1993; KEPKAY, 1994). Auch gelöste organische Substanz kann durch Flockulationsprozesse in Anwesenheit von Luftblasen oder Partikeln in die partikuläre Phase übertreten (MELACK, 1985, S. 209).

Bei einer großen Anzahl vorwiegend biologisch motivierter Arbeiten stehen u.a. die physikalischen Eigenschaften der POM sowie deren Abbauverhalten und Futterqualität im Mittelpunkt (WALLACE *et al.*, 1982; LADLE *et al.*, 1987; SMOCK *et al.*, 1989; BRETSCHKO & MOSER, 1993; WOTTON, 1990; WOTTON *et al.*, 1995; WOTTON, 1996). Dabei wird häufig auf die große raumzeitliche Variabilität der POM hinsichtlich ihrer Konzentration in Fließgewässern hingewiesen (BENKE *et al.*, 1988; ALBERTS *et al.*, 1990; POZO *et al.*, 1994; ALBERTS & GRIFFIN, 1996; GALAS, 1996). POZO *et al.* (1994) finden bei Niedrigwasser im Längsprofil des River Agüera, eines kleinen heterogenen Einzugsgebietes in Nordspanien, höhere Schwankungen in den POM-Konzentrationen vor als bei Hochwasserbedingungen.

In Form von "Coatings", deren Bildung innerhalb weniger Stunden erfolgt und die durch eine direkte Anlagerung gelöster oder bereits flockulierter organischer Substanz oder Metallhydroxide erklärt wird (EISMA, 1993, S. 145), maskiert die FPOM die primären physikochemischen Oberflächeneigenschaften von Schwebstoffpartikeln. Davon betroffen sind Eigenschaften wie elektrophoretische Mobilität, kolloidale Stabilität und Transportverhalten. Darüber erhalten ursprünglich hydrophile Oberflächen hydrophobe Eigenschaften (GU *et al.*, 1994, S. 38), was eine verstärkte Adsorption gelöster organischer Spurenschadstoffe zur Folge hat (MELACK, 1985; MURPHY *et al.*, 1990). In Anwesenheit organischer Überzüge sind die Oberflächen der Schwebstoffpartikel in der Regel negativ geladen. Ihre elektrophoretische Mobilität variiert dabei im Bereich zwischen -0.7 bis -2.0×10^{-8} m^2 s^{-1} V^{-1} (LODER *et al.*, 1981, S. 418).

1.2 BIOGENE PROZESSE

Die Berücksichtigung mikrobiologischer Prozesse ist für ein Verständnis des partikulären Stofftransportes außerhalb der Hochwasserereignisse ebenfalls wichtig. Mikroorganismen stellen einen wichtigen

Bestandteil in der Nahrungskette in Gewässerökosystemen dar (KEMP, 1990) und übernehmen dort Schlüsselfunktionen beim Abbau der POM und der Aufrechterhaltung des Nährstoffkreislaufs (JORGENSEN, 1983; SCHALLENBERG & KALFF, 1993).

KÖHLER (1993), ENGELHARDT *et al.* (1996) und PROCHNOW *et al.* (1996) stellen in der Spree im Frühjahr und Sommer einen zunehmenden Einfluß des Phytoplanktons auf die Schwebstoffeigenschaften fest. In verschiedenen Studien konnte darüber hinaus eine hohe Affinität von Schwermetallionen an die Algenbiomassen in Laborversuchen (FISHER & FABRIS, 1992; LEE & FISHER, 1992; GREGOR *et al.*, 1996) und in Gewässern wie der Elbe (WILTSHIRE *et al.*, 1996) oder der Deutschen Bucht (KNAUTH *et al.*, 1993) nachgewiesen werden. Eine Studie von IRMER *et al.* (1988) zeigt, daß beim Zusammenbruch der Phytoplanktonpopulation in der Elbe eine erhebliche Freisetzung von Schwermetallen stattfinden kann. Einen umfassenden Überblick über den Prozeß der Bioakkumulation von Schadstoffen geben BAUGHMAN & PARIS (1981).

Bakterien stellen einen weiteren wesentlichen Bestandteil der POM dar. GREISER (1988) konnte in der Unterelbe nachweisen, daß außerhalb der Hochwasserereignisse die Schwebstoffdynamik vorwiegend durch mikrobielle Umsetzungen gesteuert wird. In aquatischen Ökosystemen bilden Biofilme den bevorzugten Lebensraum für Bakterien. RITTMAN (1993, S. 2196) definiert Biofilme als "microorganisms and extracellular polymers associated with a substratum or solid surface". Diese Definition beinhaltet nicht nur filmartige Überzüge, sondern schließt auch die Summe von einzelnen mikrobiologischen Konglomeraten auf einem Substrat mit ein (ZYSSET *et al.*, 1994, S. 2423). In einem Biofilm finden sich somit nicht nur Bakterien, sondern auch organische oder anorganische Partikel, Pilze, Protozoen und benthisches Phytoplankton (WESTALL & RINCÉ, 1994, S. 147).

Biofilme stellen wichtige Nährstoffpools dar (COSTERTON *et al.*, 1985; FLETCHER, 1985; STOTZKY, 1985; LIU *et al.*, 1993). Für Mikroorganismen erscheint das Leben darin, insbesondere in oligotrophen Umgebungen, als vorteilhafter gegenüber dem Leben in freiem suspendiertem Zustand (WESTALL & RINCÉ, 1994, S. 157; KONHAUSER *et al.*, 1994, S. 549). Zudem sind Mikroorganismen im Biofilm in geringerem Ausmaß von Veränderungen der ökologischen Randbedingungen, wie pH-Wert, Nährstoffkonzentration, metabolischen Abbauprodukten und toxischen Substanzen abhängig (LAZAROVA & MANEM, 1995, S. 2227; FAZIO *et al.*, 1982, S. 1151). Aufgrund dieser Vorteile weisen die an Partikel gebundenen Bakterien in der Regel auch eine höhere Aktivität als freilebende Zellen auf (JEFFREY & PAUL, 1986, S. 160).

In natürlichen Fließgewässern besiedeln Biofilme die Oberflächen nahezu aller Sediment- und Schwebstoffpartikel (TURLEY *et al.*, 1988; TURLEY & LOCHTE, 1990; CHASTIAN & YAYANOS, 1991; WESTALL AND RINCÉ, 1994, KUBALLA *et al.*, 1995). Sie verändern die Eigenschaften dieser Feststoffe, indem sie ihre Flockulationsbereitschaft erhöhen (TEN BRINKE, 1996, S. 83), als Auftriebskörper ihre Sedimentationsgeschwindigkeit vermindern (GREISER, 1988, S. 133) und ihr Sorptionsvermögens für anorganische und organische Schadstoffe steigern (SANTSCHI, 1988; ERNST & GREISER, 1993; WESTALL & RINCÉ, 1994; MICHELBACH, 1995). Eine bakterielle Anlagerung erfolgt bevorzugt an Partikeln der Ton- und Schlufffraktion (HOLM *et al.*, 1992, S. 3025; SCHALLENBERG & KALFF, 1993, S. 924; GRESIKOWSKI *et al.*, 1996, S. 68). Biofilme binden organische und anorganische Partikel, erniedrigen die Rauhigkeit der Sedimentoberfläche und haben damit indirekt Einfluß auf Form, Größe, Beweglichkeit und Mobilität von Sedimentpartikeln. Sie beeinflussen somit auch die Bildung von Strukturelementen wie etwa Rippeln im Gewässerbett (GRANT, 1988).

Lagern sich Bakterien oder Algen an Grenzflächen an, dann werden extracelluläre polymere Substanzen (EPS) gebildet. Nach PEARL (1978: zitiert nach GREISER, 1988, S. 131) können Bakterien dabei Schleimsubstanzen in einer Menge produzieren, die dem 10fachen ihrer Zellbiomasse, gemessen als organischer Kohlenstoff, entspricht. Neben Proteinen, Lipiden und Nucleinsäuren besteht EPS mit einem Anteil bis zu 65% aus Polysacchariden (LAZAROVA & MANEM, 1995, S. 2232), der die klebrigen, gelartigen und in starkem Maße wasserbindenden Eigenschaften der Biofilme erklärt. Einige Polysaccharide bilden bereits in sehr geringen Konzentrationen eine gelartige Matrix aus (LIU *et al.*,

1993, S. 365). Unabhängig von Wachstumsstadium oder -rate und Art der limitierenden Nährstoffe führt die Adhäsion von Bakterien an Oberflächen, die durch eine Kombination von elektrostatischen Kräften, van der Waalschen Wechselwirkungen, Wasserstoffbrückenbindungen und spezifischen Rezeptoren erklärt wird (FLEMMING, 1991, S. 200), zu einer erhöhten EPS-Produktion (VANDEVIVERE & KIRCHMAN, 1993, S. 3282 ff.). Besonders dichte EPS-Strukturen finden sich in exponierten Bereichen, während flockige und labile Strukturen bevorzugt in Stillwasserbereichen anzutreffen sind (WESTALL & RINCÉ, 1994, S. 157; LAZAROVA & MANEM, 1995, S. 2228). Auch ein gutes Nährstoffangebot beeinflußt die Biofilmproduktion positiv (BONET *et al.*,1993, S. 2438 *ff.*; PEYTON, 1996, S. 35). Andererseits haben Untersuchungen ergeben, daß Mikroorganismen auch unter Nahrungsstreß in Fließgewässern verstärkt EPS produzieren (GREISER, 1988, S. 131; TEN BRINKE, 1996, S. 77).

Zahlreiche Studien belegen, daß die mikrobielle Biomasse ein hohes Sorptionsvermögen für organische Schadstoffe besitzt. Das Sorptionsgleichgewicht wird hierbei oftmals bereits innerhalb weniger Minuten erreicht. Schnelle Veränderung der Randbedingungen, wie der Partikelkonzentration oder des pH-Werts, führen unmittelbar zu neuen Sorptionsgleichgewichten (JACOBSEN *et al.*, 1996, S. 18). Ein hoher Anteil saurer Polysaccharide an der EPS hat die erhöhte Anlagerung von gelösten Metallionen zur Folge, deren Fixierung elektrostatisch an den anionischen Oberflächen der Carboxyl- und Phosphorgruppen erfolgt (KONHAUSER *et al.*, 1994, S. 549). BAUGHMAN & PARIS (1981, S. 215) weisen anhand von Literaturdaten nach, daß die Sorption von Schadstoffen an abgestorbenen Zellen etwas größer ist als die an lebender Biomasse.

Aufgrund der genannten Prozesse übernehmen Biofilme eine wichtige Funktion bei der "Selbstreinigung" der Fließgewässer. Insbesondere schwer abbaubare Substanzen werden dort umgesetzt. Von dieser Fähigkeit wird in Tropfkörper-Reaktoren und Belebtschlammbecken in der Abwasserreinigung in großem Umfang Gebrauch gemacht (FLEMMING, 1991, S. 197).

Dringen EPS-Fibrillen und Bakterien in die Porenzwischenräume von Sediment- und Schwebstoffpartikeln ein, so hat dies Einfluß auf Permeabilität, Porosität und Diffusion gelöster Substanzen (TAYLOR & JAFFÉ, 1990a, b, C; CUNNINGHAM *et al.*, 1991). Bei Beinträchtigung der Sauerstoff-Diffusivität entstehen auch in sauerstoffreicher Umgebung anaerobe Verhältnisse im Inneren des Biofilms, bis zu der bekannten Reaktionsabfolge aerobische Respiration, Denitrifikation, Mn(IV)-, Fe(III)-Reduktion und Sulfatreduktion (LENSING *et al.*, 1994, S. 126).

1.3 FLOCKULATION UND DISPERGIERUNG VON SCHWEBSTOFFEN

Flockulation und Dispergierung sind dynamische Prozesse, die einen nicht unerheblichen Einfluß auf Partikelgröße, -form und Dichte und somit auf das Transportverhalten von Schwebstoffen ausüben. Eine Veränderung der effektiven Oberfläche der Partikel führt darüber hinaus zu einer Beeinflussung des Sorptions/Desorptions-Gleichgewichts der Schadstoffe (BURBAN *et al.*, 1989, S. 8323). Kenntnisse über die beteiligten Flockulationsmechanismen sind daher ebenfalls für ein Verständnis des partikelgebundenen Schadstofftransportes von Vorteil.

Schwebstoffe gelten in Niedrigwasserperioden als wichtige Partikelquelle für das Sediment (STONE *et al.*, 1991, S. 376). In den Arbeiten von HJULSTRÖM (1935) und EINSTEIN (1950) wurde noch davon ausgegangen, daß suspendiertes Feinmaterial ("wash load") aufgrund des turbulenten Flusses und seiner geringen Absinkgeschwindigkeit nur in geringem Maße im Bachbett zwischengelagert wird. Neben der nachlassenden Transportenergie wird der Sedimentationsprozeß jedoch in starkem Maße durch Flockulationsprozesse gesteuert (LICK, 1982, S. 32; PEJRUP, 1991, S. 283), was Veränderungen der Oberfläche, Dichte, Sinkgeschwindigkeit und Depositionsrate der beteiligten Partikel zur Folge hat (LAU, 1996, S. 363). DROPPO & ONGLEY (1992, S. 71) stellen bei Untersuchungen im Oakville Sixteen-Mile Creek in Kanada fest, daß 90% des Schwebstoff-Gesamtvolumens im flockulierten Zustand transportiert wird. KRISHNAPPAN (1990, S. 763) sieht die Flockulation als den wichtigsten Prozeß beim Partikeltransport außerhalb der Hochwasserereignisse an, weil hierdurch nicht nur die Absinkgeschwindigkeit von Schwebstoffflocken, sondern umgekehrt auch deren Mobilisierung von der Sedimentoberfläche entscheidend beeinflußt wird. Der Flockulationsprozeß wird darüber hinaus als integrierter Bestandteil im Lebensabschnitt vieler Algen angesehen (RIEBESELL, 1991, S. 290; ALLDREDGE & GOTTSCHALK, 1989, S. 159; KIORBOE *et al.*, 1993, S. 993).

Die Aggregierung von Schwebstoffen schließt alle Partikelgrößenfraktionen gleichermaßen ein (DROPPO & STONE, 1994; KRANCK, 1975, 1984). Da bei abnehmender Transportenergie jedoch zuerst die dichteren Partikel absinken, bleiben im Schwebstoff zunehmend höhere Anteile an Feinmaterial und organischer Substanz zurück (ONGLEY *et al.*, 1981, S. 1367; EDELVANG, 1996, S. 465).

Die Transportweite der Schwebstoffe ist von der Fließgeschwindigkeit und von der Stabilität der Flocken abhängig. In einem geschlossenen System sedimentiert der Schwebstoff nur bei Unterschreitung einer kritischen Fließgeschwindigkeit von ca. 18 cm/s vollständig ab (EISMA, 1993, S. 123). Wird diese nicht erreicht, dann strebt das System einer Gleichgewichtskonzentration entgegen. Im allgemeinen können nur solche Flocken ins Sediment übertreten, deren Stabilität groß genug ist, um den erhöhten Scherkräften an der Sediment/Wasser-Grenzschicht zu widerstehen (PARTHENIADES, 1986a, S. 531; LAU, 1996, S. 367).

Die grundlegenden Prinzipien und Mechanismen der Flockenbildung sind weitgehend verstanden. Partikelkollisionen werden durch Brownsche Bewegung, Fließ-Scherstreß und unterschiedliche Sinkgeschwindigkeiten der Partikel verursacht (LICK *et al.*, 1993, S. 287). Darüber hinaus können sich auf Oberflächen von Blasen größere Aggregate aus 0.2 µm bis 1 µm großen Kolloiden und Bakterien bilden (KEPKAY, 1994, S. 300). Die Brownsche Bewegung hat bei Partikeln > 1 µm nur einen untergeordneten Einfluß (LICK *et al.*, 1993, S. 10,280 f.; EISMA, 1993, S. 141). TSAI *et al.* (1987, S. 137) halten sogar die Brownsche Bewegung nur bis zu einer Partikelgröße von 0.1 µm für einen steuernden Flockulationsprozeß. Bei Partikelgrößen zwischen 0.1 µm und 50 µm werden die Kollisionen vorwiegend durch Fließscherkräfte verursacht, und bei Partikeln > 50 µm erfolgen häufig Kollisionen aufgrund unterschiedlicher Sinkgeschwindigkeiten der Aggregate.

Die Flockulation in Fließgewässern wird zusätzlich von Faktoren wie Schwebstoffkonzentration, mineralogischer Zusammensetzung, Scherkräften, Ionenstärke, pH-Wert, Temperatur, Gehalt an organischer Substanz und dem Einfluß von Mikroorganismen beeinflußt (TSAI *et al.*, 1987, S. 139; Burban *et al.*, 1989, S. 8323; Droppo & Ongley, 1989, S. 96). Eine umfassende Übersicht mit einer Wertung dieser Einzelprozesse findet sich in EISMA (1993, S. 133 ff.). Die hohe Variabiliät und gegenseitige Beeinflussung der genannten Faktoren führen in ONGLEY *et al.* (1981, S. 1367) noch zu der Anmerkung "... flocculation in fluvial systems is not well documented". Inzwischen werden die entsprechenden Prozesse jedoch auch in Fließgewässern on-line durch spezielle Unterwasser-Kameras und -Videosysteme verfolgt und untersucht (KRANCK, 1984; HONJO *et al.*, 1984; JOHNSON & WANGERSKY, 1985; WELLS & SHANKS, 1987; ALLDREDGE & GOTTSCHALK, 1989; EISMA, 1986; EISMA *et al.*, 1990; DROPPO & ONGLEY, 1992; STONE & DROPPO, 1994). Optische Mikroskope und CCD-Kameras mit vorgeschalteten Mikroskoplinsen eignen sich dabei für die Untersuchung von Partikeln ab einer Größe von 0.8 µm (ALLAN, 1990, S. 217).

In natürlichen Fließgewässern ist ein Einfluß von Scherkräften auf die Flockulation vor allem in Fließabschnitten erhöhter Turbulenz, wie den Uferzonen, den Grenzschichten zwischen Wasser und Sediment oder zwischen Wasser und Atmosphäre, vorhanden. In Stillwasserbereichen stellen häufig unterschiedliche Sinkgeschwindigkeiten von Partikeln verschiedener Größe und Dichte den steuernden Kollisionsprozeß dar (LICK *et al.*, 1993, S. 10,280). In turbulenten Systemen führt eine Erhöhung der Scherkräfte zu kleineren Partikelgrößen (PARTHENIADES, 1986a, S. 521). Die Anwesenheit mehrwertiger Kationen fördert ebenso die Flockulationsbereitschaft (PARTHENIADES, 1986A, S. 517; TSAI *et al.*,1987, S. 137) wie ein hoher Anteil von POM (WALLING & KANE, 1982, S. 413 f.). Ein Einfluß des pH-Wertes ist dagegen in natürlichen Fließgewässern im Bereich pH 5-8 weitgehend zu vernachlässigen (TSAI *et al.*, 1987, S. 137).

Auch Partikelgestalt und -dichte von Schwebstoffen werden durch Flockulationsprozesse beeinflußt. Bereits mit einfachen Computersimulationen vom Modelltyp der diffusions-limitierten Aggregation kann gezeigt werden, daß mit zunehmendem Flockenwachstum die Partikeldichte sinkt (STANLEY & MEAKIN, 1988, S. 405). Diese Abhängigkeit läßt sich mit dem Modell des Dichte-Fraktal beschreiben (KAYE, 1993 A, S. 193). Zwischen der Masse und Größe eines Partikels sowie deren fraktaler Dimension besteht danach der folgende Zusammenhang (LI & GANCZARCZYK, 1989, S. 1385):

$$M(R) \propto R^D$$

Die Gültigkeit dieser Beziehung konnte nicht nur bei Schwebstoff- und Belebtschlammflocken (LI & GANCZARCZYK, 1989, S. 1386; NAMER & GANCZARCZYK, 1993, S. 1291), sondern auch in Aerosol- (KATRINAK *et al.*, 1993; ROGAK *et al.*, 1993) und Pigmentsystemen (KAYE, 1993B) nachgewiesen werden. Bis zu einem gewissen Grad läßt die Kenntnis des Exponenten D Rückschlüsse auf die Partikelgenese zu. So unterscheiden sich beispielsweise Schwebstoff-Flocken, die aufgrund von Fließscherkräften gebildet werden, von Partikel, bei denen die unterschiedliche Sinkgeschwindigkeit der dominante Kollisionsprozeß darstellt (HUANG, 1994, S. 3229). LI & GANCZARCZYK (1989, S. 1386) nennen anhand von Literaturangaben charakteristische Wertebereiche für die fraktale Dimension des Dichtefraktals für verschiedene Aggregattypen (Tab. 1). Das erhöhte Oberflächen/Volumenverhältnis fraktaler Objekte wirkt sich im allgemeinen positiv auf die Flokkulationsbereitschaft aus (PASSOW *et al.*, 1994, S. 349).

Aggregate	D
Belebtschlammflocken	1.40-2.07
Eisen-Aggregate	2.61-2.85
"Alumno"-Aggregate	2.30-2.85
Tonmineral-Eisenflocken	1.92
Tonmineral-Magnesiumflocken	1.91

Tab. 1: Charakteristische Werte des Dichte Fraktals (D) für verschiedene Aggregattypen (nach LI & GANCZARCZYK (1989, S. 1386).

2 UNTERSUCHUNGSGEBIETE

2.1 OLEWIGER BACH

Das Einzugsgebiet des Olewiger Bachs liegt südlich von Trier und nimmt eine Fläche von 43.6 km^2 ein. Der südliche Teil ist der naturräumlichen Haupteinheit „Saar-Ruwer-Hunsrück", der nördliche Teil der Haupteinheit „Mittleres Moseltal" zuzuordnen. Der Bach, der in 502 m Höhe ü NN unterhalb des Dreikopfes entspringt, legt eine Fließstrecke von etwa 14 km und eine Höhendifferenz von ca. 300 m zurück. Auf seiner Fließstrecke ändert der Bach mehrfach seinen Namen: Der Oberlauf heißt Franzenheimer Bach, der Mittellauf Olewiger Bach und der Unterlauf Altbach. Zur Vereinfachung wird im folgenden der Name Olewiger Bach für den gesamten Bachverlauf verwendet.

Im Einzugsgebiet stehen vorwiegend unterdevonische reine bis schwach sandige Ton- und Grauwakkenschiefer, z.T. mit Dachschieferqualität, an, die stellenweise mit Quarz- und Diabasgängen durchzogen und gering erzführend sind (NEGENDANK, 1983, S. 14). Die unterdevonischen Schichten sind varistisch gefaltet und verschuppt (WAGNER, 1983, S. 90). Charakteristisch sind tertiäre Rumpfflächen (in 500-600 m Höhe) und Trogflächen (in 300-400 m Höhe), die als Folge der pleistozänen Zertalung in Flächenreste, Riedel und Kämme zerlegt worden sind (RICHTER, 1983, S. 6). Im nördlichen Untersuchungsgebiet sind noch pleistozäne Terrassenablagerungen der Mosel anzutreffen, die stellenweise mit Löß und Lößlehm vermischt sind (MÜLLER, 1976, S. 42). Der Talsohlenbereich des Olewiger Bachs ist weitgehend mit alluvialen Ablagerungen unterschiedlicher Mächtigkeit verfüllt. Auf den Hochflächen haben sich verein-

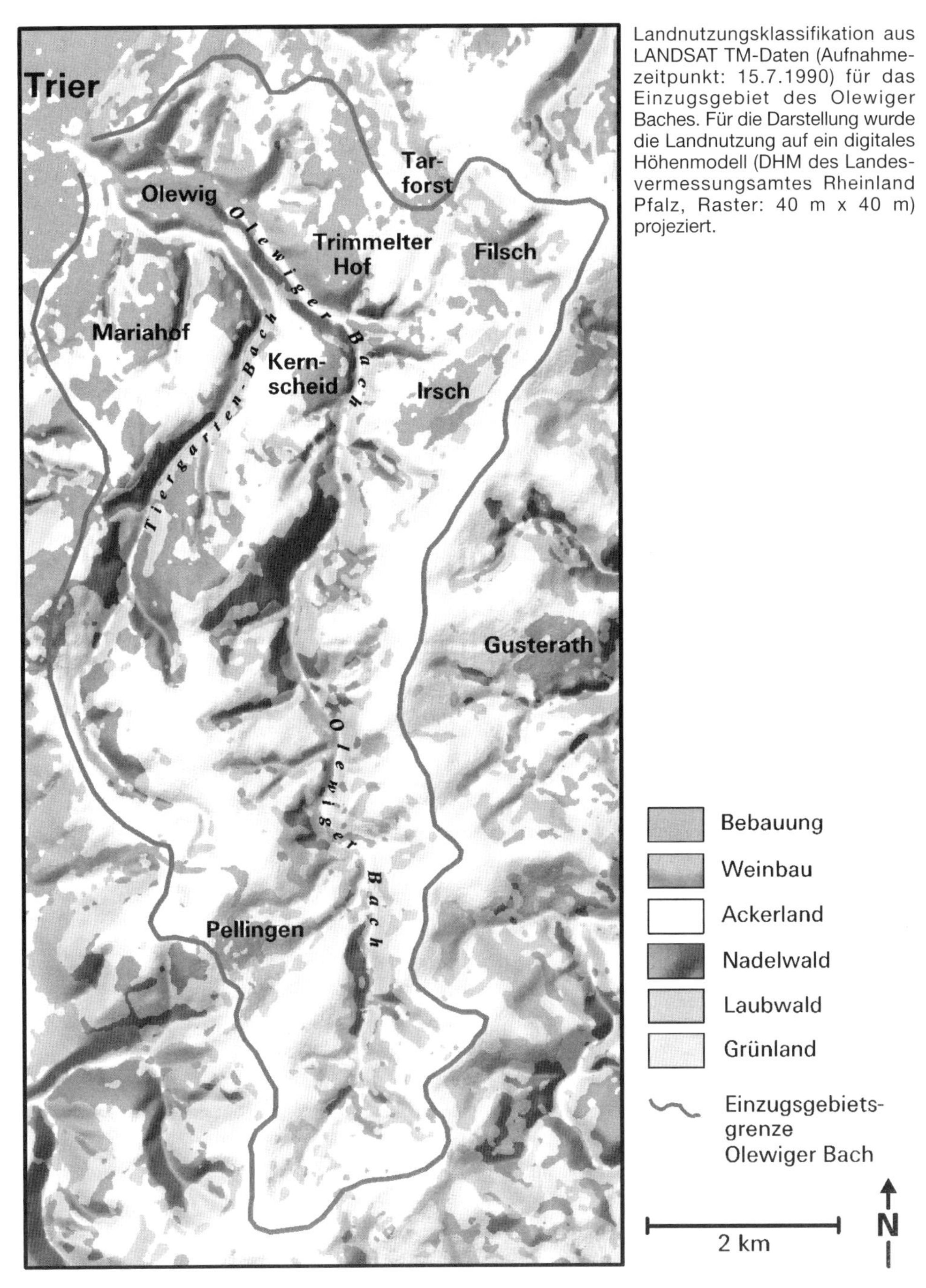

Abb. 1: Landnutzungsklassifikation aus LANDSAT TM-Daten (Aufnahmezeitpunkt: 15.7.1990) und einem digitalen Höhenmodell (DHM des Landesvermessungsamtes Rheinland Pfalz, Raster: 40 m x 40 m) für das Einzugsgebiet des Olewiger Bachs.

zelt Reste der lößbedeckten Hauptterrasse der Mosel erhalten (SCHRÖDER, 1983, S. 179).

Auf den Trogflächen der Hunsrückschiefer haben sich mittelgründige, saure Braunerden ausgebildet. In exponierten Lagen hat der pleistozäne Abtrag zu Profilverkürzungen geführt, so daß hier Braunerde-Ranker und Ranker vorherrschen. Auf der Hauptterrasse sind Parabraunerden anzutreffen, die in schlecht dränierten Verebnungen von Pseudogleyen abgelöst werden (SCHRÖDER, 1983, S. 160 ff.). Die Talflanken der tief eingeschnittenen Täler werden vorwiegend von Braunerde-Rankern eingenommen. An den Unterhängen haben sich aus kolluvialem Material tiefgründige Braunerden und Kolluvien entwickelt, z.T. mit Staunässemerkmalen. Sie gehen in Bachnähe in Braune Auenböden und Auengleye über. Die Auenbereiche werden zum größten Teil drainiert und intensiv als Grünland genutzt. Die stark geneigten Talflächen sind vorwiegend mit Wald bestanden. Die in den Rebhängen vorkommenden Regosole erreichen eine durchschnittliche Mächtigkeit von einem Meter.

Eine Landnutzungsklassifikation mit Landsat TM-Daten (Abbildung 1) vom 15. Juli 1990 ergab folgende Flächennutzungsanteile im Einzugsgebiet des Olewiger Bachs: Bebauung: 9.9%, Ackerland: 47.2%, Grünland: 14.4%, Laubwald: 9.1%, Nadelwald: 14.5% und Weinbau 4.9%. Während das südliche Einzugsgebiet durch Land- und Forstwirtschaft geprägt ist, ist der nördliche Teil als städtisch geprägtes Einzugsgebiet anzusprechen. Der Tiergartenbach, der größte Zufluß des Olewiger Bachs, entwässert ein Teileinzugsgebiet von etwa 20 km^2 und entspringt 415 m ü NN.

2.2 RUWER

Das Einzugsgebiet der Ruwer (Abbildung 2) umfaßt eine Fläche von ca. 240 km^2. Auf einer Gewässerlänge von ca. 46 km überwindet der Fluß dabei eine Höhendifferenz von 527 m. Die Grenzen des Einzugsgebietes sind die Trierer-Wittlicher Senke und das Moseltal bei Trier im Norden, die Primsmulde im Süden, das Olewiger und Saartal im Westen und das Fellerbachtal im Osten. Mit einer Siedlungsdichte von 135 Einwohnern pro km^2 in der VG Ruwer bzw. 61 E/km^2 in der VG Kell weist die Region eine Bevölkerungsdichte auf, die weit unter dem Bundesdurchschnitt liegt (Krein, 1996, S. 40).

Der geologische Untergrund des Einzugsgebietes setzt sich wie beim Olewiger Bach überwiegend aus Gesteinen des Unterdevons zusammen. Der Gebirgsrumpf gliedert sich tektonisch in SW-NO streichende Sättel, die vor allem aus Quarziten bestehen, und Mulden, die mit Tonschiefern und Grauwacken unterlegt sind. (WEILER, 1984, S. 14). In 300 m bis 400 m Höhe haben sich Trogflächen, in einer Höhenlage von 500 m und 600 m Höhe hingegen Rumpfflächen gebildet, die bei der Zertalung in Flächenreste, Riedel und Kämme zerlegt wurden. Über den Flächen finden sich die Härtlingszüge der Quarzitkämme vom Osburger Hochwald, Schwarzwälder Hochwald und Idarwald. Zu den höchsten Erhebungen gehören Rösterkopf (708 m), Teufelskopf (695 m) und Erbeskopf (818 m).

Das anstehende Gestein wird im ganzen Untersuchungsraum bis zu mehreren Metern von Hangschuttdecken (Lößlehm, Fließerden) überlagert, deren Verwitterungsmaterial sich mit eingetragenem Löß und Bims vermischt hat (ZÖLLNER, 1980, S. 153 ff.). Hier haben sich sandig-lehmige Schluffböden und schluffige Lehmböden ausgebildet. Je nach Geländelage herrschen flach- oder tiefgründige Böden vom Typ des Rankers oder der sauren Braunerden vor (SCHRÖDER, 1984, S. 90). In Mulden und an Unterhängen finden sich Kolluvien, in der Aue treten neben Gleyen und Pseudogleyen auch Braune Vega, Auengley und Auen-Braunerde auf. Auf den Rebflächen der SO-W exponierten Steillagen des unteren Ruwertals haben sich Regosole ausgebildet (KREIN, 1996). Die Hochflächen werden vorwiegend ackerbaulich genutzt. Hauptanbausorten sind Braugerste, Getreide und Silomais. Entlang der Talauen befindet sich bei einer ausreichenden Breite Grünland, ebenso wie auf den nicht mit Wald bestandenen Quellmulden der Plateauflächen. Die Quarzitkämme des Schwarzwälder und Osburger Hochwaldes sowie die steilen Talhänge der Ruwer und ihrer Nebenbäche sind mit Nadelforsten (Fichtenreinbestände und Douglasien) und Laubwäldern (Buche und Eiche) bestanden. Im unteren, breiten Ruwertal haben sich entlang des Mündungsbereichs der Seitentäler zahlreiche Dörfer mit kleineren Gewerbe- und Industrieansiedlungen entwickelt. In den Bereichen des Ruwerengtales finden sich die Ortschaften vorwiegend auf

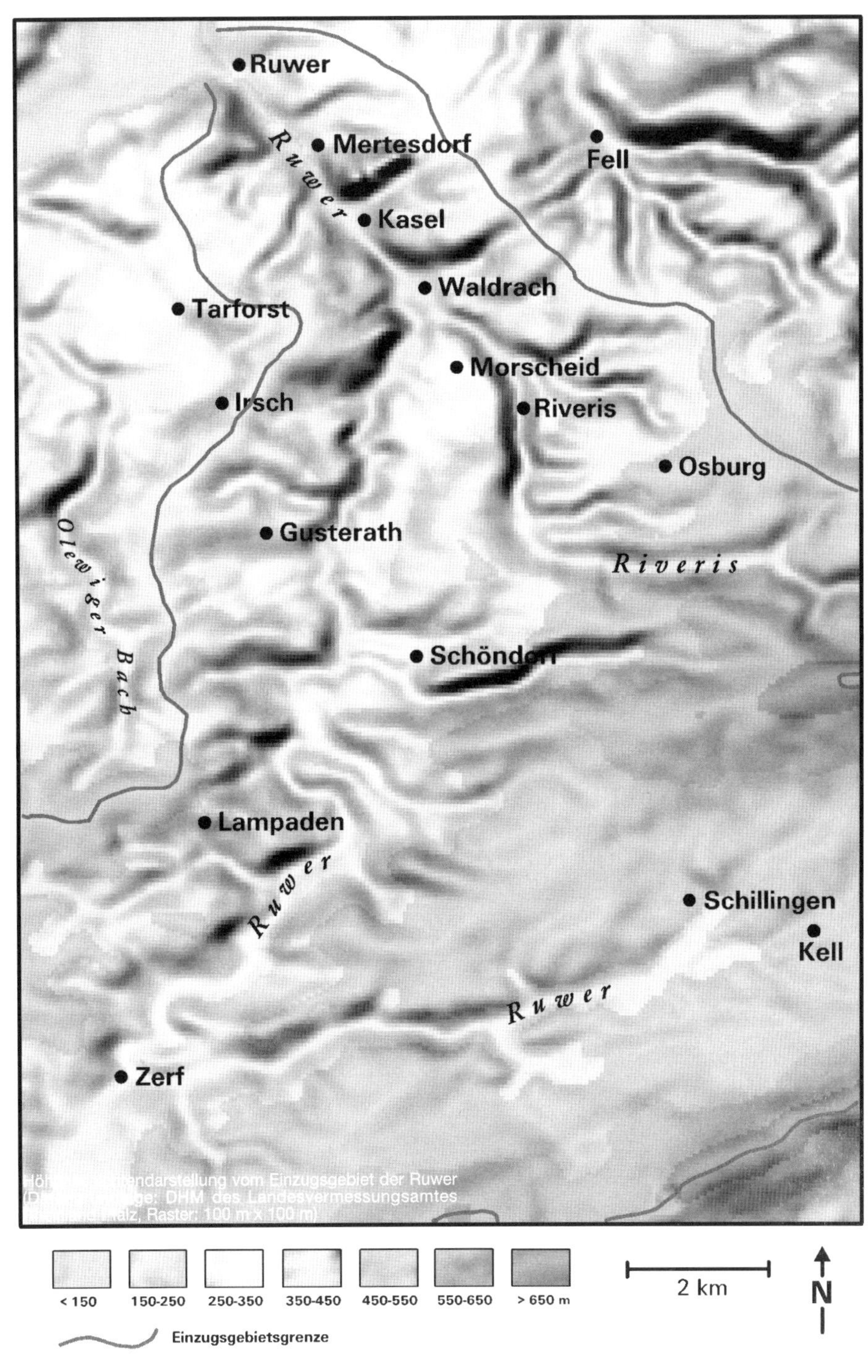

Abb. 2: Höhenschichtendarstellung vom Einzugsgebiet der Ruwer (Datengrundlage: DHM des Landesvermessungsamtes Rheinland Pfalz, Raster: 100 m x 100 m)

den Hangterrassen und der Hunsrückhochfläche. Die größten Teileinzugsgebiete der Ruwer sind der Großbach (MQ: 530 l/s), der Pehlbach (MQ: 345 l/s) und die Riveris (180 l/s). Die meisten Seitenbäche sind von Natur aus nährstoffarm, sauerstoffreich und kühl (KREIN, 1996, S. 25).

3 PROBENAHME

Der Olewiger Bach wurde für die Beschreibung der zeitlichen Varianz der Schwebstoffeigenschaften an zwei Stellen im Zeitraum vom 1. August 1993 bis 1. Dezember 1994 beprobt. Die Meßstelle "Kleingarten" befindet sich im städtisch geprägten nördlichen Einzugsgebiet, etwa 400 m unterhalb des Zusammenflusses von Olewiger Bach und Tiergartenbach. Die Meßstelle "Franzenheim" liegt im oberen Bachabschnitt. Hier erfolgte die Beprobung bis zum März 1994. Nach diesem Zeitpunkt wurde die Meßstelle bachabwärts verlegt (Meßstelle "Irsch"), da vorangegangene extreme Hochwasserereignisse zu einer massiven Bachbettverschiebung im Oberlauf des Olewiger Bachs führten. Die Probenahme in der Ruwer fand in der Ortschaft Kasel oberhalb des dort vorhandenen Abflußpegels statt.

Für die Schwebstoffgewinnung werden im allgemeinen Durchflußzentrifugen, Ultrafiltrationseinheiten, Elutriatoren und Planktonnetze mit definierter Porengröße verwendet. Für die im Rahmen dieser Arbeit durchzuführenden Laboranalysen waren jeweils mindestens 5 g Feststoffmaterial erforderlich, wobei am Tag der Probenahme mehrere Meßstellen angefahren werden mußten. Bei einer durchschnittlichen Schwebstoffkonzentration von 5.27 mg/l (Ruwer, Meßstelle "Kasel") erforderte dies die Aufbereitung von jeweils ca. 1000 l Flußwasser. Als Lösung wurde eine Filterung des Flußwassers "vor Ort" angesehen. Zu diesem Zweck wurden Beutel (50 cm x 200 cm) aus Seidengaze mit einer variablen Maschenweite (0.5 µm - 100 µm) gefertigt, die im Bachbett mindestens 10 Stunden lang ausgelegt wurden (Abbildung 3).

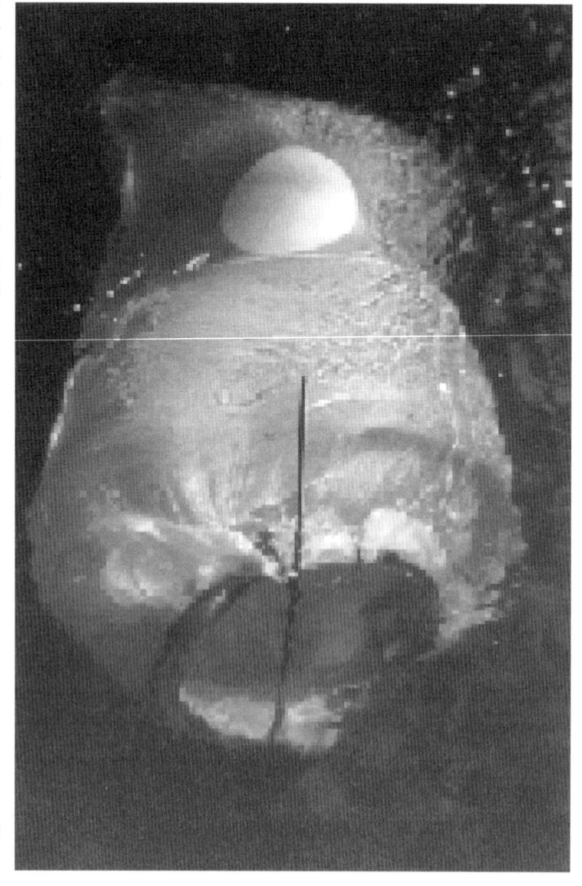

Abb. 3: Probenahme bei Niedrigwasser durch Seidennetze (50 * 200 cm).

Nach spätestens 5 Probenahmen wurden die Netze erneuert. Als Referenz dienten Schwebstoffproben, die mit einer SHARPLES T1A-Durchflußzentrifuge gewonnen wurden. Für die Zentrifugation im Labor bei 30 000 U/min und einem mittleren Durchfluß von 2 l/min wurden 300 l Wasserproben mit 20-l-Polyethylenkanistern entnommen. Die Abtrennung mit einer Zentrifuge ähnlicher Bauart (SHARPLES AS-12, 16 000 U/min, Durchfluß 2 l/min) beträgt nach Ergebnissen von REES *et al.* (1991, S. 206) zwischen 86% und 91% für Teilchen > 0.37 µm. Die Daten zweier vergleichender Analysen sind in der Tabelle 2 dargestellt. Bei Verwendung der Seidengaze wurden zu diesem Zweck drei bzw. zwei Netze im Querschnitt der Ruwer (Meßstelle "Kasel") und des Olewiger Bachs (Meßstelle "Kleingarten") verteilt.

Ruwer 3.5.1993	K mg/g	Ca mg/g	Mg mg/g	Fe mg/g	Mn mg/g	Zn µg/g	Cu µg/g	Ti mg/g	Pb µg/g	PO_4 mg/g	%C	Median Partikelgröße µm
Seide: Netz 1	17.31	6.65	8.14	31.41	3.30	565.01	45.26	0.74	58.99	0.64	14.21	5.03
Seide: Netz 2	16.44	6.37	8.01	31.02	3.36	571.86	43.39	0.76	59.39	0.59	14.04	4.34
Seide: Netz 3	16.70	5.92	7.93	30.10	3.39	575.85	44.56	0.75	63.81	0.62	13.54	6.32
Mittel Seide	16.57	6.15	7.96	30.56	3.37	573.86	43.97	0.76	61.60	0.61	13.79	5.23
Zentrifuge	16.38	9.83	9.42	30.91	3.51	655.62	66.27	0.77	66.27	0.85	15.32	4.23
Olewiger B. 11.6.1994	K mg/g	Ca mg/g	Mg mg/g	Fe mg/g	Mn mg/g	Zn µg/g	Cu µg/g	Ti mg/g	Pb µg/g	PO_4 mg/g	%C	Median Partikelgröße µm
Seide: Netz 1	18.54	7.65	8.45	37.22	2.76	245.87	39.45	0.66	65.30	4.79	6.91	5.26
Seide: Netz 2	15.86	6.37	7.86	41.2	2.02	256.8	50.42	0.64	58.52	4.14	8.32	6.01
Mittel Seide	15.59	6.35	8.1	37.87	2.18	244.1	43.43	0.65	59.42	4.17	7.88	5.16
Zentrifuge	15.78	9.34	8.54	41.25	2.90	263.8	63.35	0.64	65.70	5.34	9.34	4.01

Tab. 2: Vergleich von Schwebstoff-Eigenschaften, die durch die Filtration mit Seidennetzen und durch Zentrifugation von Flußwasserproben gewonnen wurden.

Die Partikelgrößenverteilungen der Schwebstoffe, die mit Hilfe der Zentrifuge gewonnen wurden, weisen in beiden Einzugsgebieten die kleinsten Mediane auf. Dies läßt sich auf einen Teilverlust der Tonfraktion bei den Schwebstoffen zurückführen, die mit den Seidennetzen herausgefiltert wurden, denn auch die Anteile an organischem Kohlenstoff, Zink, Blei, Kupfer, Phosphat und Calcium sind bei den zentrifugierten Proben etwas erhöht. Die hohen Kupfergehalte in diesen Proben werden hingegen durch Metallabrieb in der Zentrifuge verursacht (STRUNK, 1992, S. 20). Trotz eines Teilverlustes der Tonfraktion zeigt die Betrachtung der Parallelen, daß die Probenahme mit Hilfe der Seidengaze reproduzierbar ist. Dies weist gleichzeitig auf eine homogene Verteilung der Schwebstoffe im Gewässerquerschnitt der untersuchten Fließgewässer hin.

Das gewonnene Feststoffmaterial wurde bei einer Temperatur von 4 °C zentrifugiert, gefriergetrocknet (CHRIST Alpha 1-5) und bis zur Analyse bei -20 °C luftdicht gelagert.

4 AUSWAHL DER MESSGRÖSSEN

Für ein Verständnis des partikelgebundenen Stofftransportes ist es nicht ausreichend nur die aktuelle Schadstoffbelastung der Schwebstoffe zu erfassen, sondern es müssen auch deren Eigenschaften bekannt sein. Für die Identifizierung der authochtonen und allochthonen Partikelquellen wurde ein Meßprogramm gewählt, das eine umfangreiche physikochemische und biologische Charakterisierung der Schwebstoffe ermöglicht.

4.1 DIE CHARAKTERISIERUNG DER ORGANISCHEN SUBSTANZ UND DER MIKROBIELLEN BIOMASSE

Die Quantifizierung und Charakterisierung der POM erfolgt durch den Gesamt-Kohlenstoff- und -Stickstoffgehalt sowie den Kohlenhydrat- und Proteingehalt. Zur Beschreibung der mikrobiellen Biomasse und Aktivität werden Chlorophyll-a, Adenosintriphosphat (ATP), Gesamtadenylat (= Adenosintriphosphat + Adenosindiphosphat + Adenosinmonophosphat) und Uronsäuren herangezogen.

Uronsäuren sind im Gegensatz zu den Proteinen oder Kohlehydraten spezifisch für extracelluläre polymere Substanzen (BLUMENKRANTZ & ASBOE-HANSEN, 1973; BROWN & LESTER, 1980; FAZIO *et al.*, 1982). ATP ist in jeder Zelle von Eukaryonten, Prokaryonten, Aerobiern und Anaerobiern zu finden und stellt dort den universellen Überträger chemischer Energie dar (ALEF, 1992, S. 62). Nach Untersuchungen von VAN WAMBEKE & BIANCHI (1985) dominiert in natürlichen Lebensräumen jedoch nicht ATP sondern Adenosinmonophosphat (AMP) den Adenylatpool der Zellen. Daher wird zur summarischen Erfassung des mikrobiellen Energiestoffwechsels häufig auch der Gesamtadenylatgehalt ($\sum$ ATP, ADP, AMP) verwendet (BREZONIK *et al.*, 1973; WITZEL, 1979; PRIDMORE *et al.*, 1984, GREISER, 1988, HUMANN, 1992).

4.2 VERBINDUNGEN VORWIEGEND ANTHROPOGENEN URSPRUNGS

Eine Beschreibung der anthropogenen Belastungsquellen erfolgt durch Phosphat, die Schwermetalle Zink, Kupfer und Blei sowie durch die polycyclischen aromatischen Kohlenwasserstoffe (PAK).

Als wichtigste Quelle für partikuläres Blei gelten Benzinverbrennung, Abrieb von Fahrzeugreifen, Abrieb von Bremsbelägen und metallischen Bremsscheiben, sowie Unterbodenschutz und Tropfverlusten von Motorenöl im Kfz-Verkehr (BRUNNER, 1977, S. 98; AKHTER, 1993, S. 112; DAUB & STRIEBE, 1995, S. 239). Auch partikelgebundenes Kupfer und Zink werden durch den Kfz-Verkehr und im häuslichen Abwasserstrom in die Vorfluter eingetragen (FERGUSSON & KIM, 1991, S. 135; AKTHER, 1993, S. 112). Kupfer ist auch in Restbeständen einiger Fungizide anzutreffen (GÄRTEL, 1985, S. 124), während Zink außerdem auf korrodierten Hausdächern und Dachrinnen auftritt (KARI & HERRMANN, 1989, S. 182, KUMMERT & STUMM, 1989, S. 140 ff.). Im Einzugsgebiet des Olewiger Bachs kommen Zink, Kupfer und Blei in geringeren Mengen auch geogen vor. Phosphat findet sich im Abwasser und wird in der Landwirtschaft als Düngemittel eingesetzt. Zudem ist es auch im Straßenstaub anzutreffen (BRUNNER, 1977, S. 98).

PAK werden bei der thermischen Zersetzung von organischer Substanz gebildet, wenn bei Temperaturen über 700 °C im Mikrobereich Sauerstoffmangel und Pyrolyseerscheinungen auftreten (GRIMMER, 1979, S. 13; KOCH, 1989, S. 330). Nach ihrer Bildung erfolgt eine rasche Adsorption oder Inkorporation an Feststoffpartikeln (BAEK *et al.*, 1991, S. 503). Art und Menge der gebildeten PAK sind in erster Linie von den Verbrennungsbedingungen wie Verbrennungsdauer und -temperatur abhängig (GRIMMER, 1979, S. 14), während das Ausmaß der Bindung an die Feststoffe in hohem Maße vom Anteil der organischen Komponenten abhängig ist (KARICKHOFF *et al.*, 1979, S. 244). Deren Aromatizität übt zudem einen starken Einfluß auf das Adsorptionsvermögen der PAK aus (GAUTHIER *et al.*, 1987, S. 247; MURPHY *et al.*, 1990, S. 1515).

Der Kfz-Verkehr führt bevorzugt zur Freisetzung niedermolekularer Polycyclen (TAKADA *et al.*, 1990, S. 1179; TAKADA *et al.*, 1991, S. 56). Diese stammen überwiegend aus Verbrennungsrückständen der Treibstoffe (PRAHL & CARPENTER, 1983, S. 1015), sind aber auch im Reifenabrieb (WAKEHAM *et al.*, 1980, S. 412; ROGGE *et al.*, 1993, S. 1898), gebrauchtem Motorenöl (TAKADA *et al.*, 1991, S. 66) und im Verwitterungsmaterial des Straßenbelages von Asphalt und Zement (BRUNNER, 1977, S. 98 f.; WAKEHAM *et al.*, 1980, S. 411) zu finden. PERRY (1986, S. 59) weist in diesem Zusammenhang in einer Londoner Studie darauf hin, daß 59-70% der auf der Straßenober-

PAK	Kürzel	Ringzahl	Molgewicht (g)	Siedepunkt (°C)	Löslichkeit (µg/l H20)	log KOW	kanzerogen
Acenaphtylen	ACE	3	152	265	3920	4.1	
Acenaphten	ACY	3	154	279	3470	4.3	
Fluoren	FLU	3	166	293	1980	4.2	
Anthracen	ANT	3	178	340	70	4.5	
Phenanthren	PHE	3	178	340	1290	4.5	
Fluoranthen	FLUA	4	202	384	260	5.3	
Pyren	PYR	4	202	360	140	5.3	
Benzo(a)anthracen	BAA	4	228	435	14	5.6	x
Chrysen	CHRY	4	228	448	2	5.6	x
Benzo(a)pyren	BAP	5	252	496	3.8	6	x
Benzo(e)pyren	BEP	5	252	493	4	6.4	x
Benzo(b)fluoranthen	BBK	5	252	481	1.2	6.6	x
Benzo(k)fluoranthen	BKF	5	252	480	0.6	6.8	x
Indeno(cd)pyren	IP	6	276	534	62	7.7	x
Dibenz(ah)anthracen	DAHA	6	276	545	0.5	6	
Benzo(ghi)perylen	BGHIP	6	276	542	0.3	7.2	x

KOW = Oktanol-Wasser-Koeffizient

Tab. 3: Wichtige Eigenschaften der untersuchten PAK (nach STARKE *et al.*, 1991: 4 und Mackay *et al.*, 1992, 217 f.).

fläche befindlichen Öle an Partikel gebunden sind.

Aerosole aus stationären Verbrennungseinrichtungen wie Kohle,- Holz- und Ölfeuerungsanlagen (Hausfeuerung) enthalten einen hohen Anteil fünf- und sechs-Ring-PAK (TAKADA *et al.*,1991, S. 58).

Die chemophysikalischen Eigenschaften der 16 im Rahmen der vorliegenden Arbeit untersuchten Polycyclen sind in Tabelle 3 zusammengestellt. Sie entsprechen mit Ausnahme von Naphthalen und zuzüglich von Benzo(e)pyren der "priority pollutant list" der US-EPA. Die Zusammenstellung zeigt, daß das Umweltverhalten der PAKs weitgehend durch eine geringe Wasserlöslichkeit, eine geringe Abbaubarkeit und einen hohen Oktanol/Wasser-Verteilungskoeffizienten bestimmt wird, was die Ursache für die hohe Geo- und Bioakkumulationsrate der Polycyclen darstellt. Die Verbindungen mit einem Molekulargewicht > 228 g (ab Benzo(a)pyren) treten fast ausschließlich partikelgebunden auf, während kleinere Polycyclen auch zu einem höheren Anteil flüchtig sind (PFLOCK *et al.*,1983, S. 232; BAEK *et al.*, 1991, S. 504).

4.3 ELEMENTE VORWIEGEND GEOGENEN URSPRUNGS

Calcium, Magnesium, Mangan, Eisen, Titan und Kalium sind Elemente des gesteinsbildenden Untergrundes von Olewiger Bach und Ruwer und somit typische Anzeiger geogener Einflüsse. FERGUSSON & SIMMONDS (1983, S. 227), FERGUSSON (1987, S. 1005) und FERGUSSON & KIM (1991, S. 133) finden bei Studien in Christchurch (Neuseeland), daß durch Wind verfrachtete Bodenpartikel auch für den Straßenstaub die dominierende Quelle darstellen. Aufgrund dessen sind zahlreiche Spurenelemente (K, Mn, Ti, Al, Ce, La und Sm) im Straßenstaub geogener und nicht anthropogener Herkunft.

Kalium tritt vor allem in illitischen Tonmineralen auf, findet als Kalidünger Verwendung (SCHACHTSCHABEL *et al.*, 1989, S. 276) und gelangt partikelgebunden mit dem Erosionsmaterial in die Vorfluter (WALTHER, 1980, S. 145).

Eisen, Aluminium und Mangan kommen als Oxide und Hydroxide in den Tonmineralien Kaolinit, Illit und Pyrophyllit vor (STONE & ENGLISH, 1993, S. 22). Ihre variablen Ladungen tragen bei hohen pH-Werten zum Kationenaustausch durch Protonendissoziationen von M-OH- und M-OH_2-Gruppen bei (M = Si, Al, Fe) (SCHACHTSCHABEL *et al.*, 1989, S. 93 f.). Partikuläres Eisen wird daneben zum Teil auch durch den Abrieb von Bremsscheiben und -trommeln, durch Autoabgase und abfallenden Rost freigesetzt (ELLIS & REVITT, 1982, S. 93; FLORES-RODRIGUEZ *et al.*, 1994, S. 88; SCHWAR *et al.*, 1988, S. 41).

4.4 PARTIKELGRÖSSENVERTEILUNGEN UND -GESTALT

Zur Beschreibung der physikalischen Beschreibung der Schwebstoffe werden die Farbe sowie deren Partikelgrößenverteilung und -gestalt verwendet. Partikelgröße und -form steuern neben der Dichte das Transportverhalten von Schwebstoffpartikeln. Eine Übersicht über wichtigste Formkoeffizienten zur Beschreibung der Partikelgestalt geben BATEL (1971, S. 60-83) und ALLEN (1990, S. 128-143). KOMAR & REIMERS (1978) untersuchten die Abhängigkeit der Sinkgeschwindigkeit von Partikeln von deren Größe und Rundheit. Rundliche Partikel sinken danach schneller als unregelmäßig geformte Partikel, wobei sich der Einfluß der Form bei Korngrößen > 1 mm größer ist als bei kleineren Partikeln.

Das bimodale Partikelanalysesystem GALAI-CIS-1, mit dem die Analysen in der vorliegenden Arbeit durchgeführt wurden (vgl. Kapitel 5.4), bietet zur Beschreibung der Partikelgestalt u.a. die beiden dimensionslosen Koeffizienten "shape factor" und "Aspect ratio" an, die Werte zwischen Null und Eins annehmen können. Die Gestaltanalyse erfolgte dabei an Einzelbildern, die von einem Videomikroskop geliefert werden. Dem "shape factor" liegt hierbei die folgende Definition zugrunde:

$$\text{Fläche}/\text{Umfang}^2 \times 4\pi$$

Das "Aspect Ratio" stellt den Quotienten zwischen dem kleinsten und größten Feretdurchmesser eines Partikels dar.

Die Abbildung 4 zeigt einen Vergleich zwischen den Gestaltkoeffizienten "shape factor" und "aspect ratio" sowie der fraktalen Dimension des Grenzfraktals der Einzelpartikel (berechnet als box-counting Dimension auf Grundlage gespeicherter Bitmaps) einer unbehandelten Schwebstoffprobe aus dem Kartelbornsbach vom 12. Oktober 1993. Aus Gründen der besseren Übersichtlichkeit wurden bei den Formkoeffizienten Mittelwerte von jeweils 50 aufeinanderfolgenden, nach steigendem mittleren Feretdurchmesser sortierten Objekten gebildet.

Es ist offensichtlich, daß der "shape factor" eine Abhängigkeit von der Partikelgröße aufweist. Diese Eigenschaft ist auf den fraktalen Charakter der Schwebstoffflocken zurückzuführen: Mit steigender Größe wächst das Umfang/Flächen-Verhältnis der auf die Ebene projezierten Partikel wesentlich schneller als z.B. bei sphärischen Partikeln. Folglich sinkt der Wert des Formfaktors bei größeren Partikeln. Wegen dieser Größenabhängigkeit des "shape factors" ist die Angabe eines Mittelwerts oder Medians ohne genaue Kenntnis der Partikelgrößenverteilung nur wenig aussagekräftig.

Das „Aspect ratio" zeigt diese Abhängigkeit von der Partikelgröße nicht, da es kein Maß für die Unregelmäßigkeit, sondern nur für die Rundheit eines Partikels darstellt. Mit einem mittleren Wert von ca. 0.7 zeigt dieser Koeffizient, daß die untersuchten Schwebstoffe vorwiegend rundlich geformt sind. Bei weiteren Voruntersuchungen wurde festgestellt, daß der Mittelwert dieses Formkoeffizienten in verschiedenen Schwebstoff-Systemen kaum variierte, so daß er nicht weiter für die Untersuchung von Unterschieden bezüglich der Partikelgestalt herangezogen wurde.

Die fraktale Dimension des Grenzfraktals zeigt ebenfalls keine Abhängigkeit von der Partikelgröße. Dies ist eine Folge der Selbstähnlichkeit der untersuchten Flocken, einer grundlegenden Eigenschaft fraktaler Objekte. Die fraktale Dimension (D) wird von Struktur und Textur des Objektrandes und nicht von dessen Rundheit gesteuert (KAYE, 1993b, S. 99). Der Wertebereich für D ist durch das Intervall

]1.0;2.0] gegeben. Die fraktale Dimension des Grenzfraktals von Küstenlinien beträgt beispielsweise ca. 1.2, die von Flußnetzen hingegen 2.0 (MANDELBROT, 1991, S. 469).

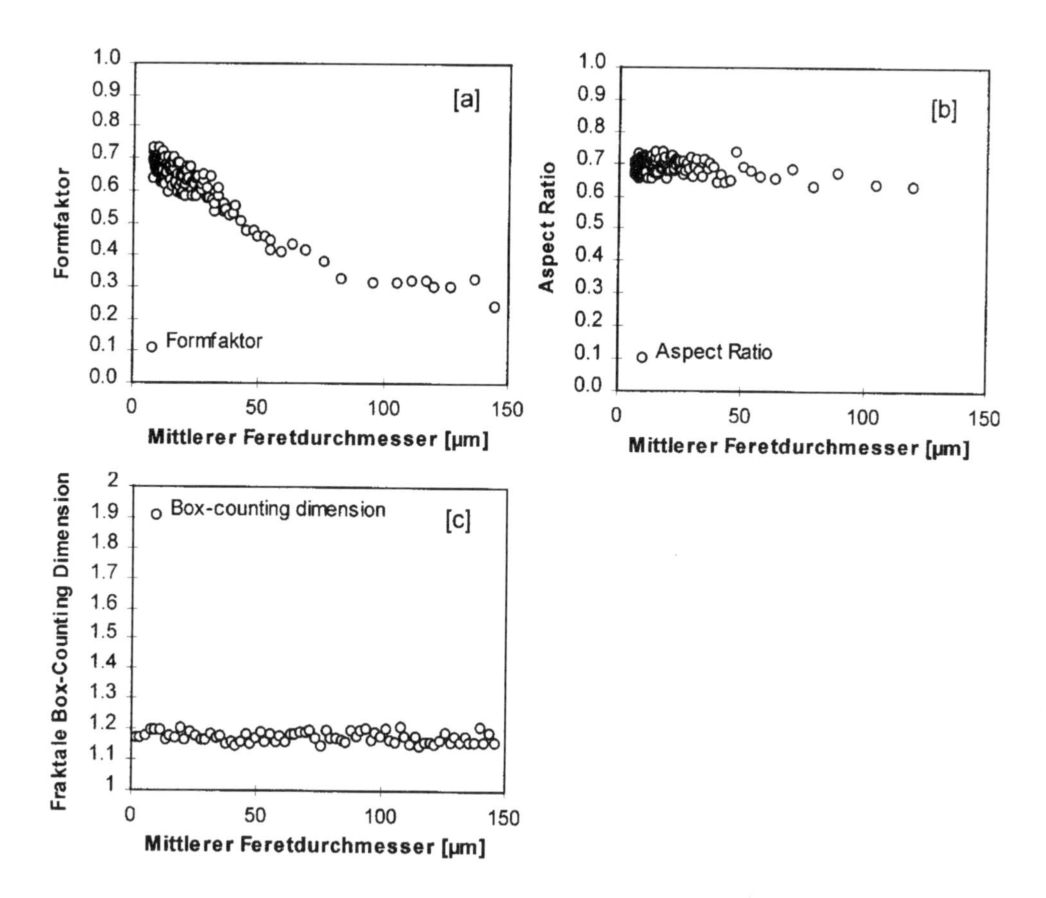

Abb. 4: Größenabhängigkeit des Formfaktors, der frakalen box-counting Dimension und des Aspect Ratios für eine Schwebstoffprobe des Kartelbornsbaches (12.10.93). Die dargestellten Punkte stellen Mittelwerte von jeweils 50 Einzelmessungen dar, die in aufsteigender Reihenfolge sortiert wurden. Für die Darstellung der fraktalen Dimension wurden nur jeweils 10 Werte für die Mittelwertbildung verwendet, da in diesem Fall die Variabilität geringer ist.

Neben der beschriebenen Größenabhängigkeit des shape factors ist auch dessen Variabilität unverhältnismäßig hoch (vgl. Abbildung 5). Die Ursache hierfür ist, daß die zweidimensionale Projektion eines Partikels in der Fokussierungsebene des Videomikroskops die Grundlage zur Bestimmung dieses Koeffizienten darstellt. Da ein Partikel in der Durchflußzelle des GALAI CIS-1 nicht mit einer bevorzugen Orientierung die Fokussierungsebene kreuzt, ist dessen Projektion in Abhängigkeit von der Lage des Partikels äußert variabel. Das verdeutlicht die Abbildung 5a. Sie stellt die Variabilität des shape factors bei einer Computersimulation dar, in der ein länglicher Zylinder um seine drei Raumachsen 300 zufällige Drehbewegungen ausführt. Die Lage des Objektes in der Fokussierungsebene des Videomikroskops wird hierbei durch die Berechnung der Parallelabbildung des dreidimensionalen Körpers auf eine

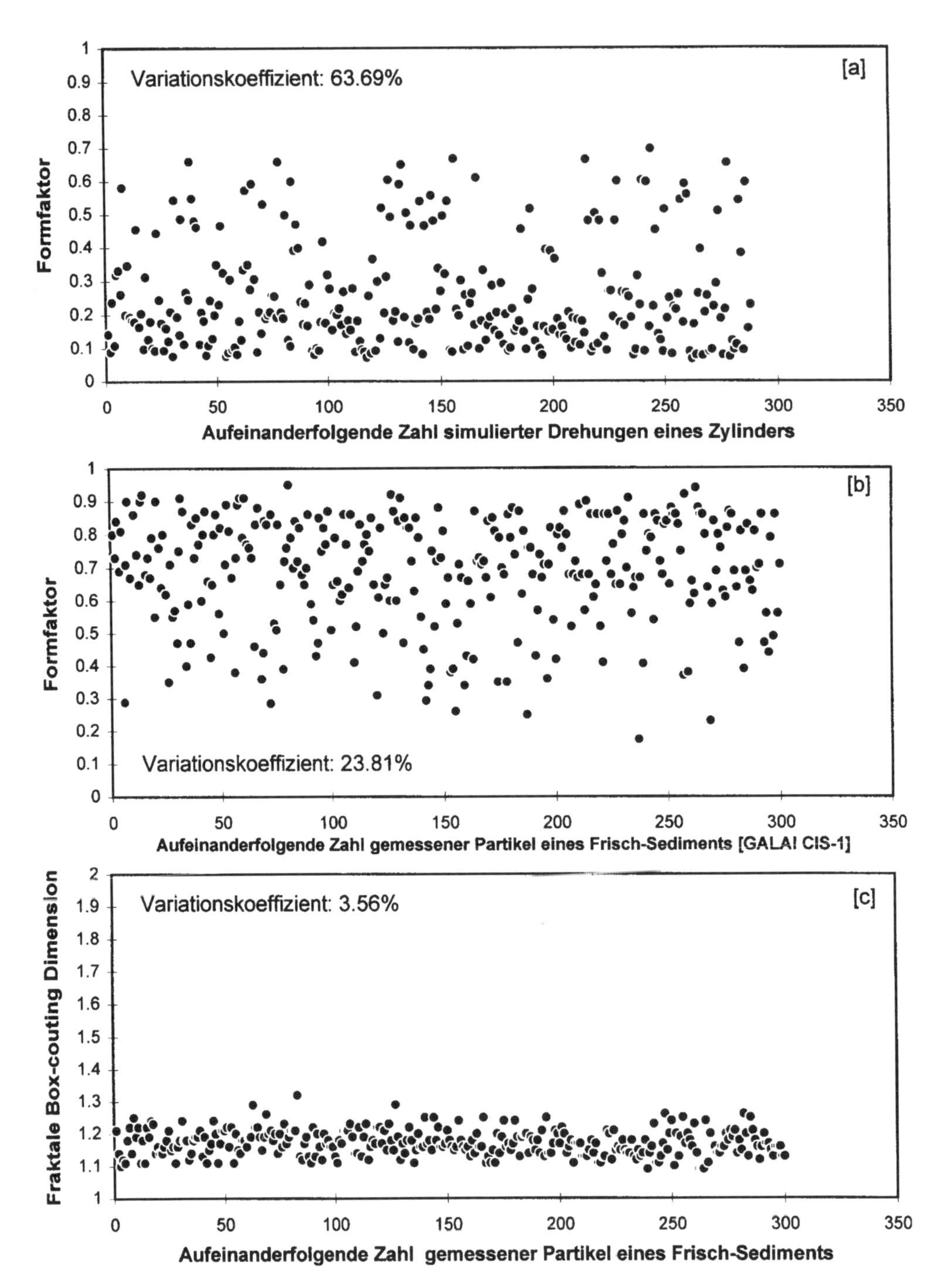

Abb. 5a-c: Variabilität des "shape factors" bei der Bewegungssimulation eines länglichen Zylinders und bei Messungen an einer frischen Sedimentprobe vom Olewiger Bach (12. Oktober ´93) sowie der fraktalen Box-counting Dimension in dieser Probe.

Ebene simuliert (UDELHOVEN, 1992). Die Abbildung 5a zeigt, daß selbst bei einer einfachen Figur exteme Schwankungen in der Ausprägung des "shape factors" typisch sind, da die Rundheit der zugrundeliegenden Parallelabbildungen von der jeweiligen Orientierung des Zylinders im Raum abhängt. Aufgrund der länglichen Form des Zylinders konzentrieren sich die Werte des "shape factors" in dessen unterem Wertebereich.

Die Abbildung 6b zeigt den "shape factor" der ersten 300 bei einer Gestaltanalyse untersuchten Partikel einer unbehandelten Sedimentprobe des Olewiger Bachs (12. Oktober 1993). Auch hier ist eine extreme Schwankung in der Ausprägung des Formfaktors sichtbar. Da flockuliertes Sedimentmaterial rundliche Formen aufweist, konzentrieren sich die Werte in diesem Fall im oberen Wertebereich des Koeffizienten.

Die Abbildung 6c zeigt die fraktale Dimension des Grenzfraktals von 300 Partikeln der identischen Sedimentprobe. Wie es sich bereits in der Abbildung 4 im Falle der Schwebstoffprobe abzeichnet, ist die Variabilität auch hier wesentlich geringer. Aufgrund der beobachteten Größenabhängigkeit und der hohen Variabilität wurde auch der "shape factors" ebenfalls nicht weiter zur Formbeschreibung verwendet. Die fraktale Analyse wurde hingegen als Alternative zu den genannten Formkoeffizienten herangezogen.

Wesentlich einfacher als die Bestimmung der box counting Dimension auf Grundlage der gespeicherten Bitmaps ist die Ermittlung des Umfang-Flächen-Fraktal nach MANDELBROT *et al.* (1984, S. 721), im folgenden mit D_{uf} bezeichnet. Danach besteht zwischen dem Umfang U eines fraktalen Objektes und dessen Fläche A die folgende Beziehung:

$$A \propto U^{2/Duf.}$$

Fläche und Umfang der Einzelpartikel werden vom CIS-1 in einfach auszuwertenden ASCII-Dateien nach einer Gestaltanalyse gespeichert und sind somit einer fraktalen Analyse zugänglich.

SPICER & PRATSINIS (1996) verwenden u.a. die fraktale Dimension des Umfang-Flächen-Fraktals zur Beschreibung der Flockulation von sphärischen Polystyrenpartikeln bei der durch Fließ-Scherkräfte induzierten Flockulation und können zeigen, daß dieser Parameter geeignet ist, um Flockulationsprozesse zu verfolgen.

4.5 BESCHREIBUNG DER HYDROLOGISCHEN RANDBEDINGUNGEN

Zur Beschreibung der hydrologischen Randbedingungen wurden Schwebstoffkonzentration, Abfluß, die 14:00 Lufttemperatur (Meßstation Petriesberg) und die Dreitage-Vorregensumme (Meßstation Petriesberg für den Olewiger Bach und Meßstation Mertesdorf für die Ruwer) verwendet. Darüber hinaus wurden auch ausgewählte gelöste Schwermetalle und Nährstoffe gemessen, um Hinweise über die Transportbahnen des Wassers bei Trockenwetter zu erhalten. Für die Untersuchung lagen kontinuierliche Pegeldaten der Wasserstände und Abflüsse des Olewiger Bach (Pegel Olewig) und der Ruwer (Pegel Kasel) vor.

5 ANALYTIK

5.1 GELÖSTE NÄHRSTOFFE UND SCHWERMETALLE

Die Anionen Chlorid, Nitrat, Sulfat und die Kationen Natrium, Ammonium, Kalium, Calcium und Magnesium wurden aus dem Filtrat in jeweils einem Analysegang durch Ionenchromotographie mit Leitfähigkeitsdetektion bestimmt. Die chromatographischen Bedingungen waren dabei wie folgt:

ANIONEN

Pumpe:	BIOTRONIK BT 8100
Injektion:	20 µl-Schleife über Autosampler befüllt
Trennsäule:	HAMILTON PRP-X 100 (125 x 4.0 mm)
Vorsäule:	HAMILTON PRP-X 100 (Kartusche 10 x 4.0 mm)
Eluent:	Phtalsäure 2 mmol/l mit 10% Aceton bei pH 5, isokratisch
Fluß:	2.0 ml/min
Druck:	ca. 70 bar
Detektor:	METROHM 690 IC
Temperatur:	Detektor und Trenn-/Vorsäule bei 35 °C
Integrator:	Shimadzu C-R5A

KATIONEN

Pumpe:	BIOTRONIK BT 8100
Injektion:	20 µl-Schleife über Autosampler befüllt
Trennsäule:	METROHM IC Cation Column Super SEP n. Schomburg
Vorsäule:	METROHM Kartusche n. Schomburg
Eluent:	Dipicolinsäure 1.0 mmol/l, Weinsäure 7.5 mmol/l, isokratisch
Fluß:	1.0 ml/min
Druck:	ca. 70 bar
Detektor:	METROHM 690 IC
Temperatur:	Detektor und Trenn-/Vorsäule bei 35 °C
Integrator:	Shimadzu C-R5A

Die Messung der Elemente Eisen, Mangan und Zink erfolgte aus dem angesäuerten Filtrat am Atomabsorptionsspektroskop (VARIAN-SPECTRAA-10) in der Flamme mit Acetylen-Luft-Gemisch. Bei besonders niedrigen Konzentrationen wurde bei der Analyse auf die Graphitrohr-Technik (VARIAN GTA 96) zurückgegriffen.

5.2 SCHWEBSTOFFKONZENTRATION UND GLÜHVERLUST

Die Gewichtsbestimmung erfolgte nach Vakuumfiltration von 1 l Wasser über Glasfaserfilter (WHATMAN GF/F, 47 mm Δ, ca. 0.6 µm Porenweite), die zuvor bei 500 °C eine Stunde geglüht und nach der Abkühlung im Exikator ausgewogen wurden. Nach einstündiger Trocknung bei 105 °C und anschließender Wägung erfolgte die Bestimmung der Schwebstoffkonzentration aus der Differenz der Filtergewichte (DEV 38409 H1).

Der Filterrückstand wurde im Anschluß daran bei 550 °C im Muffelofen geglüht, im Exikator ausgekühlt und nach dem Auswiegen die Höhe des prozentualen Glühverlustes berechnet.

5.3 FARBE

Die Farbbestimmung erfolgte nach UDELHOVEN & SYMADER (1995) an luftgetrockneten Filterrückständen nach Aufschlämmung und Filtration (Glasfaserfiler WHATMAN G/F) unbehandelter

Schwebstoffproben. Auf eine ausreichend dicke Filterbelegung wurde geachtet, um einen Einfluß des weißen Filteruntergrundes auf die Helligkeit des Filterrückstandes auszuschließen. Die Verwendung von Glasfaserfiltern hat gegenüber Polyamid- oder Cellulosenitrat-Filtern den Vorteil, daß während der Trocknung kaum Schrumpfungsrisse auftreten, die den Farbeindruck verfälschen. Die luftgetrockneten Filter wurden anschließend mit einem HP ScanJet II cx-Flachbettscanner mit einer Farbtiefe von 24 bit und 50% Helligkeit und Kontrast gescannt und die jeweiligen Helligkeitsmittelwerte und -varianzen der Farbanteile ermittelt.

5.4 PARTIKELGRÖSSENANALYSE

Die Partikelgrößenanalyse erfolgte mit dem Partikelanalysesystem GALAI CIS-1. Das Gerät basiert auf der "time of transition theory" (AHARONSON *et al.*, 1986, S. 530), wonach die Überstreichungsdauer eines fokussierten, schnell rotierenden 500 mW He-Ne-Laserstrahls über einzelne sich in Suspension befindliche oder auf einem Objektträger ruhende Partikel gemessen und daraus die Partikeldurchmesser bestimmt werden. Gemessen wurde in der Durchflußzelle (GCM-7) im Standardmeßbereich von 0.5 µm bis 150 µm. Vor der Messung wurden die gefriergetrockneten Proben zur Dispergierung 10 Minuten im Ultraschallbad behandelt. Ausgewertet wurden die Volumenverteilungen der Schwebstoffe, die im folgenden aufgrund der positiven Schiefe der Verteilungen jeweils durch deren Median repräsentiert werden.

5.5 ELUTRIATION

Für die Gestaltanalysen wurden neben ausgewählten Schwebstoffproben auch zwei Frisch-Sedimentproben berücksichtigt, die zu diesem Zweck fraktioniert wurden. Dafür wurden die Siebfraktionen 63-20 µm und < 20 µm gebildet und letztere durch eine Elutriation weiter in die Fraktionen Ton, Feinschluff, feiner Mittelschluff, grober Mittelschluff und Grobschluff aufgeteilt. Ab einer Partikelgröße von 20 µm ist die Siebung nicht mehr sinnvoll, da verstärkt unerwünschte mechanische Beeinflussungen der Partikel auftreten (UMLAUF & BIERL, 1987, S. 204; MÖLLER-LINDENHOF & REINCKE, 1991, S. 43).

Das Meßprinzip des Elutriators ist ausführlich bei UMLAUF & BIERL (1987, S. 204), ALLEN (1990, S. 380 ff.) sowie bei WALLING & WOODWARD (1993, S. 1415) beschrieben. Die Fraktionierung dauert etwa 50 Stunden. Um den Einfluß der Flockulation während dieser Zeit zu verringern, wurden die gefriergetrockneten Proben vor Einführung in den Elutriator in 20 mmol Natriumpyrophosphat-Lösung, welche auch als Laufmittel im Elutriator verwendet wurde, suspendiert und vor der Aufgabe ins System 15 Minuten mit Ultraschall behandelt.

5.6 ELEMENTARANALYSE VON KOHLENSTOFF UND STICKSTOFF

Die Bestimmung des Gesamt-Kohlenstoff- und -Stickstoffgehaltes erfolgte mit 80-100 mg Probenmaterial im Leco CHN-1000 bei 1000 °C unter Sauerstoffzufuhr bei Anwesenheit der Katalysatoren Zinn und Wolframtrioxid. Die bei der Verbrennung entstehenden Gase (CO_2, NOx) werden am Infrarot- bzw. Wärmeleitfähigkeitsdetektor registriert und in den prozentualen C- bzw. N-Gehalt umgerechnet. Bei der gewählten Temperatur von 1000 °C ist neben der Verbrennung des organischen Kohlenstoffs auch mit einer Verflüchtigung von Rückstandswasser der gefriergetrockneten Schwebstoffproben und mit thermischer Zersetzung von anorganischen Bestandteilen wie Carbonaten und Metalloxiden zu rechnen. Die thermische Zersetzung der Carbonate beginnt bei etwa 700 °C (SCHÄFER *et al.*, 1993, S. 301). STRUNK (1993, S. 26) korrelierte den Gesamtkohlenstoffgehalt am Olewiger Bach mit dem organischen Kohlenstoffgehalt nach Lichterfelde und berechnete einen hohen linearen Korrelationskoeffizienten von 0.985 (n = 226). Es ist daher davon auszugehen, daß im Olewiger Bach der Gesamt-Kohlenstoffgehalt weitgehend der POM entspricht. Dies wird im folgenden aufgrund des ähnlichen geologischen Aufbaus des Einzugsgebiets der Ruwer auch für deren Schwebstoffe vorausgesetzt.

5.7 ELEMENTANALYTIK UND BESTIMMUNG DES PHOSPHATGEHALTES

Zur Gehaltsbestimmung wurden 120-140 mg Schwebstoffmaterial in 50 ml-Aufschlußgefäßen aus Teflon in einem Druckbombenblock DAB 2 der Fa. Berghof mit 5 ml Säure (HNO_3, 65% p.a.) fünf Stunden lang bei 170 °C aufgeschlossen. Vor jeder Nutzung wurden die Teflongefäße zwei Stunden mit 65%iger HNO_3 bei 170 °C im Aufschlußblock gereinigt und mehrfach mit Aq. deion. gespült. Nach dem Aufschluß wurde der Extrakt auf Blauband-Rundfiltern (SCHLEICHER & SCHUELL) aufgegeben, unter Spülung mit 2 N Salpetersäure in 50 ml-Rundkolben abfiltriert und bis zur Elementaranalyse bei 4 °C gelagert. Um Kontaminationen auszuschließen, wurden nach jeweils 12 Proben ein Blindwert sowie bei jedem Aufschluß (jeweils mit 12 oder 24 Proben) ein im Labor als Referenzprobe benutztes Sediment mit aufgeschlossen und gemessen.

Die Elemente Kupfer, Zink, Eisen und Mangan wurden ohne Verdünnung aus der Aufschlußlösung am Atomabsorptionsspektroskop (AAS, VARIAN-SPECTRAA-10) in der Flamme im Acetylen-Luftgemisch gemessen, Calcium, Kalium und Magnesium wurden vor der Messung aufgrund der hohen Konzentrationen 1:10 mit 5%iger Cäsium-Lanthanchloridlösung nach SCHINKEL (1991) verdünnt. Blei und Kupfer wurden aufgrund ihrer geringen Konzentrationen sowie der elementspezifischen unempfindlichen Detektion mit Hilfe der Quarzrohrtechnik am AAS (PHILIPS PYEUNICUM SP9) bestimmt. Die Tabelle 4 zeigt die Mittelwerte und Standardabweichungen der Ionengehalte einer Referenzprobe (Sediment Kartelbornsbach):

Einwaage (mg)	Ca (mg/g)	K (mg/g)	Mg (mg/g)	Fe (mg/g)	Mn (mg/g)	Cu (µg/g)	Pb (µg/g)	Zn (µg/g)
131.3		11.58	32.83	23.99	0.93	29.7	48.36	159.94
141.6	51.48	11.77	31 71	25.49	0.93	33.19	51.55	166.31
121.1	59.29	11.98	32.54	25.56	0.93	29.32	52.02	161.44
114.6	54.19	12.39	32.11	24.48	0.94	35.69	47.56	169.23
139.3	52.53	11.34	33.45	24.48	0.92	29.43	54.56	166.19
125.8	51.39	11.05	33.35	25.95	0.95	29.01	46.9	167.73
131.6	51.44	11.17	32.6	22.68	0.9	30.4	45.6	161.47
Mittelwert	52.9	11.61	32.65	24.66	0.03	30.97	49.51	164.62
Std.abw.	3.042	0.47	0.63	1.13	0.02	2.52	3.25	3.62
Var.koeff.	5.70%	4.10%	1.90%	4.6	1.70%	8.10%	6.60%	2.20%

Tab. 4: Metallgehalte der Referenzprobe.

Der Gehalt an Orthophosphat wurde nach FREVERT (1983, S. 166) photometrisch bestimmt. Ein Aliquot von 2 ml der Aufschlußlösung wurde 15 Minuten mit ultraviolettem Licht bestrahlt, um Störungen während der Analyse durch HNO_3-Reste weitgehend zu vermeiden. Die so behandelte Lösung wurde anschließend mit Aq. deion. auf 25 ml aufgefüllt, mit 0.5 ml einer 10%igen Ascorbinsäurelösung und 1 ml Chrommolybdänschwefelsäure versetzt und nach der Ausbildung des blauen Farbkomplexes nach 15 Minuten im Photometer (PERKIN-ELMNER (Lambda 2)) gemessen.

5.8 POLYCYCLISCHE AROMATISCHE KOHLENWASSERSTOFFE (PAK)

Die im folgenden beschriebene Aufbereitung der Schwebstoffproben und Analyse der polycyclischen aromatischen Kohlenwasserstoffe (PAK) wurde in der Abteilung Hydrologie an der Universität Trier entwickelt.

Zur Bestimmung der PAK wurden etwa 5 g Probenmaterial in Glasfaser-Extraktionshülsen (Fa. Macharey-Nagel) eingewogen und jeweils 200 µl eines internen Standards, bestehend aus 50 ng/µl deuteriertem Anthracen und 48.1 ng/µl Benzo(b)chrysen, zudotiert. Die sich anschließende siebenstündige Fest-/Flüssigextraktion erfolgte in der Soxhlet-Apparatur mit einem Lösungsmittelgemisch, bestehend aus gleichen Verhältnissen Hexan und Aceton. Der Extrakt wurde in einen Rundkolben überführt, am Vakuumrotationsverdampfer (BÜCHI, RE 121 Rotapor, 461-Water Bath, 168 Vacuum/Destillation Controller) bis auf etwa 1 ml verdampft, im Stickstoffstrom bis zur Fasttrockene eingeengt und der Rückstand in 4 ml Hexan aufgenommen.

Die Probenreinigung erfolgte in Glassäulen (SUPLECO), die mit 1 g Kieselgel mit 5% H_2O (BAKER, 63-200 µm), 1 g Cyanophase (BAKER, 40 µm) und 0.5 g Silberperchlorat Monohydrat (FLUKA) auf Aluminiumoxid (FLUKA) gefüllt waren. Die Aluminiumoxidphase, die zur Schwefelabtrennung benötigt wird, wurde wie folgt hergestellt: 2 g Silberperchlorat wurden in 100 ml Hexan suspendiert und etwa 80 ml Aceton bis zur vollständigen Lösung hinzugefügt. Anschließend wurden 20 g Alumimiumoxid zugewogen und das Lösungsmittel am Vakuumrotationsverdampfer abrotiert. Es folgte eine thermische Zersetzung des Silberperchlorates bei 500 °C über Nacht im Muffelofen.

Die gefüllten Säulchen wurden mittels Durchlauf von 5 ml Hexan, 5 ml Dichlormethan und weiteren 15 ml Hexan vorkonditioniert. 2 ml der vorliegenden Probe wurden danach aufgegeben, und nach einer 15minütigen Einwirkungszeit erfolgte die anschließende Elution durch Aufgabe eines Gemischs aus 10 ml Hexan/Dichlormethan und 15 ml reinem Dichlormethan. Das Eluat wurde in 25 ml-Spitzkolben aufgefangen, am Vakuumrotationsverdampfer bis auf etwa 1 ml eingeengt und in 2 ml-Septumfläschchen überführt. Im Stickstoffstrom erfolgte die weitere Einengung bis zur Fasttrockene. Der Rückstand wurde in 500 µl Hexan aufgenommen, ein Aliquot von 100 µl wurde hiervon in Glas-Spitzeinsätze (Microvials) überführt, in den Braunglas-GC-Fläschchen mit Bördelkappen luftdicht verschlossen und bis zur Analyse bei 4° C aufbewahrt.

Die Analysen am GC/MSD wurden freundlicherweise von Herrn Dr. Reinhard Bierl übernommen. Die Gerätebedingungen waren dabei wie folgt:

Gaschromatograph:	HEWLETT PACKARD 5890 II
Probenaufgabe:	Split/Splitlos-Injektor 270 °C, 1.0 µl, spitlos (1.0 min)
Trennsäule:	DB-5 ms, 30 m x 0.25 µm I.D., 0.25 µm Filmdicke
Temperaturprogramm:	80 °C -> (1 min), mit 15°C/min auf 180°C (1 min), mit 3°C/min auf 280°C (20 min)
Trägergas:	Helium (0.9 ml/min)
Detektor:	HEWLETT PACKARD 5970 B MSD direkte Kopplung, Interface 250°C
Gerätesteuerung:	UNIX-Workstation HP 9000 Serie 340

Der quantitative Nachweis der Stoffe erfolgte über charakteristische Massenspektren im Selected Ion Monitoring-Modus (SIM), wobei eine Korrektur mit Hilfe von Anthracen-d10 als internem Standard durchgeführt wurde. Benzo(b)chrysen wurde ebenfalls als interner Standard verwendet, aber aufgrund seiner geringen Wiederfindungsraten (siehe Tab. 5) nicht zur Auswertung herangezogen. Benzo(b)fluoranthen und Benzo(k)fluoranthen wurden nicht chromatographisch getrennt, sondern nur als Summe erfaßt.

Die Tabelle 5 enthält die Wiederfindungsraten, die nach Zugabe definierter PAK-Konzentrationen von jeweils 400 ppb zu natürlichen Sedimentproben und nach Abzug der im Sediment bereits enthaltenen PAK-Gehalte ermittelt wurden (jeweils drei Wiederholungen). Mit Ausnahme des Benzo(b)chrysens liegen die Wiederfindungsraten, gemessen an den Streuungen der Parallelen, in einem zufriedenstellenden Bereich.

	Gehalte Sediment (ppb)				Gehalte Sediment + Zusätze (ppb)				Ausbeute (ppb)	Wieder-findung(%)
	1	2	3	Mittel	1	2	3	Mittel		
ACE	1.2	0.4	1.2	0.9	296.8	302.8	384.4	328.0	327.1	81.8
FLU	4.4	4.0	4.8	4.4	411.2	400.4	434.0	415.2	410.8	102.7
PHE	70.4	75.2	80.4	75.3	552.0	534.4	527.2	537.9	462.8	115.7
ANT	8.4	9.2	9.2	8.9	476.4	461.2	456.8	464.8	456.0	114.0
FLUA	206.0	225.6	237.2	222.9	741.6	713.2	697.6	717.5	494.8	123.7
PYR	165.6	180	189.6	178.4	690.0	664.4	647.2	667.2	488.8	122.2
BAA	88.0	96.0	101.6	95.2	589.2	554.0	537.6	560.3	465.2	116.3
CHRY	118.8	128.4	135.6	127.6	598.8	564.0	548.4	570.4	442.8	110.7
B(BF)F	206.0	234.4	241.1	227.2	1108.0	1081.6	1028.0	1072.5	845.2	105.7
BAP	87.6	94.4	102.0	94.7	480.4	452.0	423.2	451.9	357.2	89.3
IP	76.0	80.0	76.0	77.3	514.0	504.4	491.6	503.3	426.0	106.5
DAHA	14.8	20.0	16.8	17.2	432.4	418.8	407.2	419.5	402.4	100.6
BBCHR	44.8	195.2	45.2	95.1	83.2	168.8	101.6	117.9	22.7	5.7
BGHIP	69.2	70.0	79.6	72.9	491.2	468.8	462.4	474.1	401.2	100.3

Tab. 5: Wiederfindungsraten der Polycyclischen Aromatischen Kohlenwasserstoffe.

5.9 PROTEINE

Die Proteinbestimmung erfolgte nach der Methode von BRADFORD (1976), die auch für die Analyse von Schwebstoffproben geeignet ist (GREISER, 1988, S. 19). Das Prinzip hierbei ist die Reaktion des Farbstoffs Coomassie Brilliant Blue G-250 (Sigma) mit basischen oder aromatischen Gruppen in Proteinen mit mindestens 8-9 Peptidbanden (LAZAROVA & MANEM, 1995, S. 2234). Der sich proportional zur vorhandenen Proteinmenge bildende blaue Farbstoffkomplex weist ein Absorptionsmaximum bei 595 nm auf.

Zur Gewinnung der Proteine wurde 30-50 mg Schwebstoff mit 20 ml 0.5 molarer NaOH zwei Stunden lang bei 56° C extrahiert. Nach dem Abzentrifugieren der Partikelreste wurde von jeder Probe (2 Parallelen) 0.5 ml des Überstandes (= Proteinlösung) mit 10 ml der Farbstofflösung versetzt und nach fünf Minuten Inkubationszeit die Extinktion im Photometer (λ = 595 nm) gegen die reine Farbstofflösung gemessen. Die Erstellung der Eichkurven erfolgte mit Rinderserumalbumin (BSA)-Standard (Sigma) im Bereich von 2.5 - 40 µg BSA/0.1 ml 0.5 n NaOH.

5.10 KOHLEHYDRATE

Für die Bestimmung der Gesamt-Kohlehydrate wurde die photometrische Anthron-Methode nach DREYWOOD (1946) angewendet. Diese Methode ist hochspezifisch für Kohlehydrate, und es treten nur geringe Interferenzen mit Fremdsubstanzen auf. Allerdings ist die Intensität des gebildeten grünen Farbkomplexes für Hexosen größer als für Heptosen und Pentosen (RAUNKJAER *et al.*, 1994, S. 253).

Zur Durchführung wurden 10-20 mg Schwebstoffmaterial (2 Parallelen) in Zentrifugengläser eingewogen und mit 1 ml Aq. deion. versetzt. Nach Zugabe von 5 ml der frisch angesetzten Reagenzlösung (200 mg Anthron in 100 ml H_2SO_{4conc}) und dem Schütteln der Probe erfolgte 14 Minuten ein Aufschluß bei 100 °C im Wasserbad. Nach dem Abkühlen der Probe im Wasserbad wurden die Proben gegen die gleichermaßen behandelten Eichstandards (Glucoselösungen im Konzentrationsbereich zwischen 20 und 500 mg/g) am Photometer bei 590 nm innerhalb von 30 Minuten gemessen.

5.11 URONSÄUREN, CHLOROPHYLL UND PHAEOPIGMENT

Die Bestimmung der Uronsäuren (2 Parallelen) erfolgte photometrisch nach der Methode nach BLUMENKRANTZ & ASBOE-HANSEN (1973). Dazu wurden 20-50 mg gefriergetrocknetes Schwebstoffmaterial in Zentrifugengläser eingewogen und mit 0.6 ml Aq. deion. versetzt. Anschließend wurden dem Feststoffmaterial 4 ml eines Reagenzes aus 0,0125 M $Na_2B_4O_7$ x 10 H_2O in H_2SO_{4conc} zugesetzt und geschüttelt. Nach 5minütiger Extraktion bei 100 °C, Abkühlung im Wasserbad und anschließender Zentrifugation wurde nach Zugabe 50 µl 0,2% Hydroxybiphenyl der Farbkomplex am Photometer bei 520 nm nach 20 - 40 Minuten gemessen. Als Eich-Standard diente Glucuronsäure, in einem Konzentrationsbereich zwischen 50 und 200 mg/l. Die Messung des Chlorophyll-a-gehaltes erfolgte photometrisch nach vierstündiger Kaltextraktion von 50 mg Schwebstoffmaterial mit 10 ml 90%iger Aceton-Lösung. Die Bestimmung des Phaeophytins erfolgte nach Ansäuern des Extraktes in der Küvette mit 1 n HCL. Für die Berechnung des Pigmentgehaltes wurden die Formeln von LICHTENTHALER (1987) verwendet.

5.12 ADENOSINTRIPHOSPHAT- UND GESAMTADENYLAT (ATP + ADT + AMP)- GEHALT

Es existiert eine Vielzahl von Verfahren zur Extraktion und quantitativen Bestimmung von Adenosintriphosphat (ATP) aus natürlichen Feststoffproben, die z.B. von ALEF (1992, S. 62 ff.) beschrieben werden. ATP läßt sich dabei selbst nach längerer Lagerzeit auch aus gefrorenen Proben bestimmen. Als Hauptproblem der quantitativen Analyse gilt jedoch eine extreme Sensitivität gegenüber der Extraktionsmethode (LAZAROVA & MANEM, 1995, S. 2236). Beim bekannten Luciferin-Luciferase-Verfahren, bei dem die Biolumineszenz gemessen wird, wenn Luziferin in Anwesenheit von ATP und dem Enzym Luciferase oxidiert wird (STREHLER & TOTTER, 1952), ist zudem die hemmende Wirkung von Störsubstanzen, wie z.B. die von Huminstoffen, sowie metabolische Reaktionen mit ATPasen und Kinasen sowie anderen Enzymen zu beachten (ALEF, 1991, S. 62 f.).

GREISER (1988, S. 20 f.) und HUMANN (1992, S. 23 ff.) verwenden für die Analyse von Elbe-Schwebstoffen einen Analyseweg, der für die vorliegende Fragestellung mit der Abwandlung übernommen wurde, daß die Analyse an gefriergetrocknetem Probenmaterial erfolgte:

Die Extraktion der Adenylate wurde nach KALBHEN & KOCH (1967) durchgeführt. Dazu wurden 100 mg der gefriergetrockneten Schwebstoffproben (2 Parallelen) nach Zugabe von 5 ml Glycin-Puffer (pH 9.8) 15 Minuten bei 90 °C extrahiert, anschließend der Zellaufschluß 10 Minuten bei 3000 U/min zentrifugiert und der Überstand bis zur Analyse bei -20 °C aufbewahrt. ATP wurde direkt aus diesem Extrakt bestimmt.

Für die Gesamtadenylatbestimmung ist die vorherige enzymatische Umwandlung von Adenosindiphophat (ADP) und Adenosinmonophosphat (AMP) in ATP erforderlich, die nach EIGENER (1973) und SUNDERMEYER (1979) erfolgte. Dazu wurden zu 2 ml des Überstandes folgende Lösungen hinzugegeben, wobei die benötigten Enzymlösungen täglich neu angesetzt wurden:

Nach einer Inkubationszeit von 30 Minuten wurden die Ansätze bis zur Biolumineszenzmessung bei -20 °C aufbewahrt. Zur Biolumineszenzmessung (3 Parallelen) wurden die Meßküvetten mit 1 ml einer 5 mmol Arsenatpuffer-Lösung (eingestellt mit 0.6 n H_2SO_4 auf pH 7.4) und 0.1 ml Luciferin-Luciferase-

0.4 ml	Tris-HCL-Puffer	(0.2M; pH 7.4)
0.2 ml	K^+-Mg^{2+}-Lösung	(0.3 M KH_2PO_4; 42 mM $MgSO_4$ x 7 H_2O)
0.02 ml	H_2SO_4-Lösung	(0.6 n)
0.02 ml	Phosphoenolpyruvat-Lösung	(Phosphoenolpyruvat -Tricyclohexylammoniumsalz, 5 mM, Sigma)
0.032 ml	Pyruvatkinase-Lösung	(Pyruvatkinase-Stammlösung (10 mg/ml, Sigma), vor Gebrauch mit 1:10 mit Aqua- deion. verdünnt)
0.043 ml	Myokinase-Lösung	(Myokinase-Stammlösung (5 mg/ml, Sigma), vor Gebrauch mit 1:5 mit Aq. deion. verdünnt)

Lösung (aus Firefly lantern extract, FLE-50, Sigma, mit 5 ml Aq. deion.) gefüllt. Nach Zugabe von 0.1 ml Probe wurde die Meßküvette 10 Sekunden geschüttelt, in das ATP-Meßgerät (ABIMed LUMACOUNTER M280) eingesetzt und nach 30 Sekunden bei einer Integrationszeit von 10 Sekunden gemessen. Die Erstellung der ATP-Eichkurve erfolgt im Konzentrationsbereich von 7.8 - 1000 pM.

5.13 GESTALTANALYSE

Die Gestaltanalyse erfolgte wie die Partikelgrößenanalyse mit dem bimodularen GALAI CIS-1, bei dem im rechten Winkel zum Strahlengang des Lasers ein stroboskopisch beleuchtetes Videomikroskop angebracht ist. Bei dem Probenmaterial handelt es sich entweder um aufgeschlämmtes gefriergetrocknetes oder unbehandeltes Feststoffmaterial, in einem Konzentrationsbereich zwischen 100 und 400 mg/l. Für eine möglichst exakte Ableitung der fraktalen Dimension ist mindestens die Analyse von jeweils 10000 Einzelpartikel erforderlich, da ansonsten meßtechnisch bedingt die größeren Partikel einer Feststoffprobe unterrepräsentiert sind. Da die Auflösung des Videomikroskops begrenzt ist, wurden Partikel mit einer Fläche $< 20\ \mu m^2$ aus den Analysen ausgeschlossen.

Die fraktale Dimension des Umfang-Flächen-Fraktals (D_{uf}) kann direkt aus einem log-log Plot des Partikelumfangs gegen dessen Fläche nach Analyse einer Schwebstoffprobe mit dem GALAI-CIS-I abgeleitet werden. D nimmt Werte zwischen 2 und 1 an, wobei große Werte offene und unregelmäßige Flockenstrukturen repräsentieren. Die Abbildung 6 verdeutlicht die Herleitung des Umfang-Flächen-Fraktals einer gefriergetrockneten Schwebstoffprobe, wobei in Abb. 6a alle erfaßten Objekte und in Abb. 6b jeweils die Mittelwerte von jeweils 50 der Fläche nach sortierten Objekte dargestellt sind. Die letztere Form der Darstellung wird im folgenden für alle weiteren Gestaltanalysen verwendet. Die mittlere fraktale Dimension des Umfang-Flächenfraktals (D_{uf}) einer Schwebstoffprobe läßt sich aus dem linearen Regressionskoeffizienten b ableiten: $D_{uf} = 2/b$.

Sind die zu untersuchenden Partikel exakt sphärisch, dann beträgt die Steigung der Ausgleichgeraden 2.0, und D_{uf} erhält somit einen Wert von eins. Regressionskoeffizienten < 2 weisen auf fraktale Objekte hin Abb. 6b zeigt, daß sich die in Abb. 6a dargestellte Punktwolke nicht nur durch einen, sondern durch zwei lineare Abschnitte beschreiben läßt. Der Effekt tritt nicht generell auf, er ist aber gehäuft bei der Analyse von gefriergetrockneten und anschließend erneut aufgeschlämmten Proben anzutreffen. Insbesondere fraktionierte Proben lassen sich hingegen in der Regel mit einer einzelnen Regressionsgerade beschreiben.

Zur optimalen Anpassung der Ausgleichsfunktionen an Multifraktalen mit zwei linearen Abschnitten

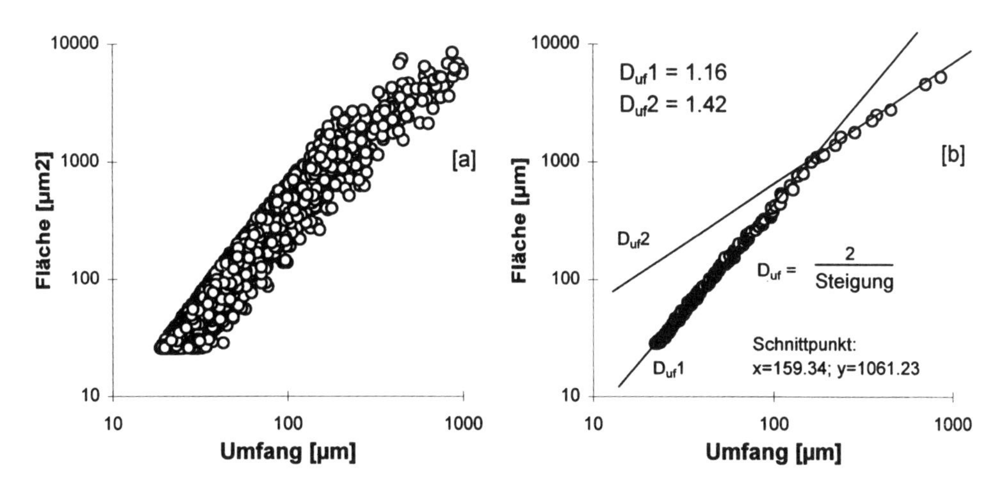

Abb. 6a-b: Umfang-Flächen-Fraktal einer Schwebstoffprobe der Ruwer (12.10.93). In Abb. 6a sind alle erfaßten Objekte der Probe, in Abb. 6b hingegen Mittelwerte aus jeweils 50 Werten, die nach aufsteigender Fläche sortiert wurden, dargestellt.

muß die Position des "Knickpunktes" möglichst exakt bekannt sein. Dieser ist bei vielen der vorliegenden Proben nur undeutlich ausgebildet, kann aber dennoch durch die folgende C-Routine gefunden werden:

```
void CalculateReg(void)
{
 int i;
 double errbest,error_gr1,error_gr2,ta1,ta2,tb1,tb2;
 for (i=2;i<n-1;i++)
 {
  Regression (&a1,&b1,&error_gr1,x,y,i);
  Regression (&a2,&b2,&error_gr2,x+i,y+i,n-i);
  if (i==2 || error_gr1+error_gr2<errbest)
  {
   Knick=i;
   Konstante1=a1; Konstante2=a2; Steigung1=b1; Steigung2=b2;
   errbest=error_gr1+error_gr2;
  }
 }
}
```

mit:

x,y	= Startadressen der nach x sortierten Variablen x und y
i	= Zahlvariable
Knick	= Lage des Knickpunktes (bei item Datenpunkt)
Konstante_1/2	= Konstante der optimalen Regressionsgeraden 1 und 2
Steigung_1/2	= Steigung der optimalen Regressionsgeraden 1 und 2
error_gr1/2	= Summe der Fehlerquadrate Regression 1 und 2
a1/2, b1/2	= Regressionsparameter der Einzelregressionen
Regression	= Regressionsroutine

Die Routine arbeitet wie folgt: Die nach der Variablen x sortierten Werte werden zur Anpassung der Ausgleichsgeraden iterativ jeweils in zwei Gruppen aufgeteilt. Zu Beginn enthält die erste Datengruppe nur die beiden ersten Objekte der sortierten Reihe und die zweite Gruppe die n-2 verbleibenden Objekte. Nach dem Berechnen der Ausgleichsfunktionen wird die quadrierte Summe der Residuen über beide Regressionsmodelle berechnet. Im nächsten Iterationsschritt wird die erste Gruppe um einen Punkt erweitert, die zweite Gruppe besteht somit nur noch aus n-3 Punkten. Dieses Verfahren wird so lange wiederholt, bis die erste Gruppe n-2 und die zweite Gruppe somit nur noch 2 Elementen enthält. Die optimale Lage der beiden Regressionsgeraden ist dann erreicht, wenn die Summe der beiden Fehlerquadratsummen minimal ist. Die Abbildung 6c verdeutlicht diesen Zusammenhang noch einmal graphisch.

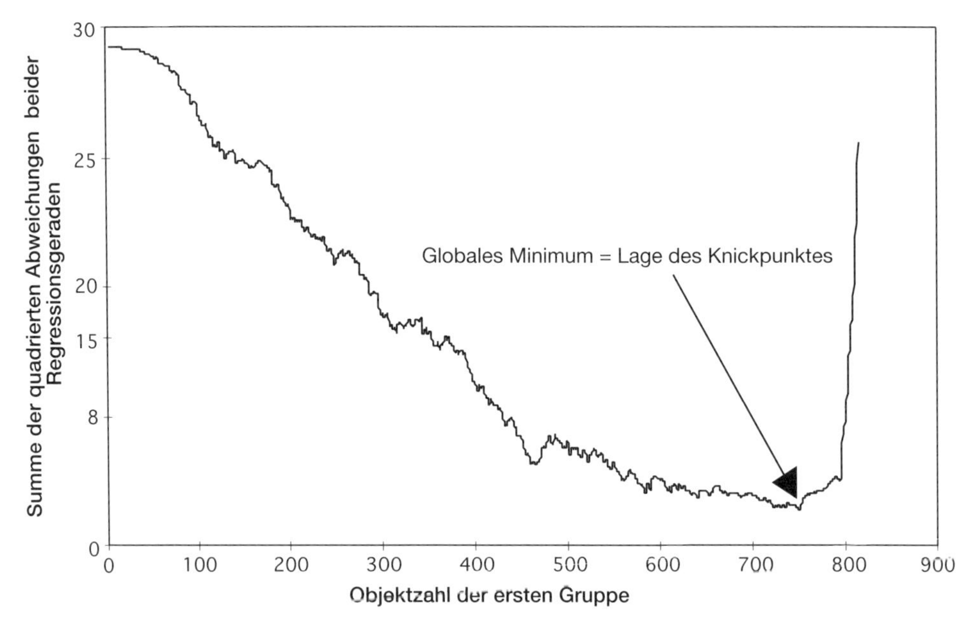

Abb. 6c: Auswertung von Multifraktalen mit zwei linearen Abschnitten (Schwebstoffprobe Ruwer 12.10.93). Die sortierten Datenwerte werden dynamisch so lange in zwei Teilgruppen aufgeteilt (Erläuterung siehe Text) bis die Summe der quadrierten Fehlerquadrate über beide Ausgleichsgeraden minimal wird.

6 DIE HYDROLOGISCHEN RANDBEDINGUNGEN IM UNTERSUCHUNGSZEITRAUM

Bevor in den folgenden Kapiteln die Eigenschaften und die Schadstoffbelastung der Schwebstoffe bei Trockenwetterbedingungen untersucht werden, erfolgt zunächst eine kurze Darstellung der hydrologischen Randbedingungen im Untersuchungszeitraum.

Die Abbildung 7a zeigt den Abfluß (Pegel Kasel) sowie den Niederschlagsverlauf (Niederschlagsstation Mertesdorf) im Einzugsgebiet der Ruwer. In der Abbildung 7b ist der Hydrograph des Olewiger Bachs (Pegel Olewig) gemeinsam mit den Zeitpunkten der Probenahme sowie dem Chemographen von gelöstem Sulfat (Meßstelle "Kleingarten") aufgetragen. Da sich gelöstes Sulfat weitgehend konservativ verhält, erfolgt während der spätsommerlichen Niedrigwasserperiode im August 1993 eine kontinuierliche Zunahme der Sulfatkonzentrationen, die bis in die ersten Septemberwochen andauert. Auch im nachfolgenden Jahr sind in der sommerlichen Niedrigwasserperiode von Anfang Mai bis Ende Juli steigende Lösungsinhalte bei gleichzeitig sinkendem Abfluß zu beobachten.

Während des Sommers führen konvektive Niederschläge kurzer Dauer und hoher Intensität zu kurzen, steil ansteigenden Hochwasserspitzen. Der abflußwirksame Anteil dieser Sommerniederschläge beträgt dabei nach Untersuchungen von STRUNK (1992, S. 28) im Einzugsgebiet des Olewiger Bachs weniger als 3%, da aufgrund der hohen Evapotranspirationsrate der Bodenwasserspeicher nur kurzfristig ergänzt wird. Der steile Anstieg der Hochwasserwellen ist durch den raschen Zustrom von oberflächlich abfließendem, belastetem Wasser insbesondere aus den Siedlungsgebieten zu erklären. Bei kurzzeitig auftretenden Spitzenintensitäten ist auch auf landwirtschaftlichen Nutzflächen mit einem Infiltrationsüberschuß und damit mit zeitweisem Oberflächenabfluß zu rechnen. Bereits wenige Tage nach einem solchen sommerlichen Starkregen werden jedoch erneut Mittelwasser- oder Niedrigwasserbedingungen erreicht. Diesen Verlauf zeichnet auch der Gang der Sulfatkonzentration nach, dessen Anstieg in den Sommerperiode nur kurzfristig durch Niederschläge durch den Verdünnungseffekt unterbrochen wird.

In der Ruwer beginnt die sommerliche Niedrigwasserperiode Anfang Juni ´94 zeitverzögert etwa zwei Wochen später als im Olewiger Bach. Die Hochwasserereignisse dauern im Sommer aufgrund der etwa fünfmal so großen Fläche des Einzugsgebietes wesentlich länger an.

Während der Wintermonate ist der Abflußpegel in beiden Fließgewässern erhöht und die Konzentration von gelöstem Sulfat sinkt durch den Verdünnungsprozeß. Eine echte Niedrigwasserperiode ist im Unterschied zum Sommer nicht vorhanden. Die langandauernden Niederschläge im Dezember ´93 und Januar ´94 führen zu einer Ganglinie, die sich durch einen langsamen Anstieg und Ablauf und durch ein breites Maximum auszeichnet. Der Abfluß wird dabei durch den Zustrom von Wasser aus einem gefüllten Bodenwasserspeicher ergänzt. Die Frühjahrs- und Herbstmonate stellen Übergangsjahreszeiten zwischen der unterschiedlichen Abflußdynamik des Sommers und Winters dar.

Die unterschiedlichen hydrologischen Randbedingungen des Sommer- und Winterhalbjahres spiegeln sich auch in den Chemographen von gelöstem Mangan und Eisen wider. Dies sind in Abbildung 7c für den Olewiger Bach an der Meßstelle "Kleingarten" dargestellt. Schwerlösliche $Mn^{4+/3+}$ und Fe^{3+}-Verbindungen stehen mit leicht löslichen Mn^{2+}- und Fe^{2+}-Ionen in einem pH- und Redoxpotential-abhängigen Gleichgewicht. Mn^{2+} bildet sich im Boden in größerem Umfang ab einem Redoxpotential von 0.35-0.45 V, Fe^{2+} hingegen erst bei 0.15 V (SCHACHTSCHABEL *et al.*, 1989, S. 131).

Während der Sommermonate steigen die Lösungsinhalte von gelöstem Eisen an, während Mangan einen umgekehrten Trend aufweist. Dieses gegenläufige Verhalten ist Folge eines Wechsels der Transportströme im Bodenkörper. Durch die unterschiedliche Abhängigkeit vom Redoxpotential reichern sich lösliche Fe^{2+}-Ionen in tieferen Bodenschichten bzw. im Grundwasserbereich unter reduktiven Bedingungen an (SYMADER & STRUNK, 1991, S. 244; KHEORUENROMME & GARDNER, 1979, S. 17), während Mn^{2+}-Ionen auch in den oberen Bodenschichten in größeren Mengen zu finden sind (SYMADER *et al.*, 1994, S. 426). Die gegenläufigen Trends von gelöstem Fe^{2+} und Mn^{2+} in den Sommermonaten sind somit auf einen sinkenden Einfluß von Bodenwasser der oberen Bodenhorizonte am Abflußgeschehen zurückzuführen. Der starke Rückgang von gelöstem Mangan wird dabei nur während des Sommers kurzfristig nach stärkeren Niederschlägen unterbrochen, in denen der Bodenwasserspeicher bis in die oberen Bodenhorizonte kurzfristig ergänzt wird.

In den Wintermonaten sind zunehmend auch die oberen Bodenschichten am Abflußgeschehen beteiligt. Dies hat einen verstärkten Eintrag von Mn^{2+}-Ionen zur Folge, der im März ´94 ein Maximum

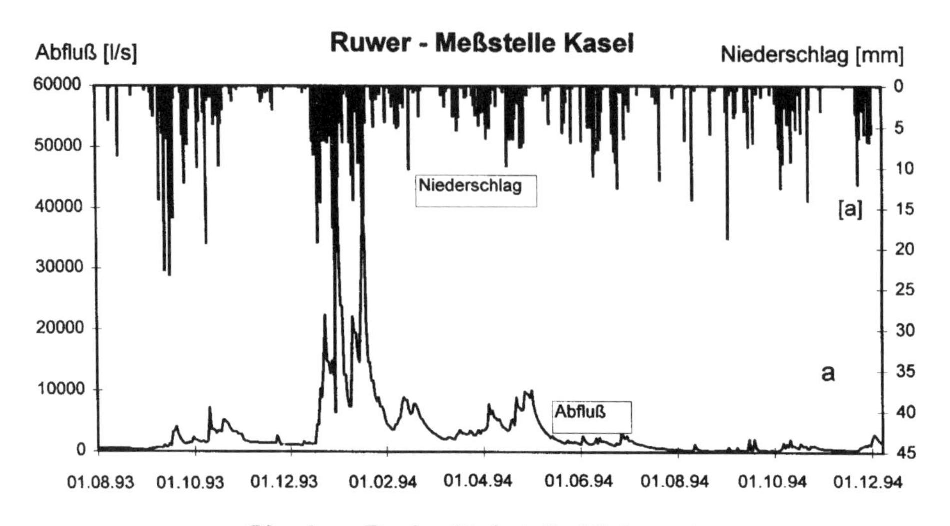

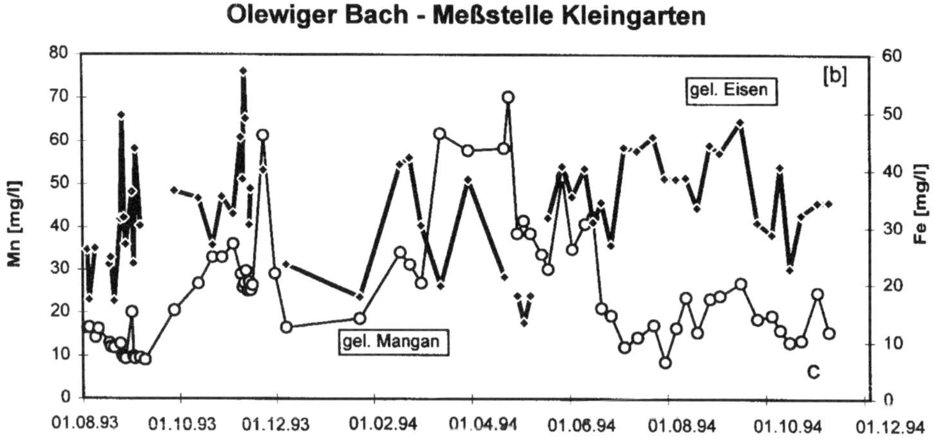

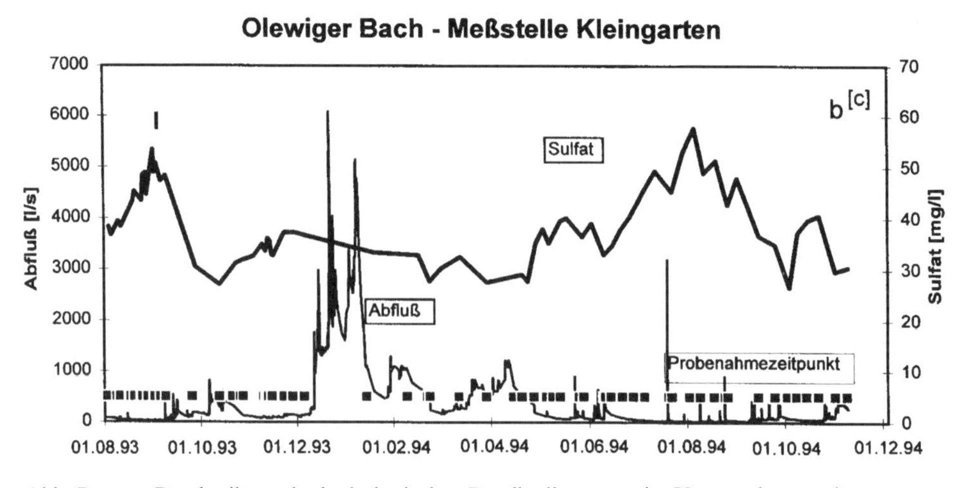

Abb. 7a-c: Beschreibung der hydrologischen Randbedingungen im Untersuchungszeitraum.

erreicht. Auch ansteigende Mn^{2+}- und Fe^{2+}-Konzentrationen in den Herbstmonaten 1993 zeigen einen zunehmenden Einfluß des Bodenwasserspeichers am Abflußgeschehen an. Im gesamten Auenbereich treten im Winter bevorzugt variable Flächen mit Oberflächenabfluß auf, was zusätzlich zum Eintrag von den versiegelten Flächen einen verstärkten Eintrag von Oberbodenmaterial in die Fließgewässer bewirkt.

7 PARTIKELGRÖSSENVERTEILUNGEN UND -GESTALT VON TROCKENWETTER-SCHWEBSTOFFEN

Für eine erste Charakterisierung der Schwebstoffproben werden im folgenden die Partikelgrößenverteilungen und die Partikelgestalt betrachtet.

7.1 BEISPIELE FÜR DIE AUSPRÄGUNG DER PARTIKELGRÖSSENVERTEILUNGEN IM OLEWIGER BACH

Um einen Vergleich mit Ergebnissen aus der Literatur durchführen zu können, wurden im Untersuchungszeitraum vereinzelt Gewässerproben mit 2 l-Polyethylenflaschen entnommen und im Labor paarweise ohne weitere Vorbehandlung sowie nach einer 30minütigen Ultraschallbehandlung die Partikelgrößenverteilungen ermittelt (siehe Abbildung 8). DROPPO & ONGLEY (1989, S. 98 f.) gehen davon aus, daß aggregiertes Schwebstoffmaterial aus Fließgewässern die Probenahme und den Transport ins Labor weitgehend unverändert überstehen können. Nach Auffassung von KRANCK (1984, S. 162 ff.) und EISMA (1993, S. 132) entstehen hingegen bereits bei der Probenahme durch Deflockulationsprozesse stabile Partikelfragmente, vorzugsweise mit Größen < 100 µm, die ihrerseits Basiseinheiten für sekundäre Flockulationsprozesse im Probenahmegefäß darstellen. Obwohl daher im vorliegenden Fall von einer Veränderungen der Partikelgrößenverteilung in den Polyethylenflaschen auszugehen ist, erlaubt dennoch ein Vergleich der unbehandelten und dispergierten Proben erste Einblicke in das Transportverhalten der Trockenwetter-Schwebstoffe.

Die Abbildung 8 läßt erkennen, daß die unbehandelten Schwebstoffproben bimodale Volumenverteilungen aufweisen. Das erste Maximum befindet sich im Fein- und Mittelschluffbereich, das zweite in der Feinsandfraktion. Nach Dispergierung der Proben sind die fragilen Partikel der Feinsandfraktion weitgehend zerstört, so daß die Ton- und Feinschlufffraktionen anteilsmäßig am stärksten hervortreten. Somit verbergen sich Primärpartikel dieser Fraktionen aufgrund von Flockulationsprozessen in den größeren Fraktionen. Dies wird durch andere Untersuchungen bestätigt. UMLAUF & BIERL (1987, S. 208) finden bei ihrer Studie im Rotmain, daß die Tonfraktion, die im dispergierten Zustand einen Anteil von 40% erreicht, überwiegend transport-äquivalent zur Fraktion des Mittelschluffs transportiert wird. Auch ONGLEY *et al.* (1981, S. 1375) gehen in einer Studie im Wilton Creek (Ontario) davon aus, daß sich große Teile der Tonfraktion als Schluff verbergen. Die bimodale Verteilungsform der unbehandelten Schwebstoffe ist ebenfalls häufig in aquatischen Systemen anzutreffen. In der oberen Rhone finden SANTIAGO *et al.* (1992, S. 232) während einer Trockenwetterperiode ein kleineres Maximum in der Schlufffraktion zwischen 4.3 µm und 11.3 µm und ein größeres in der Feinsandfraktion zwischen 28.8 µm und 35.6 µm vor. STONE *et al.* (1991, S. 374) beobachten bimodale Partikelgrößenverteilungen mit einem lokalen Minimum in der Fraktion 3-6 µm bei Schwebstoffen in verschiedenen Einzugsgebieten Süd-Ontarios. Auch bei der Sedimentuntersuchungen (DROPPO & STONE, 1994) sowie bei Schwebstoffen von Straßenabflüssen (SCHNECK, 1996, S. 21 ff) wurden bimodale Partikelgrößenverteilungen vorgefunden. LUSH *et al.* (1973, S. 973) stellen fest, daß beim Abbau von Fallaub ebenfalls diese Verteilungsform auftritt.

Die Ursache für bimodale Verteilungen bei Schwebstoffen oder Sedimenten wird in der Literatur verschiedenartig diskutiert. DROPPO & ONGLEY (1989) nehmen Flockulations- bzw. Aggregationsprozesse, WALLING & MOOREHEAD (1989) und SANTIAGO *et al.* (1992) Mischungsprozesse von

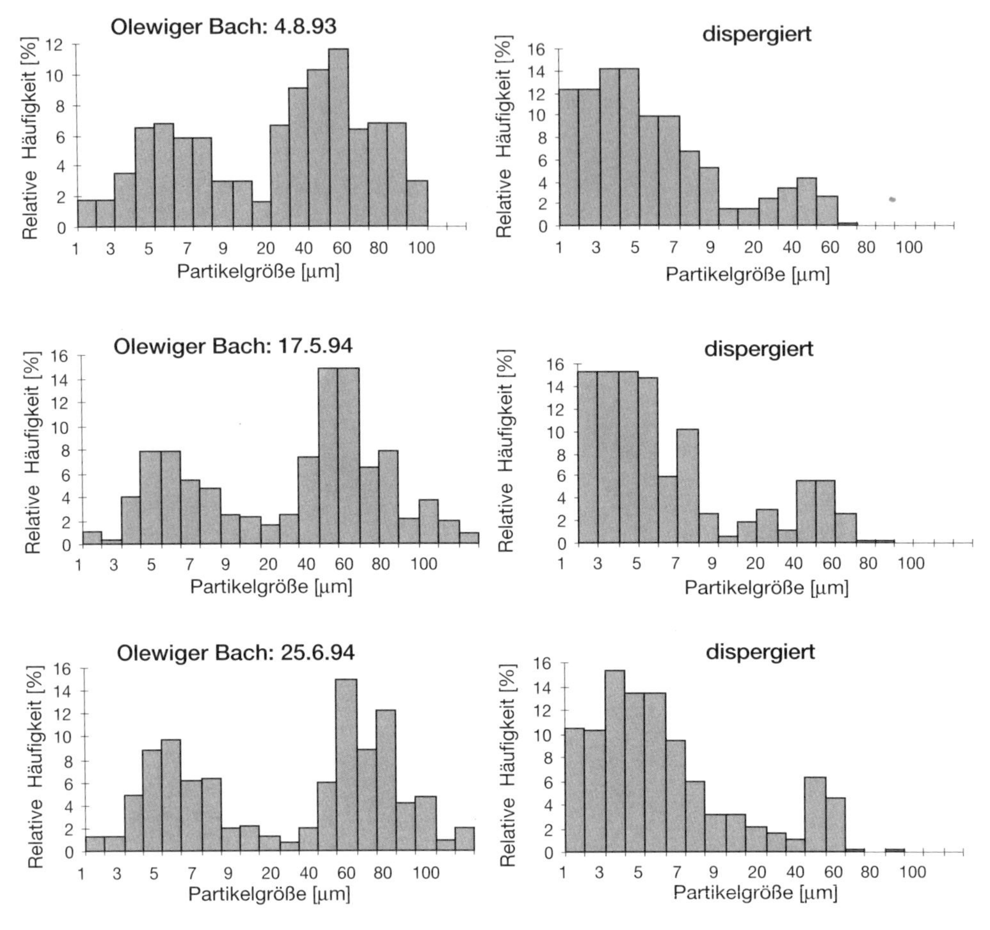

Abb 8: Beispiele für die Partikelgrößenverteilung von unbehandelten (links) und den jeweils dispergierten (rechts) Niedrigwasser-Schwebstoffen des Olewiger Bachs an der Meßstelle "Kleingarten".

Material verschiedener Herkunft als wesentliche Ursache an. Der Vergleich der unbehandelten und dispergierten Proben zeigt, daß im vorliegenden Fall Flockulations- und nicht Mischungsprozesse als steuernde Größe für die Ausprägung der Partikelgrößenverteilungen anzusehen sind. Im Unterschied dazu führt SCHNECK (1996) die bimodalen Partikelgrößenverteilungen in den von ihr beprobten Straßenabflüssen im Einzugsgebiet des Olewiger Bachs auf Mischungsprozesse von Feststoffen unterschiedlicher Herkunft zurück.

7.2 PARTIKELGESTALT

Schwebstoffe gelten bei sinkendem Abfluß allgemein als eine wichtige Feststoffquelle für das Sediment. Daher müßten sich zum Teil ähnliche Partikeleigenschaften in beiden Feststoffklassen nachweisen lassen. Dies wird im folgenden mit Hilfe der Gestaltanalyse untersucht.

Die Abbildungen 9 und 10 zeigen die fraktalen Dimensionen der Umfang-Flächen-Fraktale der durch Siebung und Elutriation gewonnenen Partikelfraktionen zweier Frischsedimentproben aus dem Olewiger Bach.

Die Abbildungen lassen erkennen, daß der Partikelumfang in allen Fraktionen (Grobschluff, grober Mittelschluff, feiner Mittelschluff und Feinschluff) eine erhebliche Spannbreite aufweist. Die im

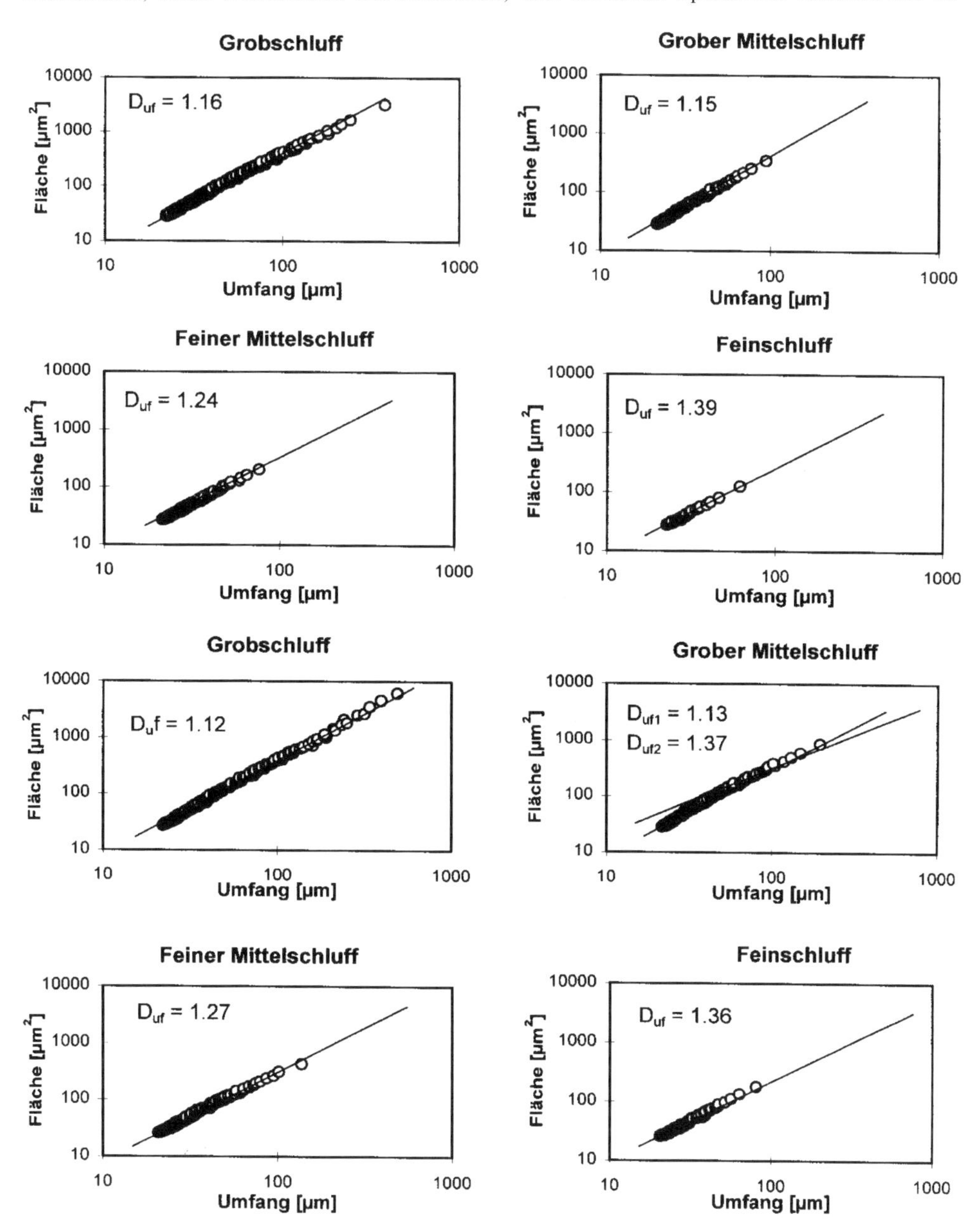

Abb. 9: Variation des Umfang-Flächen-Fraktals in verschiedenen Elutriator-Fraktionen einer Frischsedimentprobe des Olewiger Bachs (Meßstelle "Kleingarten": 23.7.94).

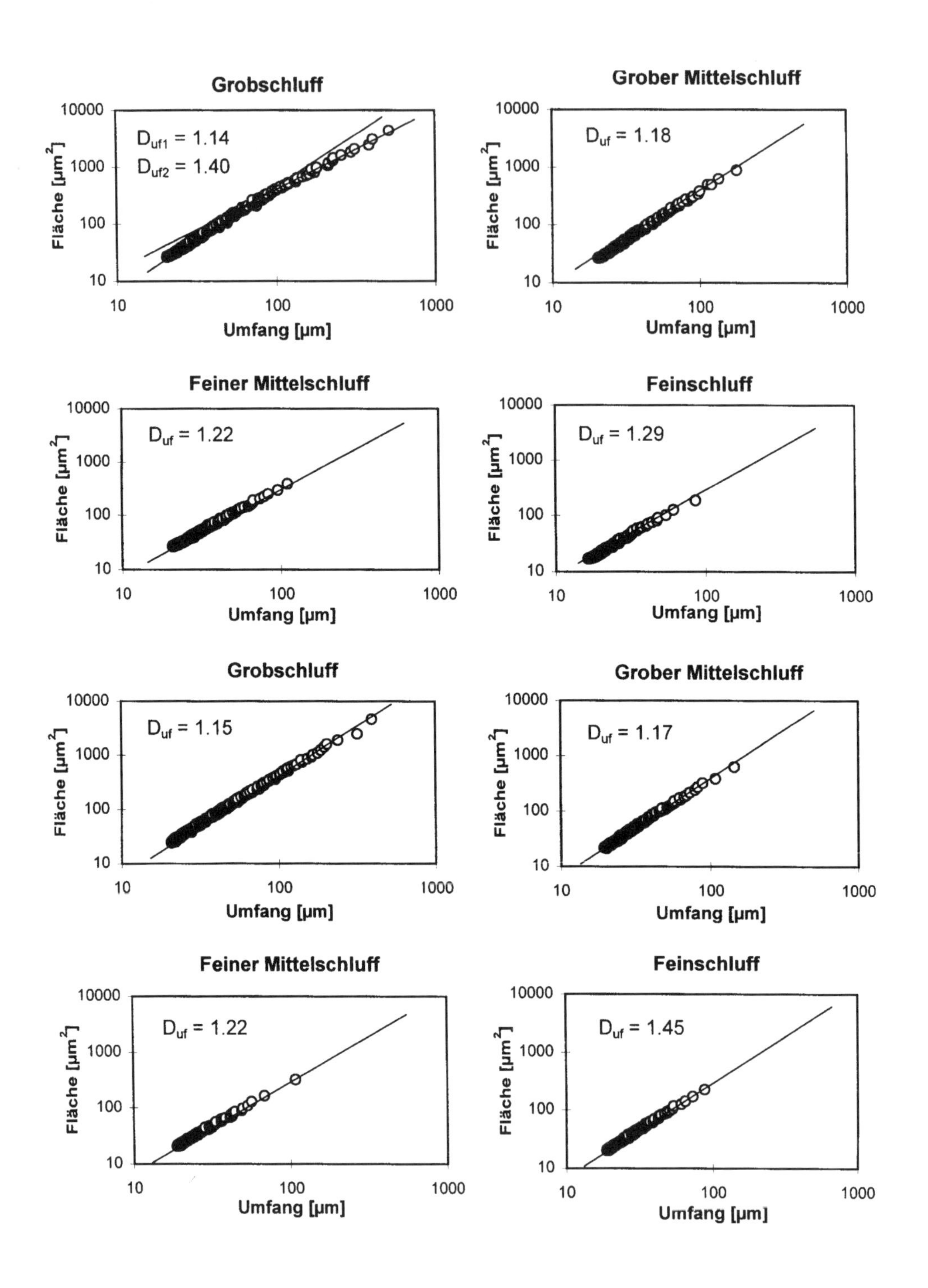

Abb. 10: Variation des Umfang-Flächen-Fraktals in verschiedenen Elutriator-Fraktionen einer Frischsedimentprobe des Olewiger Bachs (Meßstelle "Kleingarten": 28.8.93).

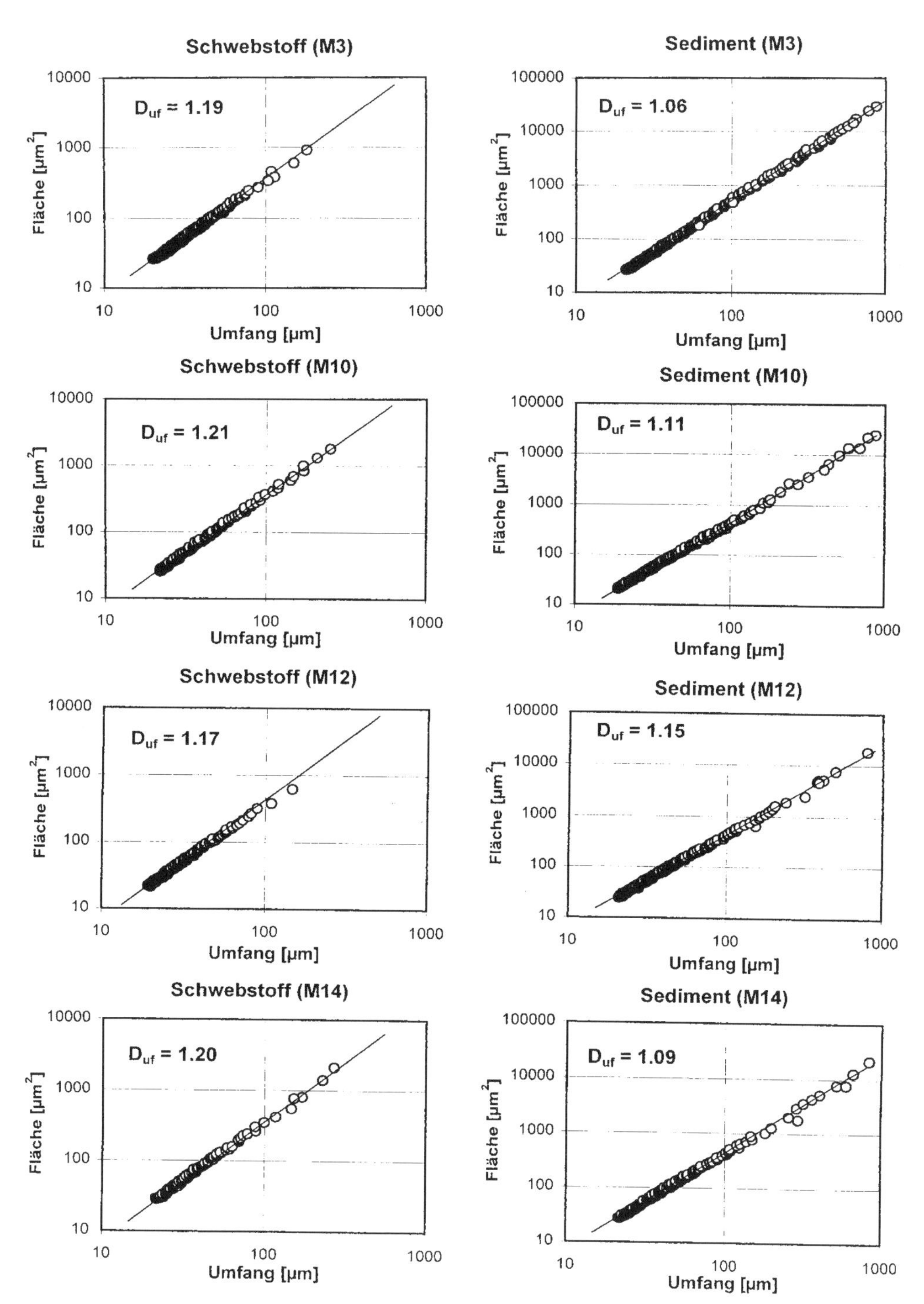

Abb. 11: Fraktale Dimension des Umfang-Flächen-Fraktals von ausgewählten Schwebstoff- und Sedimentproben, nach Mittelung von jeweils 50, nach aufsteigender Fläche sortierten Einzelpartikeln.

Elutriator gebildeten Partikelgrößenklassen sind nicht durch Partikel gleichen Durchmessers, sondern gleichen Absinkverhaltens charakterisiert. Wegen des hohen Anteils organischer Substanz sind die Sinkgeschwindigkeiten der Partikel z.T. stark vermindert, und trotz Verwendung einer 20 mmol-Natriumpyrophosphat-Lösung als Laufmittel wurden Flockulationsprozesse im Elutriator beobachtet. Die Partikel, die sich transportäquivalent zur Grobschluffffraktion verhalten, decken hierbei den größten Wertebereich beim Partikeldurchmesser ab.

Beim Vergleich zwischen den einzelnen Sedimentfraktionen sind deutliche Unterschiede in der Partikelgestalt erkennbar. Der systematische Anstieg der fraktalen Dimension (D_{uf}) zeigt an, daß die Partikelgestalt von der Feinsand- zur Tonfraktion zunehmend unregelmäßiger wird.

Im folgenden wird auf der Grundlage der fraktionierten Sedimentproben ein Vergleich der Partikelgestalt zwischen Sedimenten und Schwebstoffen durchgeführt. Die Abbildung 11 enthält Darstellungen der fraktalen Dimensionen des Umfang-Flächen-Fraktals von vier Sediment- und Schwebstoffproben, die bei der Beprobung des Olewiger Bachs im Längsprofil (vgl. Kapitel 8) an jeweils gleichen Meßstellen entnommen wurden. Bei den Sedimenten wurde hierbei nur die naßgesiebte Fraktion < 63 µm berücksichtigt. Es wurden weiterhin nur solche Probenpaare ausgewählt, die bei der Gestaltanalyse im log-log-Plot jeweils nur ein linearen Abschnitt aufweisen.

Die Abbildungen verdeutlichen, daß sich die Schwebstoff- von den Sedimentpartikeln im allgemeinen durch geringere Größen sowie größere fraktale Dimensionen unterscheiden. Werden jedoch die einzelnen Sedimentfraktionen in den Vergleich mit einbezogen, dann läßt die fraktale Dimension Ähnlichkeiten bei Schwebstoffen und Sedimenten bis zur transportäquivalenten Fraktion des groben Mittelschluffs erkennen, was gemeinsame Feststoffquellen anzeigt. Der offensichtliche Mangel an größeren Partikeln bei den Schwebstoffen ist verständlich, da diese bevorzugt bei sinkender Transportenergie des Bachs abgelagert werden. Andererseits treten im Sediment bei Trockenwetter Teilmobiliserungen von organikreichem Feinmaterial auf.

8 DIE RÄUMLICHE VARIANZ DER SCHWEBSTOFF-EIGENSCHAFTEN IM OLEWIGER BACH

Um die räumliche Varianz der Schwebstoffeigenschaften bei Trockenwetter zu untersuchen, wurden die Sedimente und Schwebstoffe des Olewiger Bachs, einschließlich seiner Seitenbäche, bei Trockenwetter am 14.6.94 im Längsprofil beprobt. Die Lage der Meßstellen ist der Abbildung 12 zu entnehmen.

Bei den Sedimenten wurde zum Zwecke eines besseren Vergleichs mit den Schwebstoffproben nur die naßgesiebte Fraktion < 63 µm berücksichtigt. Die Schwebstoffproben, von denen genügend Material zur Verfügung stand, wurden durch Siebung fraktioniert und die Einzelfraktionen < 63µm, > 63 - 125 µm und > 125 - 630 µm gebildet. Zusätzlich wurde ein räumliches Leitfähigkeitsprofil erstellt, um einzelne Abflußkomponenten identifizieren zu können.

8.1 ERGEBNISSE

In den Abbildungen 14-17 werden ausgewählte Schwebstoffeigenschaften der Gesamtfraktion < 630 µm mit denen der Sedimentfraktion < 63 µm verglichen. Die Abbildung 13 zeigt das Leitfähigkeitsprofil.

Die Abbildungen lassen erkennen, daß die Schwebstoffe im Vergleich zu den Sedimenten erheblich stärker mit Nährstoffen und Schwermetallen belastet sind. Der Anteil organischer Substanz im Schwebstoff übersteigt den im Sediment im Mittel etwa um den Faktor 3. Dies trifft auch für die Chlorophyllgehalte zu. Erhöhte Chlorophyllkonzentrationen werden im allgemeinen mit einem vermehrten Algenwachstum in Verbindung gebracht (FAST, 1993, S. 5). Zum Zeitpunkt der Probenahme wurde keine

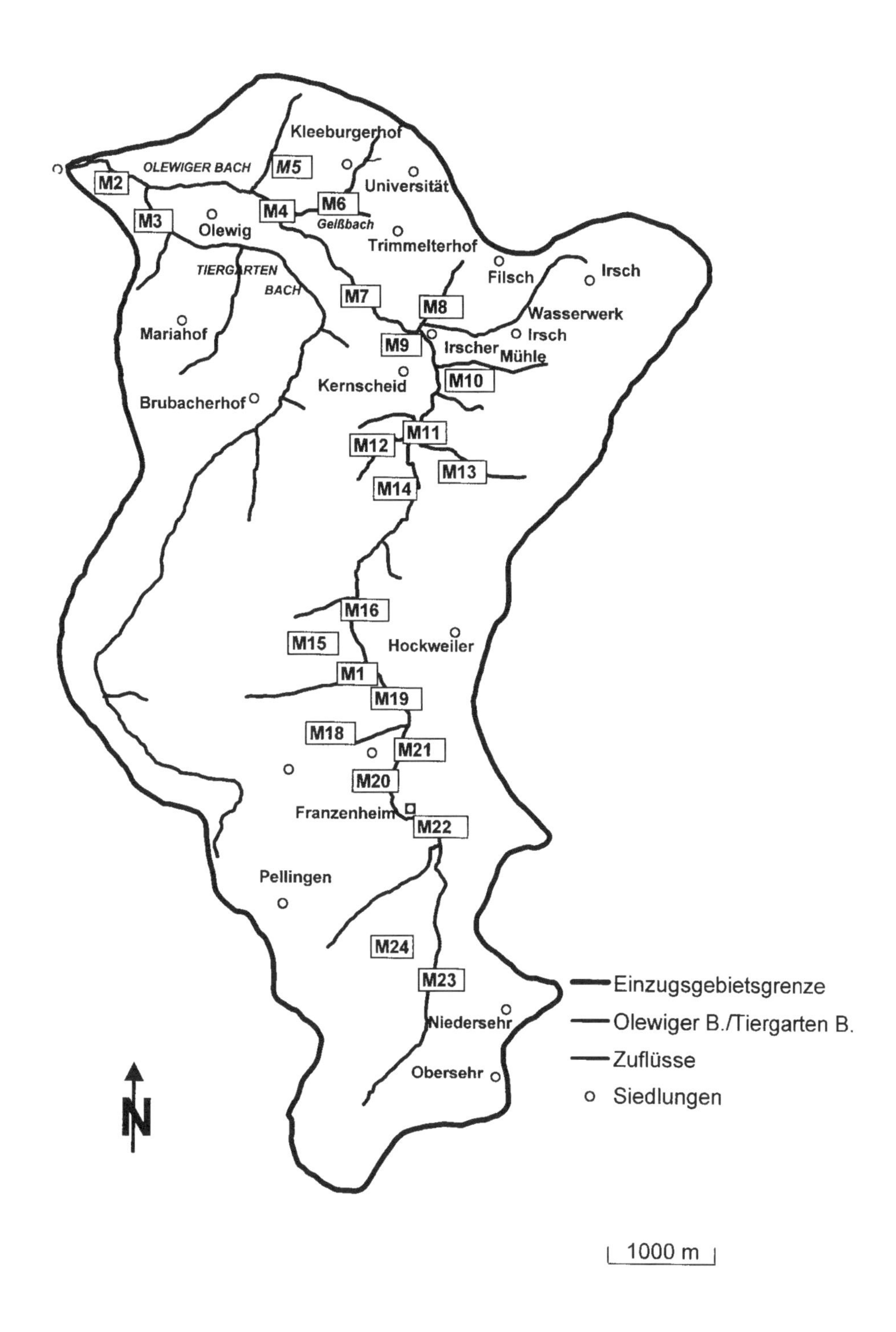

Abb. 12: Lage der Meßstellen im Einzuggebiet des Olewiger Bachs für die Beprobung am 14.06.94

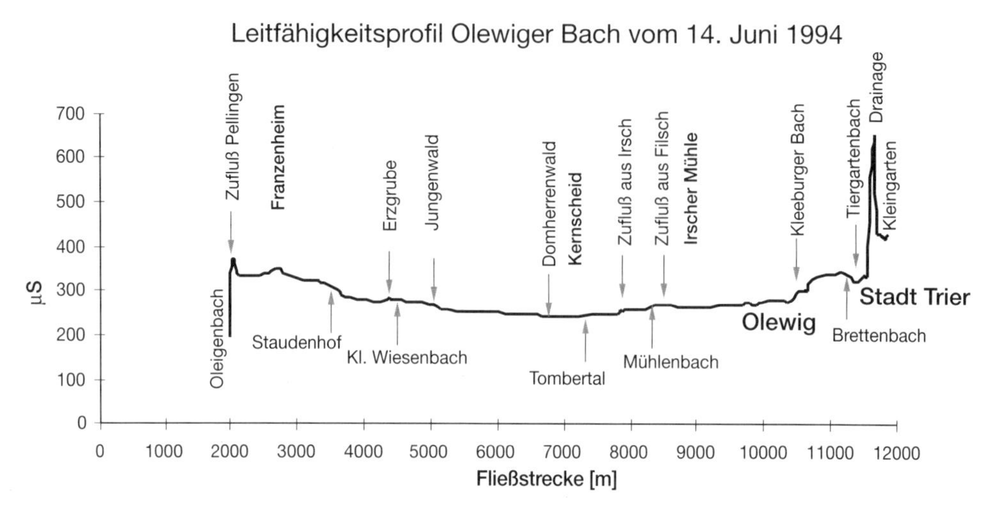

Abb. 13: Leitfähigkeitsprofil im Olewiger Bach am 14. Juni 94.

Massenvermehrung von Algen beobachtet, aber die Biofilme auf der Sedimentoberfläche enthalten z.T. bentisches Phytoplankton. Da die flachen Uferabschnitte überwiegend begrünt und weite Teile der Aue bewaldet sind, ist außerdem von einem Einfluß von Makrophytendetritus auf die Schwebstoffeigenschaften auszugehen. FAST (1993, S. 103 f.) macht darauf aufmerksam, daß die hier verwendete photometrische Bestimmung von Chlorophyll-a einige Mängel aufweist, da die Absorptionsmaxima anderer Pigmente, die teilweise Abbauprodukte des Chlorophyll-a darstellen, nahe bei dem des Chlorophylls liegen. Zu nennen sind hier das Chlorophyllit-a (667 nm), Phaeophytin-a (668 nm) und Phaeophorbid -a (667 nm). Bei Anwesenheit dieser Pigmente wird der Chlorophyllgehalt überschätzt. Bei abgestorbenem Makrophytendetritus muß insbesondere mit einem Einfluß des Phaeophytins gerechnet werden.

Der Mittelwert des C/N-Verhältnisses der Schwebstoffe des Olewiger Bachs und seiner Nebenbäche beträgt dagegen 12.64. SANTIAGO *et al.* (1992, S. 232) geben für die Rhone 11.3 als oberen Grenzwert für den Einfluß einer Abwasserkomponente oder authochtoner Schwebstoffkomponenten an. Höhere C/N-Verhältnisse führen die Autoren auf allochthones pflanzliches Material zurück. Terrestrische Pflanzen weisen C/N-Verhältnisse von ca. 15, Oberbodenmaterial von etwa 20 auf. Besonders geringe Werte (etwa 1) sind typisch für Belebtschlammflocken im Auslauf von Kläranlagen (BURRUS *et al.*, 1990, S. 85). Das C/N-Verhältnis von Phytoplankton schwankt zwischen 5 und 12 (SCHACHTSCHABEL *et al.*, 1989, S. 51; KIORBOE & HANSEN, 1993, S. 1000).

Das hohe C/N-Verhältnis des Schwebstoffs, verbunden mit den erhöhten Chlorophyllkonzentrationen, zeigt den Einfluß von Makrophytendetritus an, der vor allem während der Herbstmonate eine wichtige Schwebstoffquelle darstellt (siehe Kapitel 11.1.3). Die Tabelle 6 zeigt, daß hierbei die Schwebstofffraktion (125-630 µm), die überwiegend aus teilzersetzten Pflanzenresten besteht, einen besonders hohen Anteil organischer Substanz (C: 16.9%) mit einem auffallend weiten C/N-Verhältnis (16.5) enthält. Mit zunehmender Oxidation des Detritus sinkt die Partikelgröße und Stickstoff reichert sich relativ zum Kohlenstoff an. Gleichzeitig nimmt der Anteil von phenolischen OH- und Carboxylgruppen zu, was hohe Austauschkapazitäten und ein enges C/N-Verhältnis der fertigen Produkte bedingt (UMLAUF & BIERL, 1987, S. 209). Das C/N-Verhältnis der Schwebstofffraktion <63 µm beträgt nur noch 11.4. Gleichzeitig verringert sich der Anteil des Kohlenstoffgehaltes im Vergleich zur Fraktion 125-630 µm im Mittel auf etwa ein Drittel (5.8%).

Der Kohlenstoffgehalt der Schwebstoffe ist in der Gesamtfraktion mit 7.6% unerwartet niedrig. Der Einfluß von organischen Abwasserkomponenten als Partikelquelle ist bei Trockenwetterbedingungen daher begrenzt. Außerdem lassen die Abbildungen 14-17 eine erhebliche Variablilität der Feststoff-

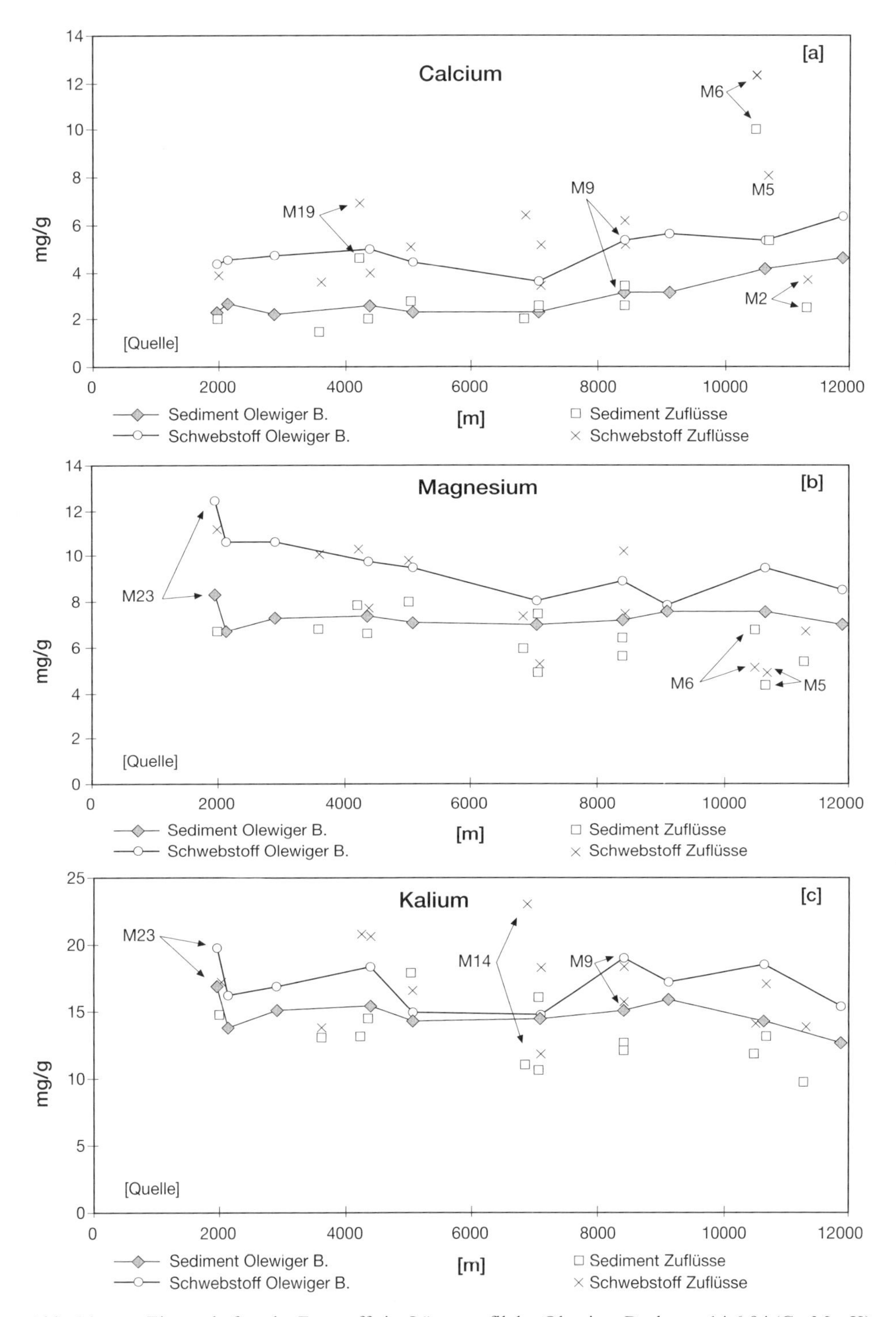

Abb. 14: Eigenschaften der Feststoffe im Längsprofil des Olewiger Bachs am 14.6.94 (Ca, Mg, K).

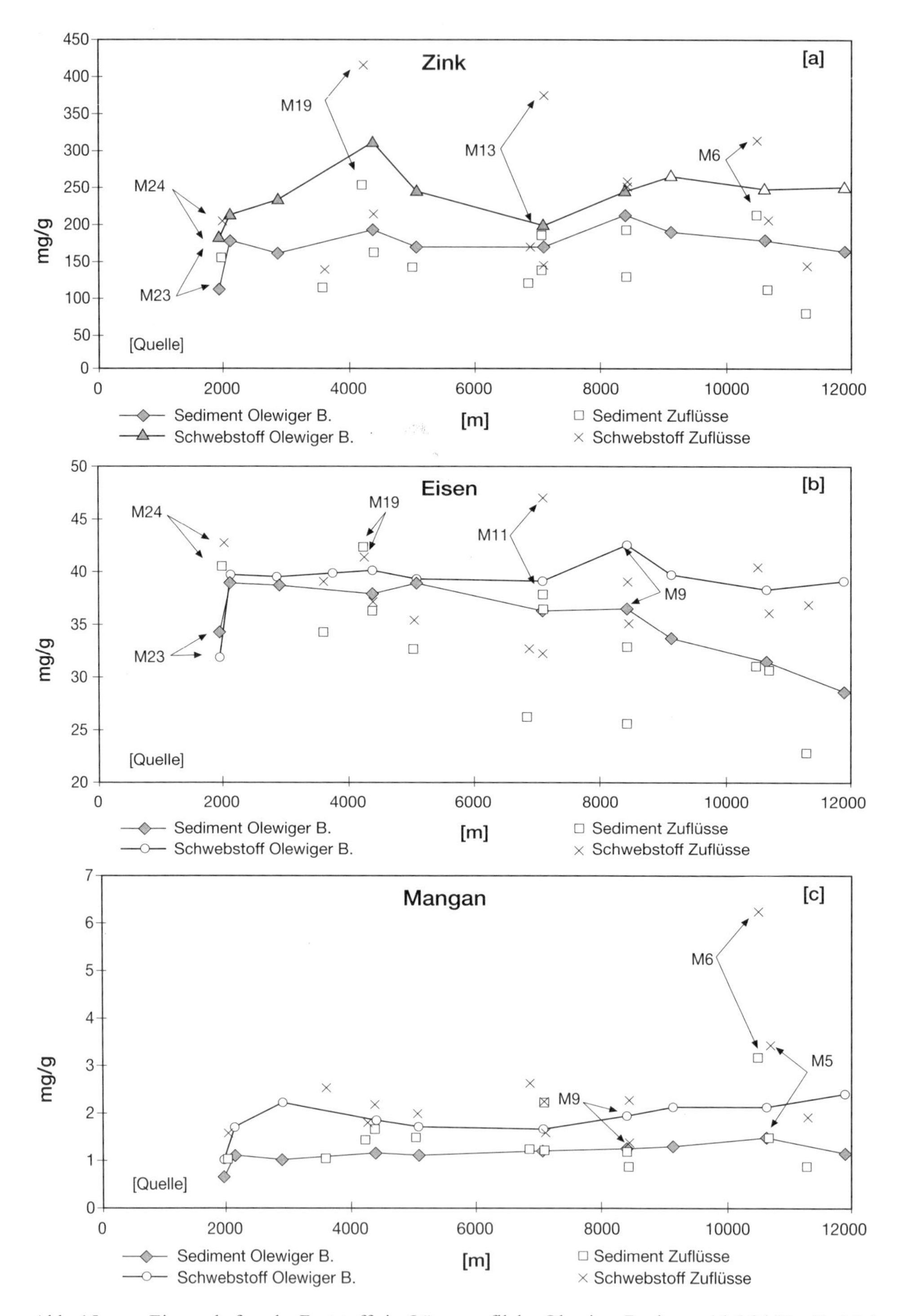

Abb. 15: Eigenschaften der Feststoffe im Längsprofil des Olewiger Bachs am 14.6.94 (Zn, Fe, Mn).

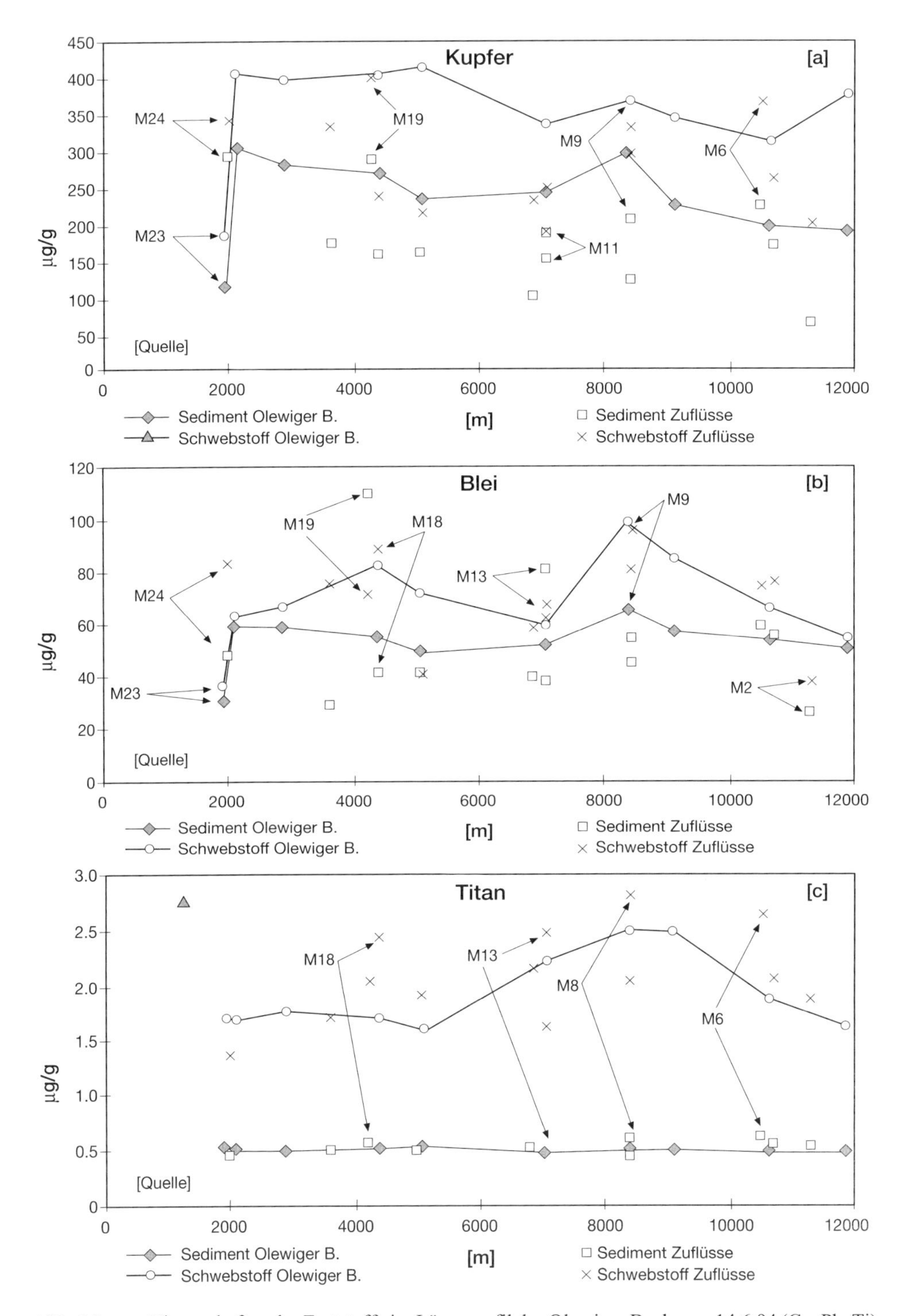

Abb. 16: Eigenschaften der Feststoffe im Längsprofil des Olewiger Bachs am 14.6.94 (Cu, Pb, Ti).

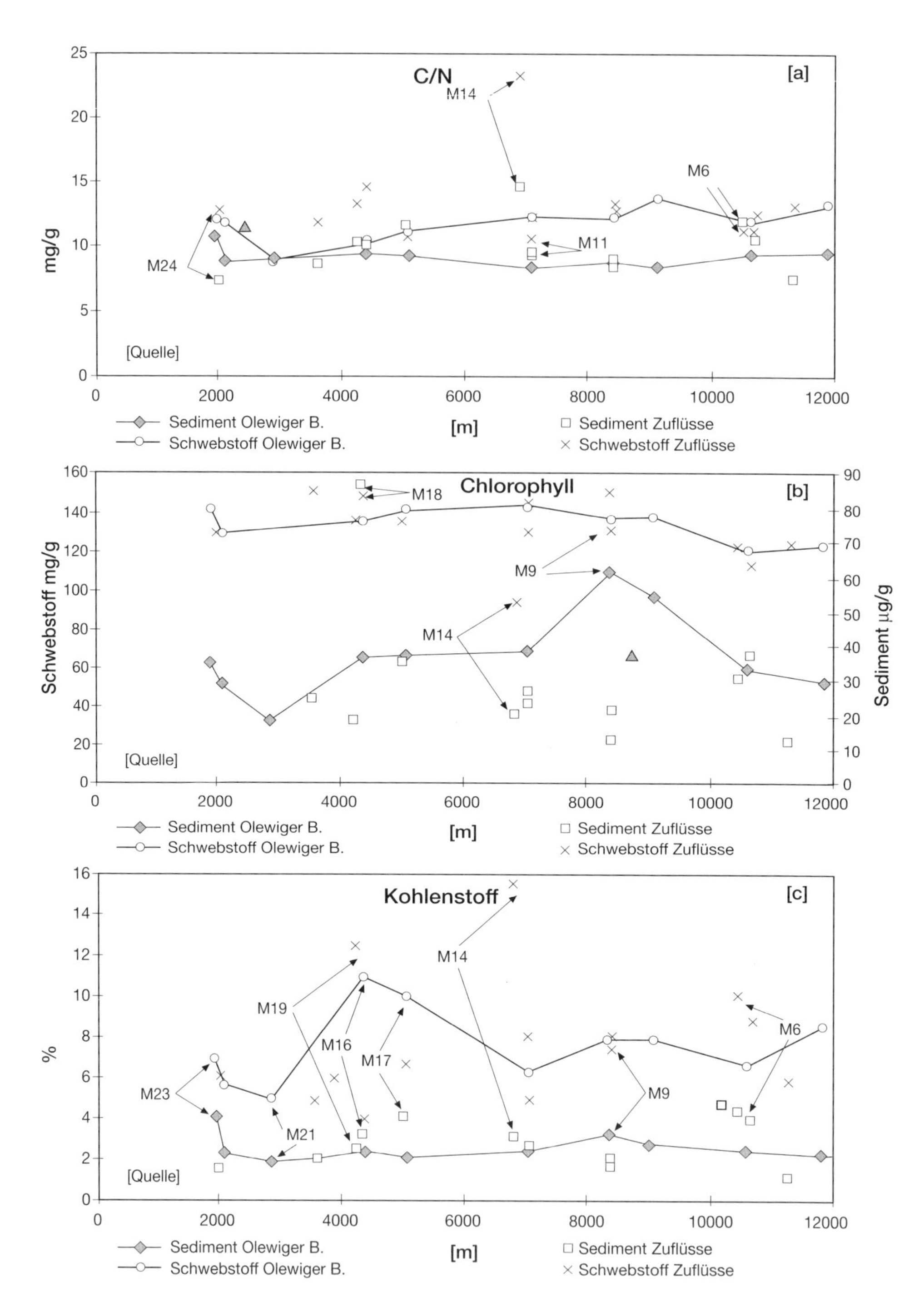

Abb. 17: Eigenschaften der Feststoffe im Längsprofil des Olewiger Bachs am 14.6.94 (C/N-Verhältnis, Chlorophyll, C).

eigenschaften erkennen. Am noch unbelasteten Oberlauf des Olewiger Bachs (M23) sind vergleichsweise hohe Kohlenstoffgehalte vorhanden. Die Uferböschung ist dort vorwiegend flach und enthält hohe Anteile an humusreichem Oberboden. Da Kalium (16.80 mg/g_{Sed}; 19.7 mg/g_{Schweb}) und Magnesium (8.30 mg/g_{Sed}; 12.5 mg/g_{Schweb}) in Sedimenten und Schwebstoffen maximale Konzentrationen erreichen, ist der Einfluß von Bodenmaterial in diesem Gewässerabschnitt unübersehbar.

	Gesamt-fraktion	< 63 µm	63-125 µm	> 125 - 630µm	
C_{org}	7.8	5.8	8.3	10.9	Mittel
	3.0	2.1	2.3	2.8	Std.abw.
N	0.6	0.5	0.6	0.7	Mittel
	0.2	0.1	0.1	0.1	Std.abw.
C/N	13.0	11.4	14.5	16.5	Mittel
	3.0	2.6	2.5	2.9	Std.abw.

Tab. 6: Mittelwerte und Standardabweichungen des organischen Kohlenstoff- und Stickstoffgehaltes sowie des C/N-Verhältnisses der fraktionierten Schwebstoffproben im Längsprofil des Olewiger Bachs vom 14.06.94.

Eine erste nachhaltige anthropogene Beeinflussung stellt der Pellinger Zufluß dar (M24). Der Ort Pellingen verfügt über eine auf 1200 EGW ausgelegte Tropfkörper-Kläranlage, deren Auslauf in den Pellinger Bach mündet. Die Leitfähigkeit im Olewiger Bach steigt unterhalb des Pellinger Zuflusses sprunghaft auf 367 µS an. Im Pellinger Zufluß sind auch partikelgebundenes Zink (201 $\mu g/g_{Schweb}$), Blei (83.05 $\mu g/g_{Schweb}$), Eisen (42.8 mg/g_{Schweb}), vor allem aber Kupfer (45.80 $\mu g/g_{Schweb}$) gegenüber den Schwebstoffeigenschaften des Olewiger Bachs deutlich erhöht.

Unmittelbar unterhalb der Ortschaft Franzenheim (M22) weist der Olewiger Bach typische Merkmale eines abwasserbelasteten Bachs auf, denn in allen Feststoffen sind erhöhte Kupfer- (53.87 $\mu g/g_{Schweb}$), Blei- (62.95 $\mu g/g_{Schweb}$) und Zinkwerte (208.8 $\mu g/g_{Schweb}$) erkennbar. In einzelnen Drainagen wurden Leitfähigkeiten von über 500 µS gemessen.

Auf seiner weiteren Fließstrecke unterhalb von Franzenheim ist bis zur Meßstelle M21 bereits wieder eine Konzentrationsabnahme bei den meisten Meßgrößen erkennbar. Hierfür verantwortlich ist der Eintrag von unbelastetem und weitgehend mineralischem Uferbankmaterial, daß im Fließabschnitt zwischen den Ortschaften Franzenheim und Kernscheid steil ansteht und Mächtigkeiten von bis zu 3 m erreicht. Gleichzeitig sinkt die Leitfähigkeit im Bach aufgrund des lateralen Zustroms von Grundwasser bis zur Ortschaft Irsch.

Auf einem der Meßstelle M21 folgenden etwa vier Kilometer langen Fließabschnitt weisen Sedimente und Schwebstoffe deutlich differierende Anteile organischer Substanz auf. Der kleine Zufluß M19 entwässert den Bereich der stillgelegten, teilweise offengelassenen Erzgrube Bischofsheim. Die hohen Kohlenstoffgehalte der Schwebstoffe sind auf den Einfluß von Pflanzenmaterial aus dem bewaldeten kleinen Teileinzugsgebiet zurückzuführen. Die Sedimente des Zuflusses sind hoch mit Blei belastet (109.57 $\mu g/g_{Sed}$). Auch die Schwebstoffe weisen durch die geogene Hintergrundbelastung erhöhte Schwermetallbelastung auf (Pb: 71.29 $\mu g/g_{Schweb}$; Fe: 41.39 mg/g_{Schweb}; Ti: 2.04 mg/g_{Schweb} und Zn: 417.21 $\mu g/g_{Schweb}$).

Die Schwebstoffe aus dem Teileinzugsgebiet Domherrenwald (M14), das u.a. eine dichte Fichtenmonokultur entwässert, zeichnen sich neben erhöhten Schwermetallwerten durch die geringste Chlorophyllkonzentration (0.94 mg/g_{Schweb}), den höchsten Anteil an organischem Kohlenstoff (15.58$\%_{Schweb}$) und das weiteste C/N-Verhältnis (23.32$_{Schweb}$) aus. Während der Beprobung fanden sich im Bachbett und in den Probenbeuteln Ansammlungen von abgestorbenen Fichtennadeln, die diese Schwebstoffeigenschaften erklären.

Die Sedimente des benachbarten Tombertals (M13) lassen eine hohe Bleibelastung des Sediments (80.78 $\mu g/g_{Sed}$) und hohe Zinkbelastungen der Schwebstoffe (375.76 $\mu g/g_{Schweb}$) erkennen. Es konnte nicht geklärt werden, ob diese Belastung ebenfalls geogenen Ursprungs ist oder ob ein Einfluß der Hockheimer Straße, die oberhalb dieser Meßstelle entlang führt, vorliegt.

Die Zuflüsse des Mühlenbachs und der Filscher Zufluß bewirken erneut einen kurzfristigen Anstieg der Lösungsfracht im Olewiger Bach (Abbildung 12). Der wasserreichere Mühlenbach wird auf der Höhe Kernscheid vom Olewiger Bach abgezweigt. Von dort wird er am Hangfuß entlang geführt und bei der Irscher Mühle (M9) wieder in den Hauptbach eingeleitet.

An der Meßstelle Irscher Mühle (M9) steigen die Konzentrationen von Eisen (42.63 mg/g_{Schweb}), Kupfer (49.10 µg/g_{Schweb}), Zink (242.74 µg/g_{Schweb}), Kalium (19.00 mg/g_{Schweb}) und Blei (98.20 µg/g_{Schweb}) in den Schwebstoffen an. Dies ist entweder durch Remobilisierung von ebenfalls belastetem Feinsediment oder durch den Einfluß von nicht identifizierten Drainagen zu erklären. Über das Drainagesystem wird jedoch bevorzugt nur nach Niederschlagsereignissen belastetes Feststoffmaterial ins Bachbett eingetragen (SHARPLEY & SYERS, 1979, S. 422). Bei Trockenwetter ist dagegen ein signifikanter Partikeleintrag aus dieser Quelle eher unwahrscheinlich.

Die Zunahme von partikelgebundenem Calcium und Mangan, der bachabwärts von der Meßstelle M11 in den Feststoffen auftritt, ist auf einen Wechsel der Partikelquellen zurückzuführen. Der Filscher Bach (M8) führt aus dem gleichen Grund Schwebstoffe, die auffallend hoch mit Titan belastet sind. Das nördliche Teileinzugsgebiet sammelt die Zuflüsse des Tarforster Plateaus, wo auf dem devonischen Grundgebirge reliktische Schotter von der Hauptterrasse der Mosel auflagern, die lokal Lößeinwehungen aufweisen. Neben erhöhten Calcium-Konzentrationen finden sich in dem erwähnten Schottermaterial teilweise hohe Konzentrationen von Mangan und Titan, da die Hauptterrasse u.a. Brauneisenoxide und Schwerminerale der Lothringisch-Luxemburgischen Minetteformation enthält (MÜLLER, 1976, S. 36). In Manganoxiden sind auch die Schwermetalle Kobalt, Nickel, Zink, Cadmium und Blei akkumuliert (HILLER *et al.*, 1988, zitiert nach SCHACHTSCHABEL *et al.*, 1989, S. 277).

Der Stadtteil Olewig markiert mit einer deutlichen Zunahme der Leitfähigkeit des Baches den Anfang des vorwiegend städtisch geprägten Teileinzugsgebietes des Olewiger Bachs. Geißbach (M6), Brettenbach (M4) und Tiergartenbach (M3) sowie zahlreiche Drainagen beeinflussen nachhaltig die Ionenstärke im Olewiger Bach. Der Geißbach zeichnet sich durch besonders organik- und schadstoffreiche Schwebstoffe (C: 10.09$\%_{Schweb}$) aus (Cu: 55.13 µg/g_{Schweb}, Mn: 6.25 mg/g_{Schweb}, Zn: 312.73 µg/g_{Schweb}, Ti: 2.64 mg/g_{Schweb}). Auch die Gehalte von partikelgebundenem Calcium (9.19 mg/g_{Schweb}) sind deutlich erhöht. Die hohen Schwermetall- und Calciumgehalte deuten als Ursprungsort der Schwebstoffe auf die Tarforster Hochfläche, den Stadtteil Trimmelter Hof sowie auf die Universität Trier hin, von wo aus oberflächlich abfließendes Wasser nach Niederschlagsereignissen in zwei Regenrückhaltebecken zwischengelagert und anschließend dem Geißbach zugeführt wird. Die belasteten Straßenstäube enthalten auch einen hohen Anteil von pflanzlichem Material (KERN *et al.*, 1992, S. 573), was neben dem direkten Eintrag von abgestorbenen Makrophytendetritus die hohen Kohlenstoffgehalte im Geißbach erklärt.

Die relativ unbelasteten Feststoffe des Tiergartenbaches (M3), des größten Zuflusses des Olewiger Bachs, weisen nur geringe Kohlenstoffgehalte auf. Die Landnutzung ist im Ober- und Mittellauf vorwiegend durch Wald geprägt. Im Unterlauf münden kleine Zuflüsse und Drainagen aus landwirtschaftlich genutzten Flächen und unkanalisierten Hofflächen in den Bach, die ein relativ enges C/N-Verhältnis der Sedimentprobe (7.54) bewirken. Unterhalb von der Einmündung des Tiergartenbaches ist im Sediment des Olewiger Bachs eine Verdünnung der meisten Meßgrößen zu beobachten. Auch die Leitfähigkeit des Bachs nimmt kurzfristig ab. Sie wird anschließend aber rasch durch den Zufluß zahlreicher Drainagen von einer umliegenden Kleingartensiedlung wieder erhöht. So mündet ca. 200 m vor der letzten Meßstelle eine einzelne Drainage in den Bach, deren Wasser eine Leitfähigkeit von 1400 µS aufweist. Trotz einer Schüttung von nur etwa 1.5 l/s zum Zeitpunkt der Probenahme bewirkt sie einen dauerhaften Anstieg der Leitfähigkeit des Olewiger Bachs von nahezu 100 µS.

8.2 DIE BELASTUNG DER FRAKTIONIERTEN FESTSTOFFPROBEN

Im folgenden werden die Muster der Schwermetall- und Nährstoffmuster der durch Siebung fraktionierten Schwebstoffproben aus dem Längsprofil des Olewiger Bachs untersucht (Tab. 7).

Die Tabelle 7 verdeutlicht, daß die Schadstoffbelastung der Schwebstoffe, mit Ausnahme von Kupfer, mit steigender Partikelgröße aufgrund eines wachsenden Anteils organischer Substanz ansteigt. Neben Tonmineralen, Eisen- und Manganoxiden kommt der organischen Schwebstoffkomponente beim partikelgebundenen Schadstofftransport in Fließgewässern eine wichtige Funktion zu (LEWIN & WOLFENDEN, 1978, S. 173; Ongley *et al.*,1981, S. 1373; Hart, 1982, S. 310). Ihre hohen Anteile an Carboxyl-, phenolischen Hydroxyl-, Enol- und anderen alkoholischen Gruppen machen sie zu idealen Adsorbaten für gelöste Schadstoffe. Der pH-Wert des Olewiger Bachs bewegt sich im Bereich zwischen 7 und 8. Daher liegen die funktionellen Gruppen überwiegend in ihrer dissoziierten Form vor, was die Anlagerung von Metallionen begünstigt. Eine Bindung an die organische Substanz ereignet sich überwiegend bereits auf dem Transportweg zum Fließgewässer, wobei zunächst nur schwachgebundene Schwermetalle rasch in stabilere Bindungsformen übergehen (FLORES-RODRIGUEZ *et al.*, 1994, S. 90 f.).

Ausgangskonzentrationen					Normierung über org. C		
	< 63 µm Mittel	63 - 125 µm Mittel	> 125 - 630 µm Mittel		< 63 µm Mittel	63 - 125 µm Mittel	> 125 - 630 µm Mittel
Ca mg/g	4.0	5.2	5.8	Ca	0.072	0.065	0.055
Mg mg/g	7.9	8.6	9.1	Mg	0.152	0.109	0.09
K mg/g	17.5	19.7	19.8	K	0.345	0.253	0.195
Zn µg/g	213.9	218.5	336.1	Zn	0.004011	0.002761	0.003163
Mn mg/g	2.0	2.3	2.3	Mn	0.035	0.029	0.022
Pb µg/g	69.3	84.5	86.6	Pb	0.001321	0.001068	0.00085
Fe mg/g	37.4	38.7	41.1	Fe	0.72	4.97	0.407
Cu µg/g	49.4	40.0	47.2	Cu	0.000946	0.000521	0.465
PO_4 mg/g	4.0	4.5	4.9	PO_4	0.074	0.057	0.047
C %	8.3	14.5	10.9				
C/N	16.5	5.8	11.4				

Tab. 7: Schwebstoffeigenschaften der fraktionierten Schwebstoffproben aus dem Längsprofil des Olewiger Bachs vom 14.6.94. Gegenübergestellt sind die Ausgangskonzentrationen und die über den organischen Kohlenstoff normierten Gehalte.

Die Tabelle 7 zeigt einen positiven Zusammenhang zwischen Partikelgröße und Schadstoffbelastung auf. Werden jedoch die Ionengehalte auf den organischen Kohlenstoffgehalt normiert, dann wird diese Beziehung negativ, denn es ist eine sinkende Belastung der organischen Substanz mit zunehmender Partikelgröße erkennbar. Ursache hierfür ist zum einen das sinkende C/N-Verhälnis in den kleineren Partikelfraktionen, denn mit zunehmendem Zersetzungsgrad der organischen Substanz nimmt die Zahl der funktionellen Gruppen und somit der Sorptionsplätze für Metallionen zu. Der positive Zusammenhang zwischen Partikelgröße und C/N-Verhältnis, der in Tabelle 7 sichtbar ist, wurde auch in den Sedimenten des Olewiger Bachs (SCHORER, 1997) sowie in den Feststoffen von Straßenabflüssen des Einzuggebietes (SCHNECK, 1996) bis hin zur Tonfraktion verfolgt.

Zum anderen ist bei der durchgeführten Normierung zu beachten, daß die insbesondere in der Fraktion < 63 µm vorhandenen Tonmineralien und Eisenoxide, die in dem vorgegebenen pH-Bereich ebenfalls ausgezeichente Adsorbate für Metallionen darstellen, nicht berücksichtigt werden, und somit die Bedeutung der organischen Komponete überschätzt wird.

8.3 DISKUSSION

Die Schwebstoff- und Sedimenteigenschaften weisen im Olewiger Bachs bei Trockenwetterbedingungen eine hohe räumliche Varianz auf. Es sind dabei nicht nur anthropogene Belastungsquellen erkennbar, sondern auch der geologische Aufbau des Einzugsgebietes spiegelt sich insbesondere im unteren Einzugsgebiet in den Eigenschaften der Feststoffproben überraschend deutlich wider. Eine mögliche Schwebstoffquelle ist hierbei der Materialeintrag durch Erosionsprozesse der Uferbank. SEILER (1996, S. 75 f.) untersuchte diesen Prozeß im Fließabschnitt zwischen den Ortschaften Franzenheim und Kernscheid. Sie kommt zu dem Ergebnis, daß nur während der Herbst- und Wintermonate bei Niederschlagsereignissen mit einem erhöhten Eintrag von Uferbankmaterial zu rechnen ist. Während der Sommermonate erfolgt bei Trockenwetter allenfalls punktuell ein Eintrag aus der Uferbank. Dies geschieht überwiegend durch anthropogene Einwirkungen, Bodenwühler oder Viehtritt an zugänglichen, flachen Hangbereichen. Aufgrund dieser Ergebnisse muß angenommen werden, daß im Bachbett nach Hochwasserereignissen zwischengelagertes Feststoffmaterial und nicht unmittelbar erodiertes Uferbankmaterial die dominierende Schwebstoffquelle in den Trockenwetterperioden darstellt. Auch die Tatsache, daß die untersuchten Trockenwetter-Schwebstoffe des Olewiger Bachs überwiegend anorganisch sind, spricht für "in-channel sources". Nach DIN 4049 Teil 1 sind Sedimente "abgelagerte Wasserinhaltsstoffe". Dies umfaßt auch Partikelablagerungen an Totholz oder anderen natürlichen Hindernissen. Feststoffmaterial, das bei Hochwasserereignissen eingetragenen wird, verläßt nur zu einem vergleichsweise geringen Anteil das Einzugsgebiet unmittelbar, sondern unterliegt im Flußbett Retentionsprozessen (WALLING, 1983, S. 210). Partikelfreisetzungen aus dem Sediment, z.B. durch den Einfluß von Grundwasseraustritt oder Bioturbation, sind bei Trockenwetter überwiegend auf hochmobiles, organikreiches Feinmaterial beschränkt (STONE & DROPPO, 1994, S. 121). Umgekehrt ist auch die Sedimentation suspendierter Partikel selektiv, denn hiervon sind bei nachlassender Transportenergie eines Fließgewässers bevorzugt anorganische Partikel hoher Dichte betroffen. Beide Prozesse erklären die beobachtete Anreicherung von organischer Substanz im Schwebstoff.

	Sediment < 63 µm		Schwebstoff < 63 µm		U-Test
	Mittelwert	Std.abw.	Mittelwert	Std.abw.	
C_{org} %	2.79	0.91	5.76	2.15	
N %	0.28	0.07	0.50	0.12	
C/N	9.78	1.85	11.39	2.69	
Ca mg/g	3.30	2.10	4.06	1.52	
Mg mg/g	6.55	1.07	7.95	1.32	
K mg/g	13.29	2.11	17.69	2.85	
PO_4 mg/g	2.94	0.92	3.96	1.21	x
Fe mg/g	34.09	5.08	37.80	4.67	x
Ti mg/g	0.52	0.04	0.65	0.06	
Mn mg/g	1.43	0.57	1.98	1.14	
Cu µg/g	26.58	9.27	49.39	16.78	
Zn µg/g	159.05	46.82	206.74	76.48	x
Chlorophyll mg/g	0.04	0.02	0.07	0.04	

Tab. 8: Mittelwerte und Standardabweichungen der Schwebstoffe und Sedimente (Fraktion < 63 µm, n=x) sowie Ergebnisse des U-Tests zur Überprüfung der Hypothese, daß die Ausgangskonzentrationen der Nährstoff- und Schwermetallbelastung in diesen Fraktionen gleich sind. In der Tabelle sind auf dem 95%-Niveau signifikante Zusammenhänge mit "x" gekennzeichet.

In der Tabelle 8 sind die Mittelwerte und Standardabweichungen der Fraktion < 63 µm von Schwebstoffen und Sedimeten jeweils identischer Meßstellen gegenübergestellt. Für einen statistischen Vergleich der Ausgangsdaten wurde der U-Test von Mann-Whitney als verteilungsunabhängiges Verfahren für einen paarweisen Vergleich der Meßgrößen eingesetzt. Die Tabelle 8 läßt erkennen, daß mit Ausnahme von Phosphat, Eisen und Kupfer die Belastung der Sedimente und Schwebstoffe der Fraktion < 63 µm signifikant verschieden ist, so wie es auch ein Vergleich der Mittelwerte nahelegt. Dies zeigt, daß es problematisch ist, vom Belastungsgrad im Sediment Rückschlüsse auf die Schadstoffgehalte der Schwebstoffe zu ziehen.

9 DIE IDENTIFIZIERUNG DER SCHWEBSTOFFQUELLEN BEI TROCKENWETTER

Vom 15. Juni - 18. August ´94 wurde der Olewiger Bach erneut während einer Trockenwetterperiode im Längsprofil beprobt. Diesmal wurde eine erheblich größere Probenanzahl berücksichtigt, um eine verläßliche Lokalisierung der Schwebstoffquellen zu ermöglichen.

9.1 PROBENAHMEN UND UNTERSUCHUNGSMETHODEN

Es wurden jeweils 80 Schwebstoff- und Sedimentproben sowie 40 Uferbankproben im Längsprofil des Olewiger Bachs entnommen, zusätzlich an 17 Meßpunkten Abflußmessungen durchgeführt und die Schwebstoffkonzentrationen bestimmt. Oberflächlich abgelagertes Feinsediment wurde an den Probenahmestellen in Stillwasserzonen im Querprofil mit einer Pipette abgesaugt und in 100 ml-Polyethylenflaschen gesammelt. Die Entnahme von Uferbankmischproben erfolgte ungefähr 10 bis 30 cm oberhalb des Niedrigwasserspiegels.

Die Entnahme der Schwebstoffproben erfolgte wie in Kapitel 3 beschrieben. Da für die Analysen nur verhältnismäßig wenig Probenmaterial erforderlich war, wurden 80 Seidennetze mit einer Größe von nur 40 cm x 30 cm angefertigt. Die Feststoffe der Nebenbäche wurden unmittelbar vor dem Zusammenfluß mit dem Hauptbach entnommen.

Wegen der großen Probenzahl erfolgte nur eine Analyse der Farbe der Feststoffe und von durchschnittlich jeder zweiten Probe die Bestimmung der Partikelgrößenverteilung. Da die Korngrößenverteilung einen signifikanten Einfluß auf das Reflektionsverhalten ausübt (BOWERS & HANKS, 1965), wurde das heterogene Uferbankmaterial auf < 63 µm abgesiebt. Die Abflüsse wurden mit einem Meßflügel der Fa. SEBA durch Ermittlung der Geschwindigkeitsverteilung im Querprofil des Bachs ermittelt.

9.2 ERGEBNISSE UND DISKUSSION

Die Auswertung der Laboranalysen erbrachte die folgenden Ergebnisse bezüglich des Feststofftransportes und der Partikelquellen sowie deren Aktivierung im Längsprofil des Olewiger Bachs.

9.2.1 Partikelgrößenanalyse

Abbildung 18 läßt erkennen, daß der Median der Partikelgrößenverteilungen bei den Schwebstoffen erwartungsgemäß kleiner ist als bei den Sedimenten. Darüber hinaus scheint der räumliche Verlauf der Partikelgrößenverteilungen innerhalb der Schwebstoffe und Sedimente weitgehend zufallsgesteuert zu sein, da keine interpretierbaren Strukturen erkennbar sind. Eine systematische Verschiebung der Schwebstoffgröße im Unterlauf des Bachs hin zu den kleineren Partikelfraktionen, wie sie in großen Flüssen als Folge selektiver Sedimentationsprozesse auftreten (WALLING & MOOREHEAD, 1989, S. 127), ist hier nicht erkennbar.

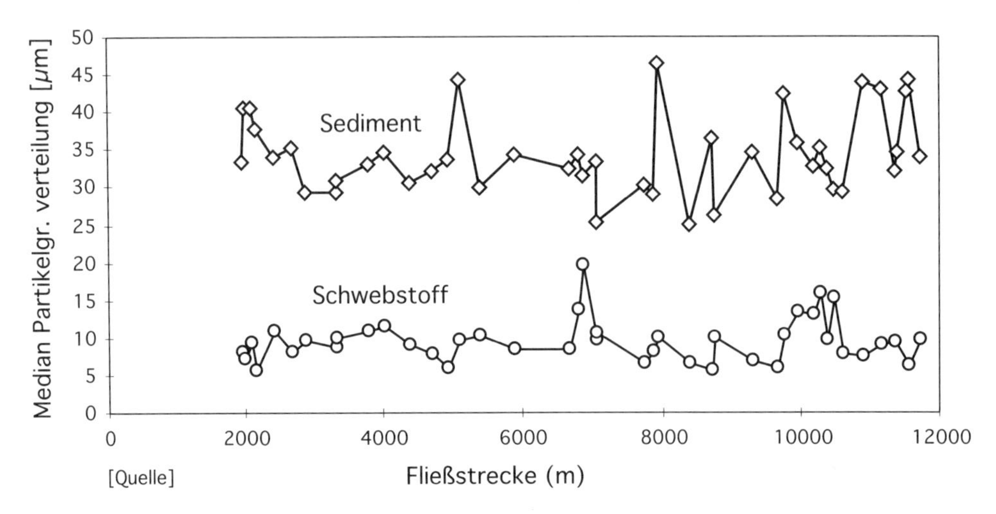

Abb. 18: Mediane der Volumenverteilungen von Schwebstoffen und Sedimenten im Längsprofil des Olewiger Bachs vom15. - 18. August '94.

9.2.2 Farbe

Die Abbildungen 19 a-d zeigen die roten Farbanteile der untersuchten Feststoffproben im Längsprofil des Olewiger Bachs. Es wurde nur dieser Farbanteil berücksichtigt, weil damit eine bessere Differenzierung der Feststoffproben möglich war als mit den beiden übrigen Grundfarben blau und grün. Es ist deutlich erkennbar, daß die roten Farbanteile aller Feststoffe ähnlich verlaufende räumliche Trends aufweisen, die sich mit einem Polynom 2. Ordnung beschreiben lassen. Die Helligkeit der Feststoffe der Seitenbäche ist in den meisten Fällen dunkler als im Hauptbach. Der Trend der Uferbankproben ist am stärksten gekrümmt. Aufgrund eines stark variierenden Anteils von Oberbodenmaterial (vgl. Kapitel 7.1) weisen diese Proben die größten Helligkeitsunterschiede bzw. Unterschiede bezüglich ihres Rotanteils auf.

Aus Untersuchungen von Bodenproben ist bekannt, daß Proben mit einer geringen Helligkeit einen hohen Anteil organischer Substanz enthalten (AL-ABBAS *et al.*, 1972, S. 480). Erst bei organischen Anteilen von weniger als 2% wird das Reflektionsverhalten im sichtbaren Wellenlängenbereich überwiegend durch die Einflüsse anderer optisch aktiver Substanzen wie Eisen- und Mangenoxide gesteuert (BAUMGARDNER *et al.*,1970). Die Feststoffe der kleinen Seitenbäche sind deswegen dunkler als die des Hauptbaches, weil sie größtenteils im Oberbodenmaterial der Bachaue verlaufen.

Nach etwa drei Fließkilometern verläuft das Bachbett des Olewiger Bachs unterhalb der Ortschaft Franzenheim in den dort vorhandenen mächtigen Auenböden, deren anstehendes Unterbodenmaterial sehr hell ist, da es nur geringe Mengen organischer Substanz enthält (vgl. Kapitel 8.1). Der Trendverlauf beim Sediment folgt hier deutlich dem des Uferbankmaterials. Dies zeigt die Bedeutung der Auenböden als Partikelquellen für das Sediment, wo bei Hochwasserereignissen eine z.T. starke laterale Erosion stattfindet.

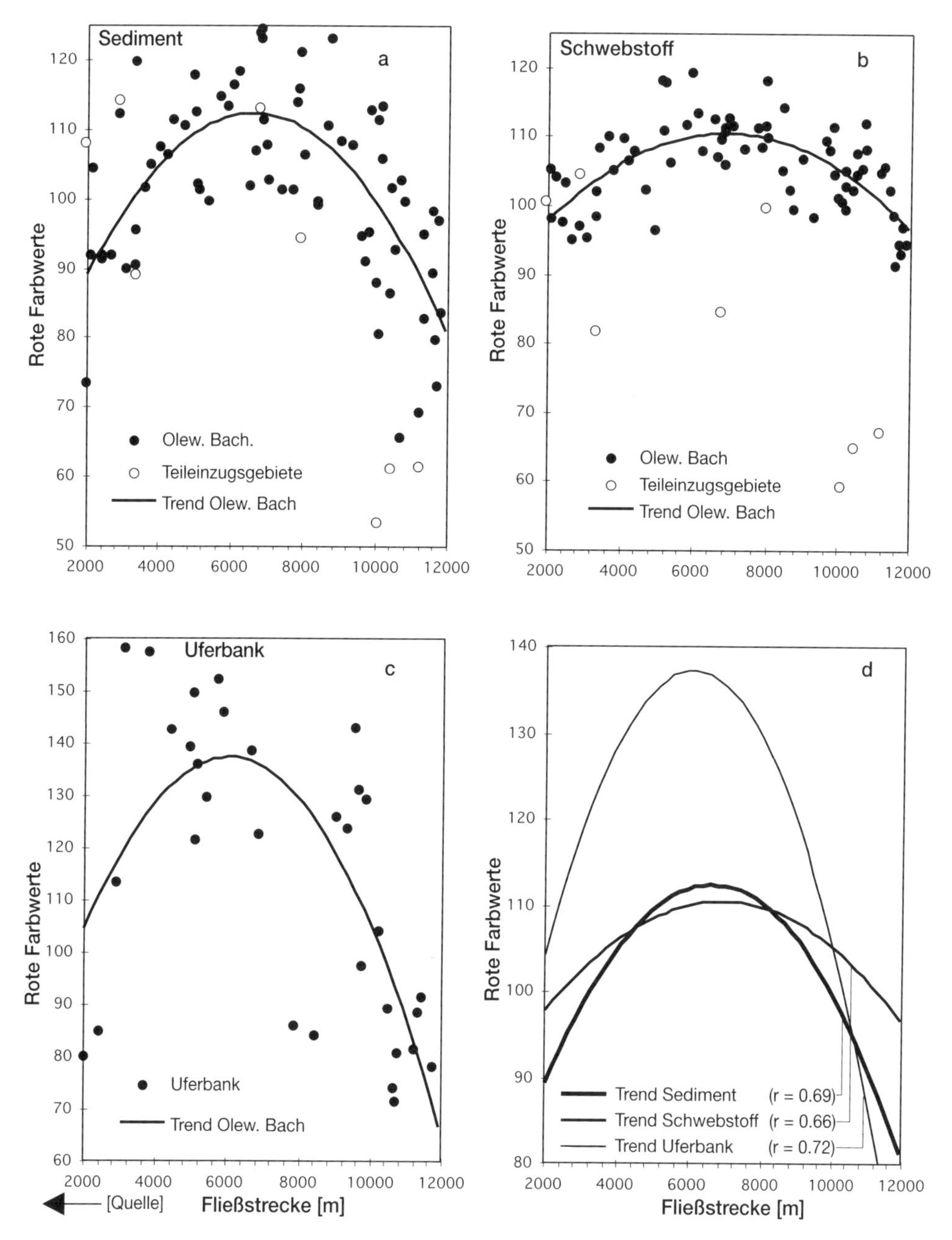

Abb. 19 a-d: Darstellung der mittleren roten Farbanteile (Grauwerte) der Schwebstoffe, Sedimente und Uferbankmaterial im Längsprofil des Olewiger Bachs (15. - 18. August '94).

Der partikuläre Eintrag aus den kleinen Nebenbächen, deren Abflüsse mit Ausnahme des wasserreicheren Tiergartenbaches bei Trockenwetter zwischen 0.5 und 3 l/s betragen, beeinflußt die Zusammensetzung des Sediments deutlich. Unterhalb der Zusammenflüsse zeigt in den meisten Fällen die Farbe des

Sediments kurzfristig eine Mischung mit dem Feststoffmaterial der Seitenbäche an. Der Sedimenttransport aus den Seitenbächen ist ebenfalls mit dem Einfluß der vergangenen Hochwasserereignisse zu erklären (WALLING & WEBB, 1982; OLIVE *et al.*,1995).

Ein direkter Einfluß der Feststoffe aus den Seitenbächen auf die Schwebstoffzusammensetzung des Olewiger Baches ist wesentlich undeutlicher als beim Sediment. Nur der wasserreiche Tiergartenbach beeinflußt die Schwebstoffzusammensetzung des Olewiger Bachs nachhaltig. Die Farbanteile der dunklen Feststoffe aus den Zuflüssen erklären insbesondere nicht den kontinuierlichen Helligkeitsanstieg der Schwebstoffe des Olewiger Bachs in den ersten acht Fließkilometern. Die Abbildung 19d zeigt, daß die Ausgleichskurven von Sediment und Uferbankmaterial bzw. Schwebstoff und Sediment räumlich gegeneinander verschoben sind. Eine räumliche Verschiebung der Ausgleichskurve der Schwebstoffe um etwa 300 m bachabwärts gegenüber der sehr ähnlich verlaufenden Sedimentreihe deutet darauf hin, daß remobilisiertes Feinsediment des Hauptbachs und nicht der Schwebstoffstrom aus den Seitenbächen die dominierende Schwebstoffquelle für den Olewiger Bach darstellt.

Die Ausgleichskurven des Sediment- und Uferbankmaterials sind um etwa 0.5 km gegeneinander verschoben, was eine Sedimentwanderung bachabwärts erkennen läßt. Beim Feststofftransport treten Mischungsprozesse von Material unterschiedlicher Helligkeit auf, die jedoch in der Schwebstofffraktion deutlicher ausgeprägt sind als beim Sediment. Erkennbar ist dies an der geringeren Wölbung der Trendausgleichsfunktion bei den Schwebstoffproben.

9.2.3 Kreuzkorrelationsanalyse

Die Anpassungen der nichtlinearen Ausgleichsfunktionen an die drei untersuchten Feststofftypen in der Abbildung 19d sind nur mittelmäßig (r^2 zwischen 0.42 und 0.53). Daher wurde zusätzlich die Kreuzkorrelationsanalyse (CCA) zur paarweisen Interpretation der räumlichen Farbreihen eingesetzt. Da die CCA äquidistante Meßpunkte voraussetzt, wurden die Meßreihen einheitlich auf einen Abstand von jeweils 200 m linear interpoliert. Dieser Wert stellt einen Kompromiß zwischen dem mittleren Beprobungsabstand bei den Sediment- und Schwebstoffproben von 126 m bzw. 375 m bei den Uferbankproben dar. Bei den Uferbankproben führt dieser Interpolationsschritt zu einer Erhöhung der räumlichen Autokorrelation. Für die Interpretation der CCA ist dies jedoch nicht störend, da wegen des Vorhandenseins der räumlichen Trends keine Signifikanztests durchgeführt wurden.

Die Abbildung 20 zeigt, daß sich die einzelnen Kreuzkorrelationskoeffizienten r_c in ihrer Höhe in beiden Fällen asymmetrisch um den Lag 0 verteilen. Dies weist auf eine hohe Ähnlichkeit zwischen Schwebstoff und bachaufwärts abgelagertem Sedimentmaterial bzw. zwischen Sediment und bachaufwärts anstehendem Uferbankmaterial hin. Das Sediment einer Probenahmestelle beeinflußt im Mittel bis zu einer Fließstrecke von 1600 m bachabwärts die Farbe des Schwebstoffs. Der größte Zusammenhang ist dabei bei einem Lag von 1 vorhanden. Dies entspricht einer räumlichen Verschiebung von 200 m.

Die negativen Kreuzkorrelationskoeffizienten zwischen Uferbankmaterial und Sediment bei den negativen Lags kommen dadurch zustande, daß durch die Form der Trends (Abbildung 19d) in dieser Verschiebungsrichtung zunehmend kleine Grauwerte des Sediments mit zunehmend großen Grauwerten des Uferbankmaterials verglichen werden.

Die Kreuzkorrelationsanalyse bestätigt den räumlichen Versatz der drei Trends in der Abbildung 19d. Damit wird die Hypothese bestätigt, daß leicht remobilisierbares, organikreiches Feinmaterial aus dem Sediment die wichtigste Schwebstoffquelle bei Trockenwetter darstellt. DROPPO & STONE (1994, S. 104) untersuchten selektiv dieses Sedimentmaterial und beschreiben es wie folgt: "... The flocs form a "fluffy" surficial fine grained sediment laminae with substantial inter-particle/inter-floc spaces and therefore represent a highly porous, water saturated structure which will have a density less than 2.65 g cm^{-3} probably close to 1.1 cm^{-3}. This apparent high water content ... give the sediment a "buoyant" property which allows easy sediment resuspension and subsequent downstream transport with small changes in bed shear stress."

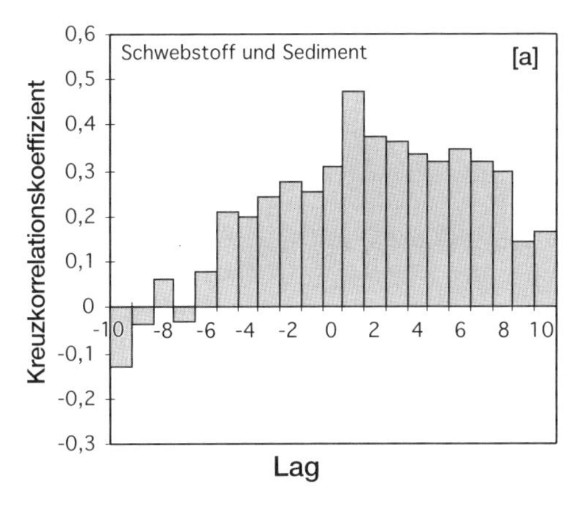

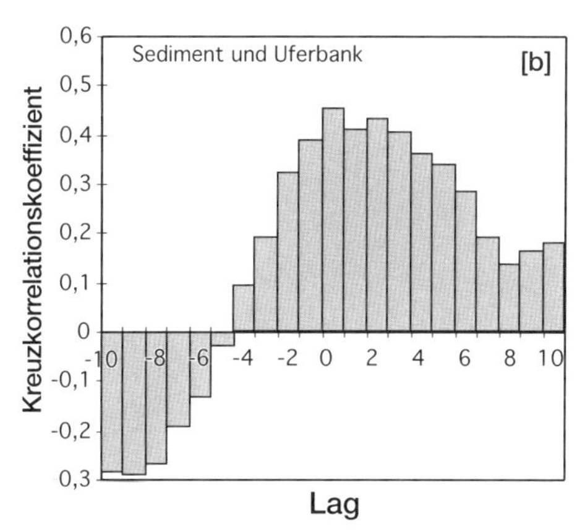

Abb. 20: Kreuzkorrelation zwischen den roten Farbanteilen von Uferbankmaterial und Sediment bzw. Sediment und Schwebstoff (15. - 18. August '94). Ein positiver Lag bedeutet eine Verschiebung des Sediments gegenüber dem Uferbankmaterial bzw. eine Verschiebung des Schwebstoffs gegenüber dem Sediment bachaufwärts. Negative Lags stehen für die entsprechenden Verschiebungen bachabwärts. Ein Lag entspricht einer räumlichen Distanz von 200 m.

Eine Ursache für die Freisetzung von Sedimentpartikeln sind Deflockulationsprozesse an der Sedimentoberfläche. Diese können als Folge von Partikelkollisionen oder durch Variationen der Fließscherkräfte an der Sediment/Wasser-Grenzschicht erfolgen (PARTHENIADES, 1986a, S. 544). Eine leiche Mobilisierung ist jedoch nur dann möglich, wenn noch keine Konsolidierung des Materials stattgefunden hat. Frisch abgelagertes Feinmaterial tendiert aufgrund hoher Kohäsions- und Adhäsionskräfte dazu, zusammenzuhaften (PARTHENIADES, 1986b, S. 5). Durch den zunehmenden Kohäsionsdruck wird dabei langsam Porenwasser ausgepreßt, was eine Zunahme der Dichte und der erforderlichen Scherkräfte für eine Remobilsierung bewirkt. Bei der Deflockulation entstehen Bruchstücke, die rollend und springend über den Gewässerboden transportiert werden. Teile dieser Fragmente gehen als Schwebstoff in die Wassersäule über, der verbleibende Rest wird erneut als Sediment gebunden (EISMA, 1993, S. 100 f.). Eigene Beobachtungen ergaben, daß oberflächlich abgelagertes Feinmaterial mit einem hohen Anteil organischer Substanz nur in geringem Maße zur Konsolidierung neigt. Wegen seiner geringen Dichte wird es bei turbulentem Fluß ständig bewegt und kann dadurch wieder leicht freigesetzt werden.

9.2.4 Abflüsse und Frachten

Um eine Vorstellung über die räumlichen Muster einer vorwiegenden Sedimentation oder Remobilisierung zu erhalten, erfolgt anschließend eine Betrachtung der Schwebstofffrachten. Die Abbildung 21 zeigt die Abflüsse, Schwebstofffrachten und die maximal gemessenen Fließgeschwindigkeiten im Längsprofil des Olewiger Bachs.

Dadurch ist eine differenziertere Betrachtung des Feststofftransportes im Längsprofil möglich. Der Olewiger Bach kann danach in drei Fließabschnitte unterteilt werden:

a. Der erste Teilabschnitt umfaßt eine 8 km lange Fließstrecke, auf der der Bach bereits eine Höhendifferenz von 250 m von insgesamt 300 m zurücklegt. Dabei durchfließ der Bach die tiefgründigen Auenböden zwischen den Ortschaften Franzenheim und Kernscheid. Es ist deutlich erkennbar, daß in diesem Abschnitt die Schwebstofffracht schneller wächst als der Abfluß, was auf eine hohe Freisetzungsrate von Partikeln aus dem Sediment hindeutet. Nicht nur das große Gefälle, sondern auch der Eintritt von Grundwasser in

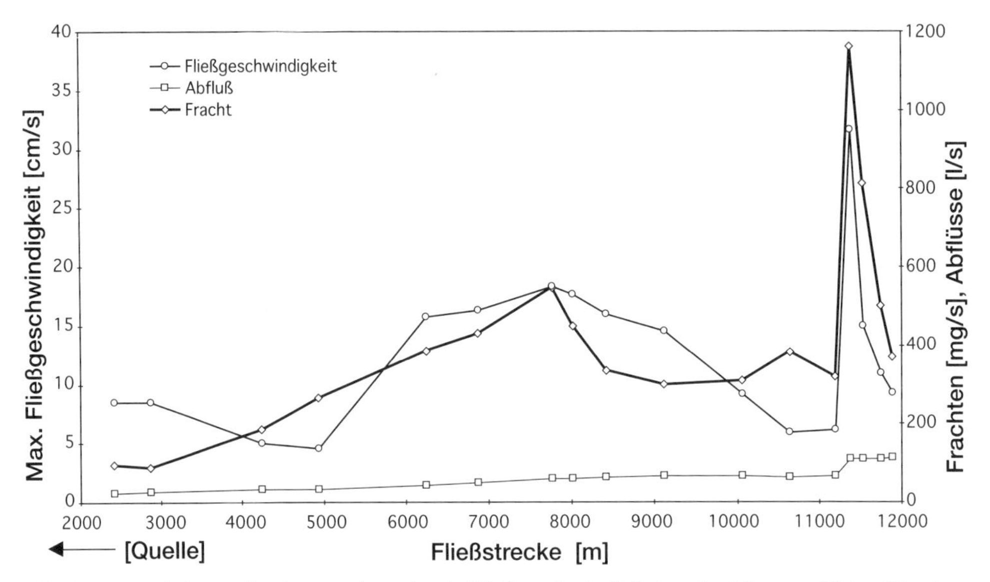

Abb. 21: Abflüsse, Frachten und maximale Fließgeschwindigkeiten im Längsprofil des Olewiger Bachs (15. - 18. August '94).

diesem Fließabschnitt, der sich im Leitfähigkeitsprofil abzeichnet (vgl. Kapitel 8.1), kann Ursache hierfür sein. Auf der Gewässersohle leben bodenlebende Fischarten sowie eine große Anzahl von Wirbellosen (Makroinvertibraten), wie Mollusken, Bachflohkrebse und Wasserasseln, die durch Bioturbation zusätzlich Partikelfreisetzungen verursachen. Ihre Aktivität wird maßgeblich von den Faktoren Strahlung, Temperatur, Sauerstoff- und Nährstoffversorgung, pH-Wert, Strömung, Substrat und Feststofftransport gesteuert. Die Bedeutung der Bioturbation ist nicht zu unterschätzen, da in naturnahen Bächen bis zu einer Milliarde Makroinvertibraten leben. Hinzu kommt die Aktivität von externen Arten, die das Gewässer zur Eiablage aufsuchen, wie z.B. Eintagsfliegen, Libellen und Käfer (DVWK, 1992, S. 43).

b. Der folgende Abschnitt umfaßt die Fließstrecke bis zur Einmündung des Tiergartenbaches. Die Schwebstofffracht nimmt zunächst aufgrund der sinkenden Fließgeschwindigkeit sehr rasch ab. Flockuliertes Feinmaterial sedimentiert bei Fließgeschwindigkeiten < 10-15 cm/s. Partikel der Sandfraktion lagern sich bereits bei Fließgeschwindigkeiten < 1 m s^{-1} ab (EISMA, 1993, S. 123). Die Abbildung 21 zeigt, daß der von Eisma genannte kritische Wert für suspendiertes Feinmaterial auch im Stromstrich häufig erreicht wird, so daß die Sedimentation nicht nur auf die Stillwasserbereiche des Bachs beschränkt ist. Ein Einfluß von hellem Schwebstoffmaterial aus dem ersten Fließabschnitt deutet sich außerdem im Verlauf der Ausgleichsfunktion des Sediments an, die hier oberhalb des dunkleren Uferbankmaterials verläuft.

   Auf den folgenden zwei Kilometern verändern sich bei gleichbleibendem Abfluß die Frachten kaum. Der abnehmende Trendverlauf beim Schwebstoff in der Abbildung 19a zeigt eine Vermischung und somit einen kontinuierlichen Wechsel zwischen Freisetzung und Sedimentation in diesem Abschnitt an. Da jedoch die Trendausgleichskurve des Schwebstoffs oberhalb der des Sediments verläuft, ist die Mischung nicht mehr so deutlich ausgeprägt wie im ersten Fließabschnitt, da Teile des im oberen Fließabschnitt mobilisierten hellen Sedimentmaterials ohne weitere Zwischenlagerung das Einzugsgebiet verlassen.

c. Auf den verbleibenden 1.5 km der Fließstrecke bis zur Mündung in die Mosel werden die Feststoffeigenschaften des Olewiger Bachs durch die Fracht des Tiergartenbaches beeinflußt. Unmittelbar unterhalb seines Zuflusses beträgt die Schwebstofffracht des Olewiger Bachs 1159.76 mg/s. Aufgrund der hier vorhandenen geringen Fließgeschwindigkeiten kann der Bach diese Fracht jedoch nicht lange halten. Sie sinkt wieder auf 300 mg/s und erreicht damit ungefähr eine Größenordnung wie vor der Mündung des Tiergartenbaches.

Die Betrachtung der Schwebstofffrachten im Längsprofil des Olewiger Bachs ergab, daß vor allem während der ersten acht Fließkilometer verstärkt Feinsediment remobilisiert wird. Als wichtigste Ursachen wurden erhöhte Fließ-Scherkräfte im Vergleich zum unteren Fließabschnitt genannt. Die Remobilisierungen im unteren Fließabschnitt müssen hingegen andere Ursachen haben, da dort die Fließgeschwindigkeit stark vermindert ist.

Die Abbildung 22 zeigt zwei Fließgeschwindigkeitsprofile des Olewiger Bachs, die zeitgleich im gleichen Gewässerquerschnitt am 25.6.94 in einem Stillwasserbereich und dem etwa 40 cm entfernten

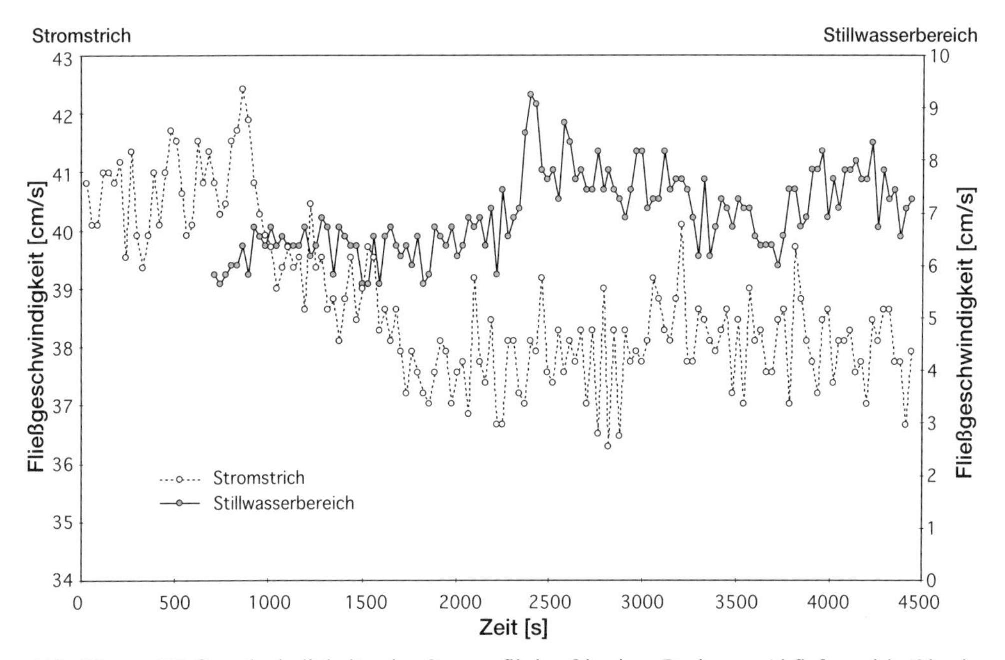

Abb. 22: Fließgeschwindigkeiten im Querprofil des Olewiger Bachs am Abflußpegel in Olewig (25.6.94). Die Flügelmessungen erfolgten zeitgleich im Stromstrich und in einem Stillwasserbereich.

Stromstrich am Abflußpegel in der Ortschaft Olewig aufgezeichnet wurden. Sie zeigen, daß auch bei Niedrigwasser große Variationen in den Fließgeschwindigkeiten typisch sind. Während des Meßzeitraumes von 90 Minuten ist eine sichtbare Verlagerung des Stromstrichs erkennbar. Es ist davon auszugehen, daß der turbulente Fluß des Bachs selbst bei geringen Fließgeschwindigkeiten einen kleinräumigen Wechsel von Remobilisierung und Sedimentation verursacht. Hinzu kommt der Einfluß der Bioturbation. POZO *et al.* (1994) beobachten im River Agüera, einem kleinen Bach in Nordspanien, signifikante tageszeitliche Konzentrationsschwankungen der POM. Dies führen die Autoren auf nachtaktive Wasserorganismen sowie auf einen tageszeitlichen Rhythmus in der Phytoplanktonproduktion zurück.

9.3 DIE ZEITLICHE SCHWEBSTOFFDYNAMIK

Obwohl organikreiches Feinsediment bei Trockenwetter eine wichtige Partikelquelle darstellt, darf nicht übersehen werden, daß bei sinkendem Abfluß auch ein bedeutender Partikelstrom ins Sediment stattfindet.

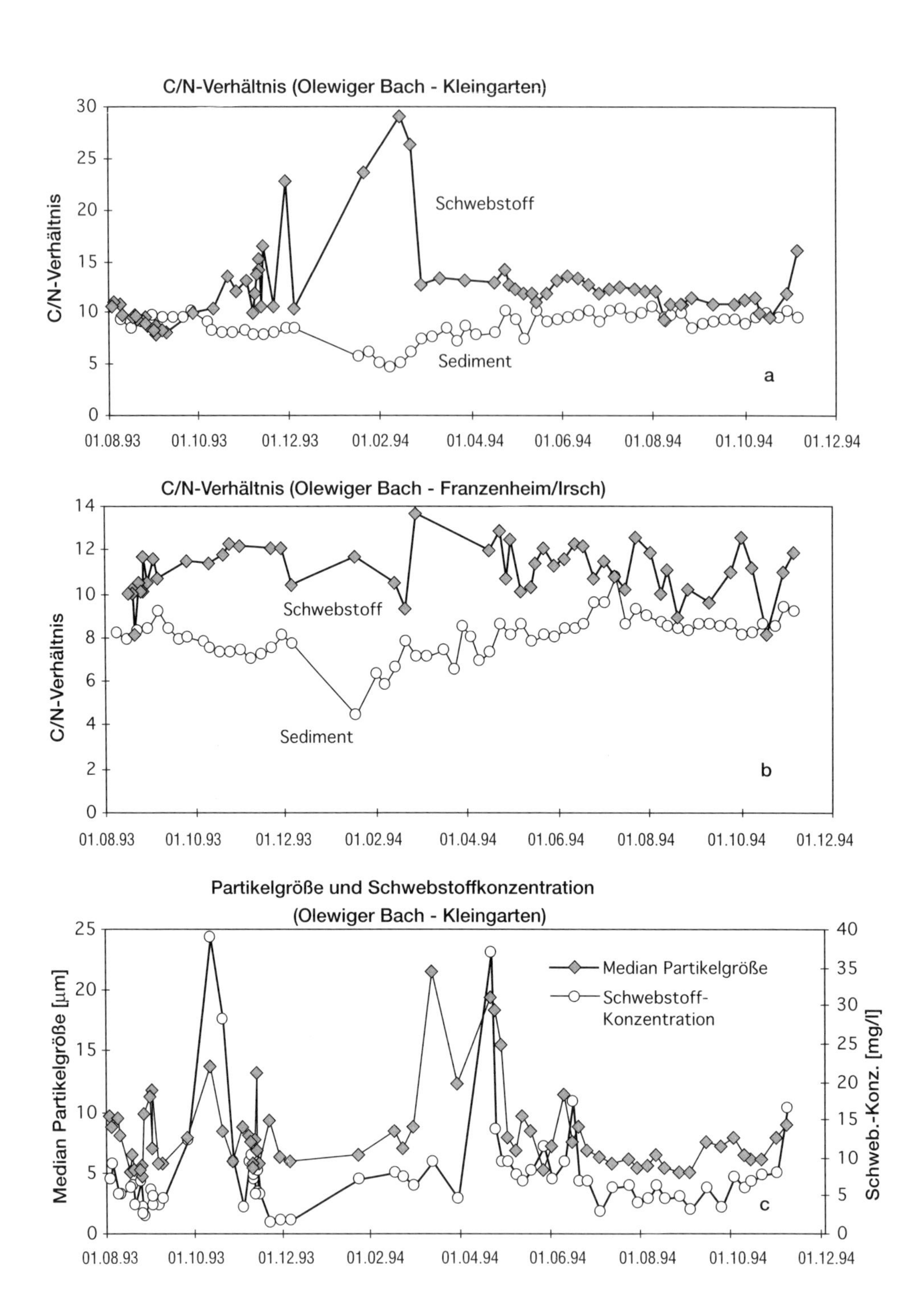

Abb. 23a-c: C/N-Verhältnis, Partikelgröße und Schwebstoffkonzentration im Olewiger Bach. Die dargestellten C/N-Verhältnisse des Sediments beziehen sich auf die Fraktion < 63 µm.

Das Gleichgewicht zwischen den Prozessen selektive Sedimentation und Freisetzung wird auch im zeitlichen Verlauf von den Faktoren Fließgeschwindigkeit, Schwebstoffkonzentration und Partikelgröße gesteuert. In Kapitel 8.2 wurde darauf hingewiesen, daß sich die Feststoffen mit sinkender Partikelgröße durch ein sich verengendes C/N-Verhältnis auszeichnen. Eine Sedimentation vorwiegend größerer Partikel sollte daher während der Trockenperioden zu einer Abnahme des C/N-Verhältnisses im Schwebstoff und zu einer entsprechenden Zunahme im Sediment führen.

In den Abbildungen 23a und 23b ist der zeitliche Verlauf des C/N-Verhältnisses der Feststoffe im Olewiger Bach im Untersuchungszeitraum dargestellt. Die Sedimentdaten wurden freundlicherweise von M. Schorer zur Verfügung gestellt. Die Abbildung 23c zeigt die Schwebstoffkonzentrationen und die Partikelgrößen der Schwebstoffe an der Meßstelle "Kleingarten".

Die Abbildungen 23a und b lassen erkennen, daß die Schwebstoffe auch im zeitlichen Verlauf aufgrund ihres höheren Anteils an Makrophytendetritus gegenüber dem Sediment im allgemeinen ein größeres C/N-Verhältnis aufweisen. Der jahreszeitliche Verlauf dieses Quotienten im Schwebstoff zeigt eine Periode mit vorwiegend ansteigenden Werten in den Herbst- und Wintermonaten sowie eine mit abnehmenden Werten während der sommerlichen Niedrigwasserperiode. Das C/N-Verhältnis des Sediments (< 63 µm) weist ein nahezu entgegengesetztes Verhalten auf. An der Meßstelle "Kleingarten" besteht zwischen beiden Feststofffraktionen hierbei ein signifikanter negativer, nichtlinearer Zusammenhang ($r^2 = 0.75$ bei Zugrundelegung eines Polynoms 2. Ordnung).

Im folgenden wird der jahreszeitliche Verlauf der C/N-Verhältnisse im Vorgriff auf Kapitel 11 näher betrachtet. Die ansteigenden Werte bei den Schwebstoffen während der Herbst- und Wintermonate zeigen den Einfluß des herbstlichen Laubfalls sowie von Oberbodenmaterial an. Gleichzeitig wird das C/N-Verhältnis des Sediments kontinuierlich kleiner. Das Sediment bildet den Hauptumsatzort für den Makrophytendetritus (GREISER, 1988, S. 121), der während dieser Periode durch die Uferbeholzung eingetragen wird. In der Sedimentfraktion < 63 µm findet sich bereits mikrobiell umgebauter Makrophytendetritus mit einem zunehmenden Zersetzungsgrad, der sich in den kleineren C/N-Verhältnissen widerspiegelt.

Im Verlaufe des Frühjahrs ´94 sowie in den sommerlichen Niedrigwasserperioden der Jahre 1993 und ´94 nehmen bei sinkendem Abfluß Schwebstoffkonzentration und -Partikelgröße kontinuierlich ab. Der Wechsel zwischen selektiver Sedimentation vorwiegend größerer Schwebstoffpartikel und die Freisetzung von organikreichem Feinmaterial führt durch eine Verschiebung der Partikelgrößenverteilungen zur Verengung des C/N-Verhältnisses im Schwebstoff und einer entsprechenden Zunahme im Sediment (vgl. Kapitel 8.1).

9.4 ZUSAMMENFASSUNG

Schwebstoffe, Sedimente und Uferbankmaterial weisen bei Trockenwetter im Längsprofil des Olewiger Bachs signifikante, räumliche Farbtrends auf, die sich mit einem Polynom zweiter Ordnung beschreiben lassen. Die Trends der Schwebstoff- und Sedimentreihe sind dabei um ca. 800 m bzw. 500 m bachabwärts gegenüber dem des Uferbankmaterials verschoben und zeigen damit einen Feststofftransport bachabwärts an. Dieser wird durch die Ergebnisse der Kreuzkorrelationsanalyse bestätigt. Remobilisiertes organikreiches Feinmaterial aus dem Sediment, bevorzugt aus dem oberen und mittleren Einzugsgebiet, stellt hierbei die wichtigste Schwebstoffquelle dar. Aufgrund des turbulenten Flusses des Olewiger Bachs entsteht ein kleinräumiger Wechsel zwischen der Sedimentation von bevorzugt größeren Partikeln und der Freisetzung von organikreichem Feinmaterial. Die Richtung dieses dynamischen Gleichgewichts ist im wesentlichen abhängig von Abfluß, Partikelgröße und der Schwebstoffkonzentration. In der sommerlichen Niedrigwasserperiode führen beide Prozesse zu einer Verengung des C/N-Verhältnisses im Schwebstoff, während im Sediment ansteigende Werte auftreten.

10 STATISTISCHE BESCHREIBUNG DER SCHWEBSTOFF-EIGENSCHAFTEN

Bevor die zeitliche Dynamik der Schwebstoffeigenschaften sowie der Schadstoffbelastung näher betrachtet wird, werden die Schwebstoffeigenschaften in den untersuchten Fließgewässern zunächst durch einfache statistische Methoden untersucht.

10.1 VERGLEICH DER GEWÄSSER- UND SCHWEBSTOFFEIGEN-SCHAFTEN VON OLEWIGER BACH UND RUWER

Die Tabelle 9 enthält die Mittelwerte und Standardabweichungen der Schwebstoffeigenschaften von Olewiger Bach (Meßstelle "Kleingarten") und Ruwer (Meßstelle "Kasel"). Die Schwebstoffe der Ruwer enthalten mit durchschnittlich 10.74% C_{org} höhere Anteile organischer Schwebstoffkomponenten als die des Olewiger Bachs (C_{org}: 7.09%). Die mittlere Chlorophyllkonzentration der Ruwer-Schwebstoffe (311.93 µg/g) ist etwa doppelt so hoch wie im Olewiger Bach (159.9 µg/g). Die bessere Versorgung mit organischem Kohlenstoff führt in der Ruwer im Mittel zu einer höheren mikrobiellen Aktivität (ausgedrückt als ATP-, Gesamtadenylat- und Uronsäurekonzentration). Die Belastungen der Schwebstoffe durch Schwermetalle und polycyclische aromatische Kohlenwasserstoffe liegen in beiden Einzugsgebieten ungefähr in der gleichen Größenordnung. Die Ausnahme bildet Zink, welches in den Schwebstoffen der Ruwer (459.48 µg/g) im Mittel eine nahezu doppelt so hohe Konzentration wie im Olewiger Bach (258.32 µg/g) erreicht. Mit Ausnahme von Eisen und Zink ist der Olewiger Bach stärker mit gelösten Nährstoffen und Schwermetallen belastet. In keinem Fall konnten signifikante lineare Korrelationen zwischen gelösten und den entsprechenden partikulär transportierten Meßgrößen gefunden werden, was erwartungsgemäß auf verschiedene Quellen hindeutet.

10.2 DATENSTRUKTURANALYSE

Im folgenden wird in beiden Einzugsgebieten die Korrelationsstruktur zwischen den Meßgrößen mit der Hauptkomponentenanalyse (Principal component analysis, PCA) untersucht. Die PCA ist ein heuristisches, hypothesengenerierendes Verfahren zur Überprüfung der Dimensionalität komplexer Merkmale (Symader, 1984, S. 10; Bortz, 1993, S. 475). Obwohl die meisten Meßgrößen linkssteile Verteilungen aufweisen, wurde auf eine Transformation zur Annäherung an die Normalverteilung verzichtet, da das Verfahren sensibel auf derartige Veränderungen reagiert. Bortz (1993, S.483 f.) empfiehlt nur bei Vorliegen von nichtlinearen Zusammenhängen entsprechende linearisierende Transformationen.

10.2.1 Olewiger Bach (Meßstelle "Kleingarten")

Die varimaxrotierte PCA zur Untersuchung der Schwebstoffeigenschaften des Olewiger Bachs (Meßstelle "Kleingarten"), deren Ergebnis in Tabelle 10 widergegeben ist, liefert einen Überblick über die Korrelationsstruktur zwischen den Meßgrößen und erste Hinweise über die zeitlichen Prozesse. Wegen einer Vielzahl von missing Values beim Benzo(e)pyren wurde dieses 5-Ring-PAK aus der Analyse ausgeschlossen.

Die erste Hauptkomponente wird vor allem durch die 3-Ring- und 4-Ring-PAK geprägt, die hier hohe positive Ladungen ausweisen. Auch partikelgebundenes Zink und Kupfer laden hier positiv und zeigen damit einen gemeinsamen Eintrag mit den niedermolekularen Polycyclen an. Die gemeinsame Feststoffquelle sind hierbei Straßenstäube, die bei hohem Verkehrsaufkommen erheblich mit Schwermetallen und PAK belastet sind (KERN *et al.*, 1992, S. 570; FLORES-RODRIGUEZ *et al.*, 1994, S. 90 f.). Partikelgebundenes Kupfer und Zink sind oft in hohen Konzentrationen im Straßenstaub anzutreffen (FERGUSSON, 1987, S. 1005; ELLIS & REVITT, 1982, S. 93; WATTS & SMITH, 1994, S. 510). Insbesondere während längerer Trockenwetterperioden reichern sich Schwermetalle in Straßenpartikeln an (ELLIS, 1985, 21), die im allgemeinen stärker mit Schadstoffen belastet sind als Ablagerungen auf Dachflächen (BRUNNER, 1977, S. 98; KERN *et al.*, 1992, S. 573).

Der Eintrag dieser Feststoffe ins Fließgewässer erfolgt überwiegend während oder nach Niederschlagsereignissen mit dem Oberflächenabfluß von den versiegelten Flächen (KARI & HERRMANN, 1989, S. 182; BOMBOI & HERNANDEZ, 1991, S. 557). Die positive Ladung der Lufttemperatur (0.59) zeigt an, daß die erste Hauptkomponente vorwiegend die Situation im Sommerhalbjahr widerspiegelt.

Während auf der ersten Hauptkomponente nur die 3- und 4-Ring-PAK laden, finden sich die höhermolekularen Polycyclen auf der dritten Hauptkomponente. Ursache für die weitgehende Unabhängigkeit beider PAK-Gruppen ist ihr unterschiedliches Umweltverhalten und die Herkunft aus verschiedenen Quellen, die in Abhängigkeit von den hydrologischen Randbedingungen im Untersuchungszeitraum aktiviert werden. In verkehrsfernen Quellen, die nicht ständig mit frischen

Meßgröße	Einheit	Olewiger Bach		Ruwer	
		Meßstelle Kleingarten		Meßstelle Kasel	
		Mittel	Stdabw	Mittel	Stdabw
Abfluß	l/s	134.74	149.75	1276.1	1037.21
Uronsäuren	mg/g	6.58	2.25	3.89	1.17
org. C	%	7.09	1.79	10.74	2.91
Glühverlust	%	18.39	3.74	24.28	4.97
Norg	%	0.62	0.21	0.94	0.2
C/N		12.49	4.66	11.55	1.14
Kohlehydrate	mg/g	31	9.17	45.48	13.6
Protein	mg/g	46.58	18.08	69.28	25.38
Chlorophyll-a	µg/g	159.9	119.58	311.93	470.75
Phaeophytin-a	µg/g	299.15	166.65	540.71	671.81
ATP	µg/g	0.51	0.20	1.34	0.61
Ges. adenylat	µg/g	1.81	0.68	5.35	2.04
PO_4	mg/g	5.21	1.44	6.39	1.62
Ti	µg/g	561.48	100.78	625.67	123.55
Ca	mg/g	7.28	2.11	6.38	2.42
Mg	mg/g	8.45	0.81	6.99	1.18
K	mg/g	17.51	1.48	14.19	2.81
Zn	µg/g	258.31	46.85	459.48	85.31
Mn	mg/g	2.43	0.61	2.58	0.67
Pb	µg/g	68.06	17.43	76.07	21.05
Fe	mg/g	36.88	3.18	31.09	4.59
Cu	µg/g	56.59	17.41	40.39	11.76
Partikelgr.	µm	7.89	3	12.44	6.99
Schweb.konz.	mg/l	8.4	7.84	5.27	3.97
Fe	mg/l	42.15	23.37	57.23	19.83
Cu	mg/l	1.88	1.74	1.79	1.09
Mn	mg/l	26.17	13.8	16.58	8.98
Mg	mg/l	14.71	4.21	4.18	0.64
Zn	mg/l	15.24	10.05	23.7	14.52
Ca	mg/l	27.05	7.5	11.06	2.58
Cl	mg/l	29.81	5.69	18.14	3.73
NO_3	mg/l	23.39	3.58	13.46	2.77
SO_4	mg/l	37.87	6.88	13.94	1.87
Na	mg/l	14.35	2.91	10.66	3.18
NH_4	mg/l	0.14	0.14	0.12	0.11
K	mg/l	3.91	1.21	2.71	1.82
ACY	ng/g	13.61	11.81	8.76	3.79
ACE	ng/g	15.16	16.98	14.36	7.66
FLU	ng/g	23.21	14.47	29.54	12.34
PHE	ng/g	195.81	143.12	268.83	75.96
ANT	ng/g	41.04	31.63	41.96	15.55
FLUA	ng/g	468.15	316.42	598.8	141.72
PYR	ng/g	376.87	246.28	460.69	121.79
BAA	ng/g	206.99	124.02	235.86	56.36
CHRY	ng/g	301.83	182.43	338.46	80.47
BBF/BKF	ng/g	544.91	325.89	470.51	168.13
BAP	ng/g	241.92	138.85	198.64	44.16
BEP	ng/g	122.53	163.94	231.71	149.47
IP	ng/g	252.64	137.52	273.28	208.22
DAHA	ng/g	46.73	30.22	71.29	59.58
BGHIP	ng/g	258.836	165.06	243.72	160.57
PAK-Summe	ng/g	3110.19	1722.85	3485.71	994.84

Tab. 9: Statistische Kenngrößen der Schwebstoffeigenschaften und Gewässerbeschaffenheit von Olewiger Bach (Meßstelle "Kleingarten") und Ruwer (Meßstelle "Kasel").

Polycyclen aus dem Kfz-Verkehr versorgt werden, findet eine Verarmung der 3-Ring- und 4-Ring-Polycyclen aufgrund deren höheren Fugazität und Löslichkeit statt (SCHNECK, 1996, S. 80 f.). Dies ist auch bei Feststoffmaterial, das auf seinem Weg zum Vorfluter wiederholt in Drainagen oder Abflußrinnen zwischengelagert wurde, zu beobachten (BIERL *et al.*, 1996).

Die zweite Hauptkomponente beschreibt die organischen Schwebstoffkomponenten sowie die mikrobielle Aktivität. Prozentualer organischer Kohlenstoff- und Stickstoffgehalt, Glühverlust, Kohlehydrate und Proteine sind erwartungsgemäß hoch interkorreliert. Die positiven Ladungen von ATP, Uronsäuren und Gesamtadenylatgehalt auf diesem Faktor sind darauf zurückzuführen, daß der organische Kohlenstoff den schwebstoffgebundenen Mikroorganismen als Nährstoffpool dient. Ein enger Zusammenhang zwischen dem Anteil der POM am Schwebstoff und der mikrobiellen Biomasse wurde in vielen

Tab. 10: Varimaxrotierte Hauptkomponentenanalyse der Schwebstoffeigenschaften am Olewiger Bach - Meßstelle "Kleingarten". Dargestellt sind nur Faktorladungen mit einem Absolutwert von > 0.50.

	HKA1	HKA2	HKA3	HKA4	HKA5	HKA6	HKA7	HKA8	HKA9
FLUA	0.94								
PYR	0.94								
ANT	0.93								
BAA	0.92								
CHRY	0.92								
PHE	0.91								
ACY	0.86								
PAK-Summe	0.79		0.57						
FLU	0.77								
Cu	0.74								
Zn	0.61								
Temperatur	0.59								
Proteine		0.92							
$\%C_{org}$		0.9							
Glühverlust		0.87							
Kohlehydrate		0.84							
Mn		0.81							
ATP		0.77							
PO_4		0.75							
Uronsäuren		0.75							
%Norg		0.63		0.53					
Ges.adenylat		0.57							
BBKF			0.89						
IP			0.87						
BAP			0.87						
DAHA			0.85						
BGHIP			0.8						
C/N				-0.85					
Abfluß				-0.58					
Ca				0.52			0.51		
Chloropyhll					0.84				
Phaeophytin					0.79				
Mg						0.8			
K						0.65			
Fe						0.59			
Ti									
Schweb.konz							0.63		
Partikelgröße							-0.61		
Trockentage								-0.76	
Vorregen								0.73	
ACE									0.75
Pb									

Studien beobachtet (BOTT & KAPLAN, 1985; DUARTE *et al.*, 1988; SCHALLENBERG & KALFF, 1993).

Auf dieser Hauptkomponente laden weiterhin Phosphat und Mangan. Deren Verbindungen werden selbst bei kleinen Niederschlagsmengen über den Geißbach, dessen organikreiche Feststoffe hohe Konzentrationen beider Meßgrößen aufweisen (vgl. Kapitel 8.1), in den Olewiger Bach eingetragen (NAGEL, 1996).

Auf der vierten Hauptkomponente laden der Abfluß (-0.58) und das C/N-Verhältnis (-0.85) jeweils mit negativen Vorzeichen. Sie beschreibt die Auswirkung selektiver Sedimentations- bzw. Mobilisierungsprozesse, die während der sommerlichen Niedrigwasserperiode zu einer Verengung des C/N-Verhältnisses im Schwebstoff führen (siehe Kapitel 9.3). Andererseits erfolgt bei erhöhtem Basisabfluß während der Herbst- und Wintermonate eine Zunahme des C/N-Verhältnisses durch den Eintrag von Blattdetritus und Oberbodenmaterial (vgl. Kapitel 11.1.3). Inhaltlich sind hierbei Gemeinsamkeiten mit der siebten Hauptkomponente erkennbar, die ebenfalls einen Gegensatz zwischen der sommerlichen und winterlichen Situation beschreibt. Die negative Ladung der beiden Eigenschaften Schwebstoffkonzentration (-0.63) und Partikelgröße (-0.61) deuten auf die sommerliche Niedrigwasserperiode hin. Auf beiden Hauptkomponenten findet sich Calcium mit mittleren positiven Ladungen, da die Calciumbelastung während der Sommermonate ansteigt (vgl. Kapitel 11.1.9). Eine wichtige Quelle für Calcium sind die Terrassenhochflächen im nördlichen Einzugsgebiet. Da Calcium einen elementaren Bestandteil von Zement, Ziegeln und Beton darstellt, ist es zudem in urbanen Einzugsgebieten nahezu ubiquitär verbreitet (VERMETTE *et al.*,1991, S. 73). SCHNECK (1996, S. 45) findet insbesondere in den Ton- und Schlufffraktionen von Straßenstäuben im oberen Einzugsgebiet des Geißbaches hohe Calciumkonzentrationen vor.

Auf der fünften Hauptkomponente laden Chlorophyll (0.84) und Phaeophytin (0.79). Anders als die Meßgrößen ATP, Gesamtadenylat und Uronsäuren verhalten sich diese Pigmente somit weitgehend unabhängig von der organischen Substanz.

Die sechste Hauptkomponente beschreibt eine bodenbürtige Schwebstoffkomponente, da hier deutliche Ladungen von Eisen (0.59), Kalium (0.65) und Magnesium (0.8) vorhanden sind.

Die achte Hauptkomponente beschreibt die hydrologischen Randbedingungen im Vorfeld der Probenahme. Die Anzahl der Trockentage (-0.76) und die 3-Tages-Vorregensumme (0.73) weisen dabei erwartungsgemäß umgekehrte Vorzeichen auf. Die Tatsache, daß beide Beschreibungsgrößen einen unabhängigen Faktor bilden, ist auf die hohe Anzahl von Null-Werten bei diesen Variablen zurückzuführen, was die Korrelation zu anderen Meßgrößen stört.

Auf der neunten Hauptkomponente lädt nur Acenaphtylen mit einer Ladung von 0.75. Dies ist durch zwei extreme Ausprägungen dieser Meßgröße in den niederschlagsbeeinflußten Proben vom 12. Oktober ´93 (77.8 ppb) und 15. November ´93 (110.1 ppb) zu erklären, was die Korrelation mit den übrigen niedermolekularen Polycyclen stört.

10.2.2 Ruwer

Das Ergebnis der varimaxrotierten Hauptkomponetenanalyse für die schwebstoffbeschreibenden Meßgrößen der Ruwer ist in Tabelle 11 zusammengefaßt. Es ist hierbei eine ähnliche Korrelationsstruktur wie im Olewiger Bach erkennbar. Die PAK laden als eigenständige Gruppe auf der ersten (3- und 4-Ring-PAK) und der vierten Hauptkomponente (5- und 6-Ring-PAK). Die Ursachen für die relative Unabhängigkeit der nieder- und hochmolekularen Polycyclen sind, wie im vorangegangenen Kapitel beschrieben, unterschiedliche Liefergebiete und Eigenschaften der Polycyclen.

Die zweite Hauptkomponente wird durch die Meßgrößen geprägt, die die organische Schwebstoffkomponente charakterisieren. Im Unterschied zur Meßstelle "Kleingarten" laden jedoch die Meßgrößen zur Beschreibung der mikrobiellen Aktivität (ATP, Gesamtadenylat und Uronsäuren), gemeinsam mit

Phaeophytin und Chlorophyll auf der fünften Hauptkomponente. Ein weiterer Unterschied ist die Verlagerung der Schwermetalle Kupfer und Zink aus der Gruppe der niedermolekularen Polycyclen in die zweite Hauptkomponente.

Phosphat (0.77) und Mangan (0.67) weisen ähnlich wie beim Olewiger Bach deutliche Ladungen auf diesem Faktor auf. Die gemeinsame Feststoffquelle dieser Meßgrößen ist der Straßenstaub, der neben einer hohen Schwermetallbelastung in der Regel auch einen hohen Anteil organischer Sustanz aufweist (KERN *et al.*, 1992, 573). Die negative Ladung des Abflusses (-0.5) zeigt, daß vor allem während der sommerlichen Niedrigwasserperiode die Stäube der versiegelten Flächen die wichtigste Schadstoffquelle darstellen. Wegen dem hohen Sättigungsdefizit des Bodenwasserspeichers im Sommer nimmt die Bedeutung bachferner landwirtschaftlicher Nutzflächen, bei vorwiegend konvektiven Niederschlägen

	HKA1	HKA2	HKA3	HKA4	HKA5	HKA6	HKA7	HKA8	HKA9
CHRY	0.96								
BAA	0.95								
PYR	0.92								
FLUA	0.91								
ANT	0.9								
BAP	0.88								
PHE	0.85								
FLU	0.79								
PAK-Summe	0.76			0.63					
BBKF	0.74								
ACY	0.73								
ACE	0.5								
$\%C_{org}$		0.88							
Glühverlust		0.87							
%Norg		0.84							
Proteine		0.81							
Kohlehydrate		0.79							
PO		0.77							
Zn[4]		0.75							
Mn		0.67							
Cu		0.55	0.55						
Fe			0.84						
Mg			0.82						
C/N			-0.8						
K			0.74						
Abfluß		-0.5	-0.63						
DAHA				0.99					
IP				0.98					
BGHIP				0.96					
BEP				0.69					
Chlorophyll					0.95				
Phaeophytin					0.93				
ATP					0.82				
Ges.adenylat					0.65				
Uronsäuren					0.51				
Pb			0.52			0.66			
Ca						-0.66			
Ti						0.57			
Vorregen							0.89		
Schweb.konz.							0.67		
Temperatur								0.75	
Partikelgr.								0.62	
Trockentage									0.8

Tab. 11: Varimaxrotierte Hauptkomponentenanalyse der Schwebstoffeigenschaften der Ruwer -Meßstelle "Kasel". Dargestellt sind nur Faktorladungen mit einem Absolutwert von > 0.50.

von kurzer Dauer und hoher Intensität, am Abflußgeschehen ab. Zwar bildet sich auch auf diesen Flächen lokal Oberflächenabfluß aus, jedoch infiltriert dieser wieder in tieferen Lagen. Dies beeinflußt zwar die Hochwasserwelle im Vorfluter nicht unmittelbar, aber für lokale Fließprozesse, einschließlich der damit verbundenen Stoffverlagerungen sowie für die räumliche Bodenfeuchteverteilung, ist dies dennoch von Bedeutung (BRONSTERT, 1994, 131).

Neben dem Schwermetalleintrag von den versiegelten Flächen ergeben sich weitere mögliche Beeinträchtigungen durch die Gewerbe- und Industrieansiedlungen im Einzugsgebiet. Die für die Meßstelle "Kasel" relevante Einzelbetriebe liegen an der Landesstraße 149 zwischen den Ortschaften Kasel und Waldrach und in Gusterath-Tal. Das Bilstein-Werk in Niederkell, in dem u.a Stoßdämpfer und Türbeschläge hergestellt werden, ist hierbei der einzige genehmigte industrielle Direkteinleiter in die Ruwer.

Diffuse Schadstoffeinträge sind auch durch die Wochenendhausgebiete (Korlinger Mühle, im Lehbachtal, Osburg, Pluwig, Lonzenburg und Heddert), die Sportanlagen in Kasel, Zerf und Kell am See sowie durch zahlreiche Campingplätze, Viehtränken und Grillhütten zu erwarten, deren Einfluß im einzelnen nicht quantifizierbar ist (KREIN, 1996).

Auf der dritten Hauptkomponente laden der Abfluß (-0.63) und das C/N-Verhältnis (-0.83) mit negativem Vorzeichen. Sie beschreibt damit wie beim Olewiger Bach einen gleichverlaufenden jahreszeitlichen Trend von Abfluß und C/N-Verhältnis, mit ansteigenden Werten im Herbst und Winter und einem umgekehrten Verhalten während der sommerlichen Niedrigwasserperiode. Abweichend von der Korrelationsstruktur im Olewiger Bach laden auf dieser Hauptkomponente auch die Schwermetalle Eisen, Kalium, Magnesium und Blei positiv. Da sowohl anthropogene als auch pedogene Verbindungen auf diesem Faktor anzutreffen sind, stellt bei sommerlichen Niederschläge neben den Straßenstäuben auch Bodenmaterial eine wichtige Partikelquelle dar. Als Quelle für Bodenpartikel kommt jedoch nicht nur der Auenbereich, sondern auch Straßenstäube in Frage, denn zahlreiche Spurenelemente (u.a. K, Mn, Ti, Al, Ce, La und Sm) sind in diesen Ablagerungen geogener und nicht anthropogener Herkunft (FERGUSSON & SIMMONDS, 1983, S. 227; FERGUSSON, 1987, S. 1005; FLORES-RODRIGUEZ *et al.*, 1994, S. 88; FERGUSSON & KIM, 1991, S. 133). Straßenstäube weisen insbesondere hohe Eisenkonzentrationen auf. Die Auswertung der Daten von HARRISON & WILSON (1985a, S. 72 f.), MUSCHAK (1989, S. 275) und OGUNSOLA *et al.* (1994, S. 178) ergibt hier beispielsweise Verhältnisse von partikulärem Blei zu Eisen zwischen 1:16 bzw.1:75.

Die sechste Hauptkomponente wird von Meßgrößen geprägt, die auf geogene Schwebstoffquellen hindeuten. Titan (0.57) und Blei (0.66) laden positiv, Calcium (-0.66) hingegen negativ. Calcium verhält sich in der Ruwer anders als im Olewiger Bach. Insbesondere weist es während der sommerlichen Niedrigwasserperiode nur geringfügige, kaum interpretierbare Strukturen auf.

Die siebte Hauptkomponente beschreibt einen zu erwartenden Zusammenhang zwischen der Schwebstoffkonzentration (0.67) und der 3-Tages-Vorregensumme (0.89). In der Ruwer ist aufgrund der Größe des Einzugsgebietes mit einem längeren Einfluß der Hochwasserereignisse und damit auch mit einem langsameren Rückgang der Schwebstoffkonzentrationen in den nachfolgenden Tagen zu rechnen.

Die achte Hauptkomponente beschreibt einen nicht interpretierbaren positiven Zusammenhang zwischen der Lufttemperatur und der Partikelgröße, der als zufällig betrachtet wird.

Auf der neunten Komponente lädt die Meßgröße "Anzahl der Trockentage vor der Probenahme". Das isolierte Auftreten dieser Variablen ist durch mehrere Null-Werte zu erklären, da es in diesen Fällen während der Probenahme regnete. Diese Werte stören mögliche Korrelationen mit anderen Meßgrößen. Soweit es für die Interpretation notwendig ist, wird bei der Betrachtung der zeitlichen Varianz der Schwebstoffeigenschaften in den folgenden Kapiteln auf einen Niederschlagseinfluß während der Probenahme gesondert hingewiesen.

11 DIE ZEITLICHE DYNAMIK DES PARTIKELGEBUNDENEN STOFFTRANSPORTS UND DER SCHWEBSTOFF-EIGENSCHAFTEN

In den folgenden Kapiteln wird der zeitliche Verlauf der Schwebstoffeigenschaften detailliert untersucht. Hierbei wird zunächst die Situation an der Meßstelle "Kleingarten" (Olewiger Bach) ausführlich beschrieben. Danach erfolgt ein zusammenfassender Vergleich des partikelgebundenen Stofftransportes bei Trockenwetter zwischen den Meßstellen. Die Beschreibung der organischen Schadstoffe in Olewiger Bach und Ruwer erfolgt in einem gesonderten Abschnitt.

11.1 DER PARTIKELGEBUNDENE STOFFTRANSPORT IM OLEWIGER BACH

Die folgenden Abbildungen 24-26 zeigen den zeitlichen Verlauf der Schwebstoffeigenschaften am Olewiger Bach - Meßstelle "Kleingarten" für das erste Halbjahr der Meßperiode. Für die Darstellungen wurden aus Gründen der Übersichtlichkeit Liniengraphiken verwendet, obwohl keine Informationen über die Schwebstoffeigenschaften zwischen den Probenahmeterminen, insbesondere von den Hochwasserereignissen, vorliegen.

11.1.1 Spätsommer (August) ′93

Im August ′93 ist bei den beprobten Trockenwetter-Schwebstoffen ein Anstieg der organischen Schwebstoffkomponente und der mikrobiellen Aktivität bei gleichzeitig sinkendem Abfluß zu beobachten. Am 27. August erreichen der organische Kohlenstoff (8.1%), Uronsäuren (8.7 mg/g), Proteine (46.4 mg/g) und Kohlehydrate (31.1 mg/g) hierbei Konzentrationsspitzen. Das C/N-Verhältnis, welches am 4. August noch 10.6 beträgt, sinkt bis zum 26. August auf 8.8 ab. Steigende Konzentrationen in dieser Periode zeigen auch Phosphat, Kupfer, Mangan, Zink und Blei. Die Schwebstoffkonzentration sinkt von 9.6 mg/l am 4. August bis auf 2.2 mg/l am 28. August. In dieser Periode weist auch partikelgebundenes Eisen rückgängige Konzentrationen auf (44.6 mg/g -> 34.1 mg/g).

11.1.2 Diskussion

Die sinkende Transportenergie im Olewiger Bach führt zur selektiven Sedimentation, die größere anorganische Schwebstoffkomponenten bevorzugt. Dies erklärt die kontinuierliche Abnahme der Partikelgröße und des C/N-Verhältnisses. Beides führt zu einer Erhöhung der Kationenaustauschkapazität am Schwebstoff. Bei langandauernden Trockenwetterperioden entwickeln sich zudem im Bachbett Biofilme, die ein hohes Soptionsvermögen für Schwermetalle aufweisen. Untersuchungen in der Elbe haben ergeben, daß Biofilme in Fließgewässern aus anorganischen Bestandteilen (z.B. Tonminerale) und einer Vielzahl von Organismen, vor allem aber Diatomeen, Grünalgen (Chlorophyceen), Protozoen, Detritus und Bakterien, zusammengesetzt sind (KUBALLA *et al.*, 1995, S. 16). Neben den gerade aufgeführten Bestandteilen sind extracelluläre polymere Substanzen die wichtigsten Adsorbate für gelöste Stoffe. Darüberhinaus finden auch in Wasserpflanzen Anreicherungen von Nährstoffen und Schwermetallen statt (vgl. Tab. 12).

ONGLEY *et al.* (1981, S. 1373 f.) identifizieren während der Sommermonate im Wilton Creek (Ontario) allgemein die Bioakkumulation von Metallionen als einen wichtigen Prozeß, der die Schadstoffbelastung der Schwebtoffe steuert.

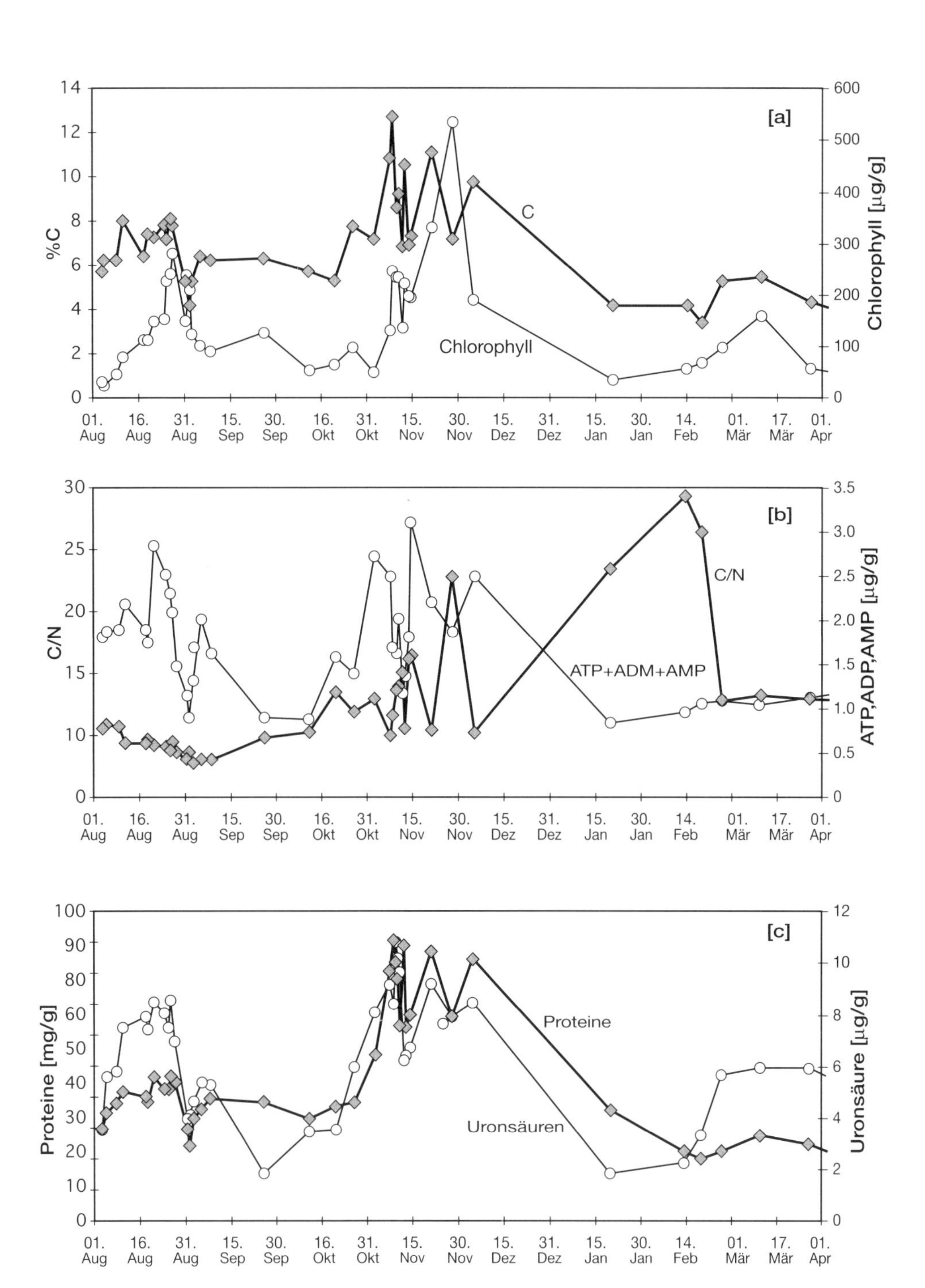

Abb. 24: Zeitlicher Verlauf von Schwebstoffeigenschaften am Olewiger Bach - Meßstelle "Kleingarten", von August ´93 bis April ´94.

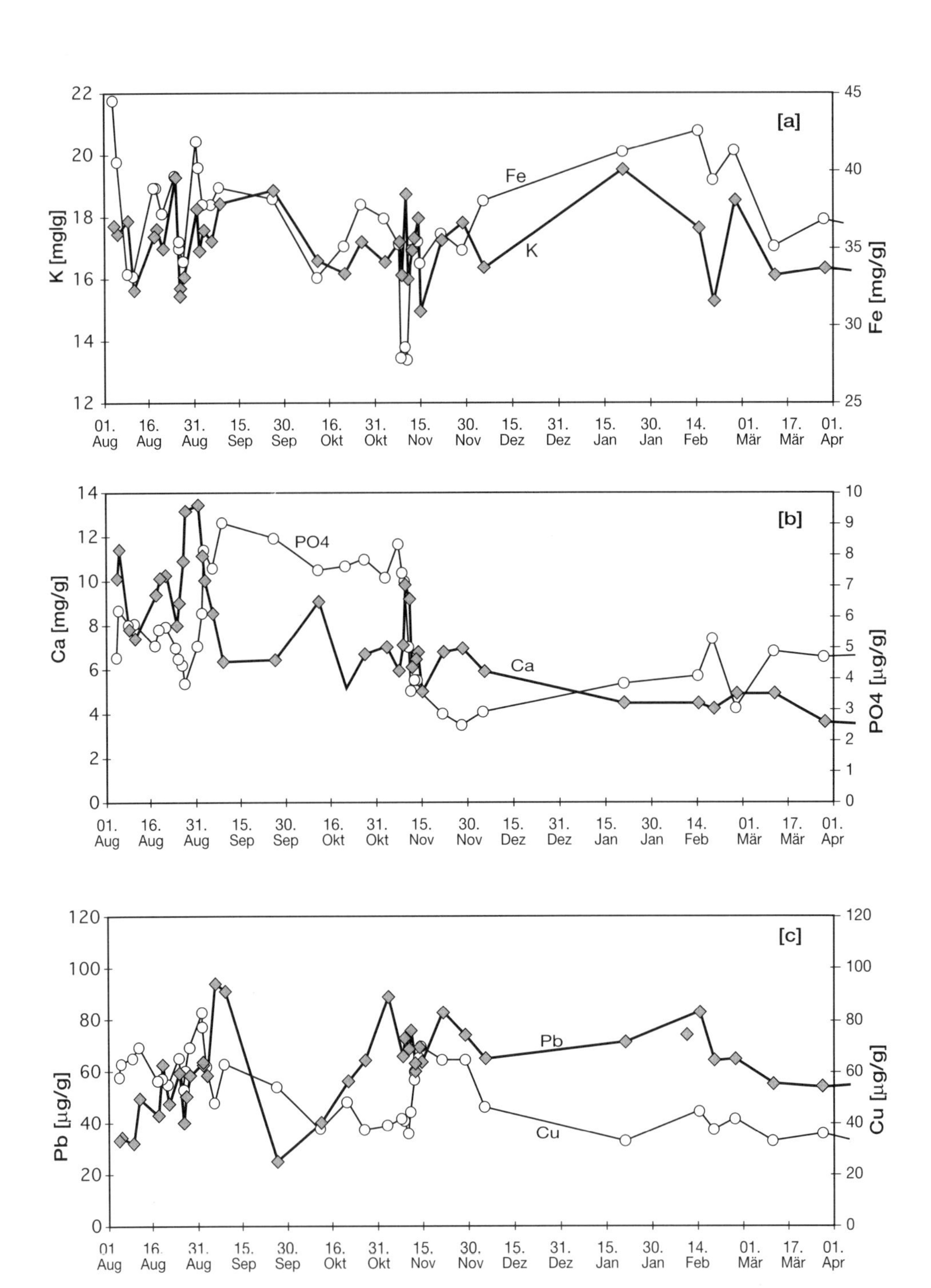

Abb. 25: Zeitlicher Verlauf von Schwebstoffeigenschaften am Olewiger Bach - Meßstelle "Kleingarten" von August ´93 bis April ´94.

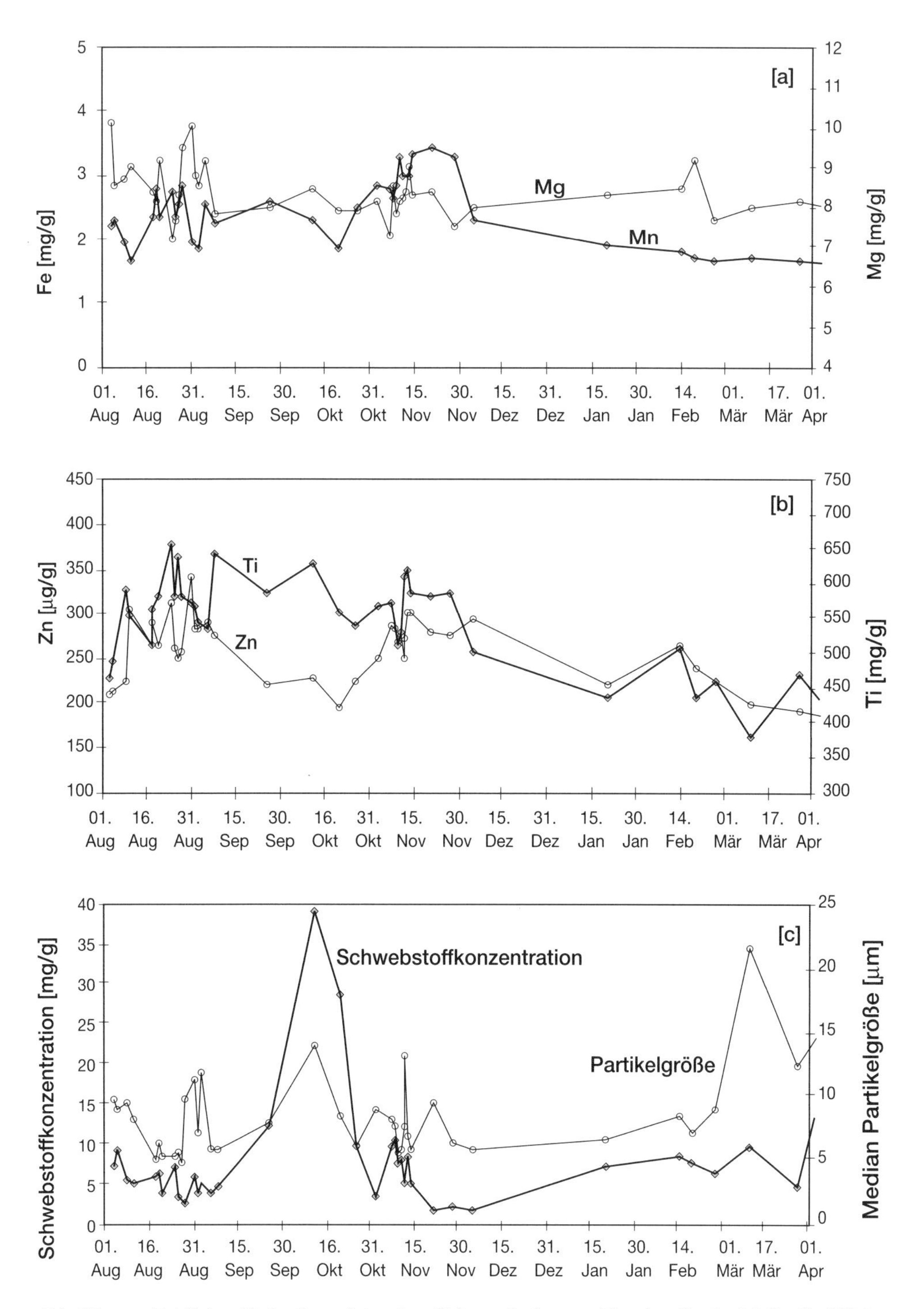

Abb. 26: Zeitlicher Verlauf von Schwebstoffeigenschaften am Olewiger Bach - Meßstelle "Kleingarten" von August ´93 bis April ´94.

Planzenart	Hg	Pb	Cu	Ni	Zn	Fe	Mn
Ranunculus fluitans	120	575	350	330	2000	210	1420
Nuphar lutea	430	100	78	550	165	100	1400
Sagittaria sagittifolia	230	290	220	120	400	580	730
Myriophyllum sp.	200	182	870	320	1400	460	1000
Fontinalis antipyretica	740	3200	1050	1500	9400	3000	20800

Tab.12: Mittlere artspezifische Anreicherungsfaktoren (Bezogen auf das Naßgewicht) für Schwermetalle in Wasserpflanzen (BRINKMANN, 1981: zitiert nach: DVWK, 1992, S. 41).

Die rückläufige Eisenkonzentration der Schwebstoffe in der spätsommerlichen Periode zeigt, daß die Beeinflussung der Schwebstoffeigenschaften durch Bodenmaterial aus dem Auenbereich rückläufig ist.

11.1.3 Die Herbstmonate ´93

Im September führen häufige Niederschläge zu einer Erhöhung des Basisabflusses in den Trockenwetterperioden. Die Proben vom 12. und 21. Oktober sind dabei niederschlagsbeeinflußt. Die Schwebstoffe der Herbstperiode zeichnen sich durch steigende POM-Anteile aus. Am 9. November erreichen Glühverlust (26.4%), organischer Kohlenstoff (12.7%), Proteine (90.5 mg/g) und Kohlehydrate (57.2 mg/g) hierbei Konzentrationsspitzen. Das C/N-Verhältnis steigt anders als im Spätsommer an und erreicht am 29. November mit einem Wert von 22.7 ein Maximum. Trotz kontinuierlich abnehmender Temperaturen ist die mikrobielle Aktivität auffallend hoch: Die Mittelwerte der ATP- bzw. Uronsäurekonzentrationen in dieser Periode betragen 0.68 µg/g bzw. 8.2 mg/g. Einen deutlichen Trend zeigt auch der Chlorophyllgehalt, der von 49.5 µg/g am 3. November auf 535.1 µg/g bis zum 30. November ansteigt.

Die Chemographen der Nährstoffe und Schwermetalle folgen weitgehend dem der organischen Substanz. Ausgehend von einer Konzentration von 5.1 mg/g am 27. Oktober erreicht Phosphat am 10. November sein Konzentrationsmaximum (9.0 mg/g). Der Chemograph von partikelgebundenem Mangan weist ebenso einen Anstieg auf wie der von Zink und Kupfer. Dagegen sind bei Eisen und Titan deutliche Verdünnungserscheinungen erkennbar. Die Eisen- und Titangehalte erreichen am 11. November (27.7 mg/g) bzw. am 10. November (508.0 µg/g) jeweils Konzentrationsminima. Erst nach diesem Zeitpunkt ist bei beiden Ionen mit ansteigendem Abfluß bis zum 6. Dezember erneut eine Konzentrationszunahme festzustellen.

11.1.4 Diskussion

Das weite C/N-Verhältnis und ein hoher Anteil POM im Spätherbst sind auf einen wachsenden Einfluß von allochthonem Makrophytendetritus zurückzuführen. Der Olewiger Bach wird auf großen Teilen seiner Fließstrecke von einen geschlossenen Gehölzsaum begleitet. Dies führt im Herbst zu einer erheblichen Belastung des Bachs mit Fallaub, der in dieser Periode die wichtigste Kohlenstoffquelle darstellt. Blattdetritus von Laubbäumen weist ein C/N-Verhältnis zwischen 30 und 50 auf (SCHACHTSCHABEL *et al.*, 1989, S. 51). Die steigende Proteinkonzentration während der Herbstmonate repräsentiert ebenfalls einen Einfluß von Makrophytendetritus (GREISER, 1988, S. 55). Der

Laubfall setzt bereits Ende September ein, aber erst nach einigen Wochen der Zwischenlagerung im Bachbett führt die Zersetzung der leicht abbaubaren Detrituskomponenten zu dem beobachteten Anstieg der POM und der mikrobiellen Aktivität im Schwebstoff.

Hohe POM-Anteile am Schwebstoff während der Herbstmonate sind durch verschiedene Studien belegt (CUSHING, 1988; ANGRADI, 1991; GALAS, 1996). Die trophische Bedeutung der Detrituskomponenten wird ebenfalls in zahlreichen Arbeiten herausgestellt (RICH & WETZEL, 1978; MELACK, 1985; GREISER, 1988, ESSAFI *et al.*, 1994). Im Bachbett kleiner Einzugsgebiete erfolgt in ähnlicher Weise wie bei Schwebstoffen eine Rückhaltung und Zwischenlagerung des Laubes in Stillwasserbereichen, Totholzdämmen und dem Wurzelwerk der Uferbeholzung (WEBSTER *et al.*, 1987; BRETSCHKO & MOSER, 1993). Die Wurzelstöcke der Uferbeholzung bilden hierbei einen idealen Lebensraum für Wasserorganismen, der sich durch eine hohe Strömungs- und Substratvielfalt auszeichnet, was für die weitere Zersetzung der Laubstreu vorteilhaft ist. Dessen Abbau in den vier Teilprozessen Auslaugung, Zerkleinerung durch Makroinvertibraten, Zersetzung durch Mikroorganismen und Abrasion bei Hochwasserereignissen wird u.a. von HOLT & JONES (1983, S. 724), BRENNER *et al.* (1986, S. 89 f.), WEBSTER & BENFIELD (1986) und BOULTON & BOON (1991) ausführlich beschrieben.

Ins Gewässer eingetragene Blattstreu ist zunächst mikrobiell nur wenig besiedelt. Erst durch den Kontakt mit dem Sediment erfolgt eine intensive Beimpfung mit benthischen Mikroorganismen, die den Um- und Abbau einleiten und zu einem Anstieg der mikrobiellen Aktivität führen (GREISER, 1988, S. 99). Die Besiedlung und Vermehrung der hierbei beteiligten Mikroorganismen ist u.a. abhängig von der Qualität der organischen Substanz. Die CPOM, die sich durch ein weites C/N-Verhältnis auszeichnet (vgl. Kapitel 8.2), wird hierbei in geringerem Ausmaß von Mikroorganismen besiedelt als FPOM mit einem engen C/N-Verhältnis (SCHALLENBERG & KALFF, 1993, S. 927).

Beim Abbau der Blattstreu werden deren chemischen Eigenschaften verändert. Im allgemeinen nimmt der Kohlenhydratgehalt ab, während die relativen Anteile von Carboxyl- und Alkylgruppen ansteigen. Erst bei ausreichend langer Verweildauer im Gewässer und bei hohen Wassertemperaturen erfolgt schließlich der Zusammenbruch der Ligninverbindungen (GRESSEL *et al.*, 1995, S. 23). Da ein vollständiger Abbau der Blattstreu viele Monate in Anspruch nimmt (ESSAFI *et al.*, 1994, S. 107), wird die Produktivität der Fließgewässer nach dem Eintrag von Fallaub nachhaltig positiv beeinflußt. Aufgrund der sinkenden Wassertemperaturen im Herbst und dem Austrag des Detritus durch die sich häufenden Hochwasserereignisse ist davon auszugehen, daß im Olewiger Bach in erster Linie nur schnell verwertbare Detrituskomponenten umgesetzt werden können. Die kontinuierliche Zunahme der POM führt dabei zu einer Verdünnung der bodenbürtigen Schwebstoffkomponente, die sich in sinkenden Eisen- und Titangehalten widerspiegelt.

Während der Herbstniederschläge werden belastete, organikreiche Stäube z.B. von Straßen, Regenrückhaltebecken und dem landwirtschaftlichen Wegenetz in den Bach eingetragen. HEWITT & RASHED (1992, S. 313) gehen davon aus, daß 90% des Bleis, 70% des Kupfers und 56% des Cadmiums bereits in partikelgebundener Form (> 0.45 µm) im Oberflächenabfluß der Straßen transportiert werden. Die steigenden Anteile extrazellulärer polymerer Substanzen fördern die Rückhaltung dieser Stäube im Bachbett. EPS weist nicht nur ein ausgezeichnetes Sorptionsvermögen für gelöste Ionen auf. Aufgrund ihrer Eigenschaften (vgl. Kapitel 1.2) binden sie auch Kolloide und größere Partikel. Die Anlagerung von belastetem Feinmaterials an die mit EPS eingehüllte Detritusmatrix im Bereich des Wurzelwerks der Uferbeholzung sowie anderen Zwischenlagerungsräumen des Bachbetts erklärt die Konzentrationserhöhung von Kupfer, Zink, Mangan, Phosphat, Calcium und Blei im Schwebstoff.

Im November werden die Schwebstoffeigenschaften von einer zusätzlichen Abwasserkomponente überlagert. Aufgrund eines defekten Abwasserrohres gelangte unterhalb der Ortschaft Irsch temporär Abwasser in den Olewiger Bach. Diese anthropogene Beeinflussung ist neben der starken Verdünnnung von geogenem Eisen und Titan u.a. an extrem hohen Phosphatkonzentrationen und an einer hohen mikrobiellen Aktivität während der ersten Novemberhälfte zu erkennen.

11.1.5 Die Wintermonate ´93/94

An allen Probenahmezeitpunkten der Winterperiode ist die Schwebstoffkonzentrationen unerwartet niedrig. Der am Pegel in Olewig gemessene Abfluß beträgt über die fünf winterlichen Beprobungszeitpunkte gemittelt 399.02 l/s. Dem steht an der Meßstelle "Kleingarten" eine auffallend geringe mittlere Schwebstoffkonzentration von nur 7.04 mg/l gegenüber. Dieser Konzentrationsbereich ist ansonsten nur für echte Niedrigwasserbedingungen zu erwarten, die in dieser Periode nicht erreicht werden. Auf die erhöhte Transportenergie des Bachs deuten hingegen die Partikelgrößenverteilungen hin, deren Median im Mittel 10.68 µm beträgt.

Der Anteil der POM geht im Winter deutlich zurück. Am 20. Februar ´94 erreicht der organische Kohlenstoff mit 3.9% sein Minimum der gesamten Meßperiode. Bei der Uronsäurekonzentration und damit dem Biofilmanteil ist dies bereits am 21. Januar (1.8 mg/g) der Fall. Auf eine niedrige mikrobielle Aktivität in dieser Probe weist auch der geringe ATP-Gehalt (0.16 µg/g) hin.

Die partikelgebundenen Schwermetalle und Nährstoffe aus den anthropogenen Quellen zeigen in den Wintermonaten ebenfalls deutliche Verdünnungserscheinungen. Phosphat, Zink, Kupfer und Calcium erreichen hierbei minimale Konzentrationen. Bei partikelgebundenem Eisen und Kalium ist hingegen ein allgemeiner Konzentrationsanstieg zu beobachten, der einen Einfluß von Bodenmaterial auf die Schwebstoffeigenschaften anzeigt. Aufgrund der im Vergleich zu den Sommermonaten geringeren Evapotranspirationsverlusten nehmen zunehmend auch bachferne landwirtschaftliche Nutzflächen am Abflußgeschehen teil.

11.1.6 Diskussion

Die geringen Schwebstoffkonzentrationen während der winterlichen Trockenwetterperioden sind Folgen der vorangegangenen großen Hochwasserereignisse. Zu erwähnen ist in diesem Zusammenhang insbesondere das "Weihnachtshochwasser" im Dezember 1993. Das Auftreten extremer Abflußereignisse führt zu einer nahezu vollständigen Ausräumung von nährstoffreichem, remobilsierbarem Sediment aus dem Bachbett des kleinen Einzugsgebiets. Dieses steht somit in den folgenden Trockenwetterperioden bei sinkender Transportenergie nicht mehr als leicht mobilisierbare Schwebstoffquelle zur Verfügung. Die Bildung von Aufwuchs auf dem Sediment ist zudem weitgehend unterbunden.

Während der Hochwasserereignisse wird unbelastetes Bodenmaterial aus der Bachaue in das Bachbett eingetragen, was die erhöhten Eisen- und Kaliumkonzentrationen erklärt. Die Quellen dieses Material liegen größtenteils im Fließabschnitt zwischen den Ortschaften Franzenheim und Kernscheid, wo bei erhöhtem Abfluß eine starke laterale Uferbankerosion stattfindet (SEILER, 1996). Es erfolgt jedoch auch ein Eintrag von Oberbodenmaterial, denn durch laterale Fließprozesse an den Hängen in unmittelbarer Nähe zum Vorfluter sowie durch oberflächennahes Grundwasser bilden sich gesättigte Flächen, bei deren Abfluß Bodenpartikel mitgerissen werden. Hierbei spielt u.a. der "return flow" eine wichtige Rolle, worunter bereits infiltriertes Niederschlagswasser verstanden wird, das hangabwärts aus oberflächennahen Bodenschichten erneut austritt, falls dessen Transportkapazität erschöpft ist (BRONSTERT, 1994, 18f). Weitgehend unbelastetes Bodenmaterial führt zu einer Verdünnung der organischen Schwebstoffkomponente und damit auch der Schadstoffbelastung. Hinzu kommt eine Erschöpfung der Schadstoffquellen auf den versiegelten Flächen und dem landwirtschaftlichen Wegenetz aufgrund der langandauenden Niederschläge. Der große Konzentrationsunterschied zwischen den herbstlichen und winterlichen Proben bezüglich der anthropogenen Schadstoffe wird vermutlich durch den Bezug der Konzentrationsangaben auf das Gewicht (mg/g) verstärkt, da die Proben beider Perioden stark differierende Anteile organischer Substanz aufweisen.

Der Einfluß des Bodenmaterials ist auch für die erhöhten C/N-Verhältnisse während der Wintermonate verantwortlich. Der Mittelwert der winterlichen Proben beträgt 20.86 und liegt damit deutlich über den Werten des vorangegangenen Herbstes. Oberbodenmaterial weist mittlere C/N-Werte von etwa 20 auf (BURRUS *et al.*, 1990, S. 85). Vor allem die Art der beteiligten Huminstoffe hat hierbei Auswirkungen auf das C/N-Verhältnis. Bei Rohhumus variiert dieser Quotient in der Regel zwischen 30 und 40, bei Moder sind Werte < 20 charakteristisch. Das geringste C/N-Verhältnis weist Mull mit Werten zwischen 15 und 20 auf (SCHACHTSCHABEL *et al.*, 1989, S. 375). Auch der Eintrag von Makrophytendetritus, der bei den niedrigen Wassertemperaturen kaum mikrobiell ab- und umgebaut werden kann (GREISER, 1988, S. 125), bewirkt einen Anstieg des C/N-Verhältnisses. Eine wichtige Quelle hierfür stellen neben der Uferbeholzung auch die periodisch überschwemmten Grünflächen der Bachaue dar.

11.1.7 Die Frühjahrsmonate ′94

Die Abbildungen 27-29 zeigen die Schwebstoffeigenschaften des Olewiger Bachs für die zweite Hälfte der Meßperiode.

Im Frühjahr ′94 lassen die Schwebstoffe an den Beprobungszeitpunkten individuelle Eigenschaften erkennen, die auf häufige Niederschläge und nur relativ kurze Trockenwetterperioden zurückzuführen sind. In dem Zeitraum von Anfang März bis zum 11. April steigt der Abfluß des Olewiger Bachs auf 1215.5 l/s an. Am 3. Mai erreicht er dagegen nur noch 120.47 l/s und sinkt weiter bis auf 78 l/s am 12. Mai. Starke Niederschläge Mitte Mai lassen den Abfluß bis zur Probenahme am 26. Mai erneut auf 232.84 l/s ansteigen. Danach erfolgt langsam der Übergang zur sommerlichen Niedrigwasserperiode.

Im folgenden wird zunächst die Entwicklung der POM in der Periode nach den großen Frühjahrshochwässern betrachtet. Der Gehalt an organischem Kohlenstoff steigt in den Proben vom 20. April (3.3%) bis zum 7. Mai (8.6%) bei fallendem Wasserstand um mehr als den Faktor 2 an. Gleichzeitig sinkt das C/N-Verhältnis, das in der Probe vom 23. April noch 14.10 beträgt, bis zur Probenahme am 17. Mai auf einen Wert von 10.91. Die Zunahme der organischen Schwebstoffkomponente Ende April und Anfang Mai ist alleine durch selektive Sedimentationsprozesse vorwiegend größerer, mineralischer Schwebstoffpartikel nicht zu erklären. Der Chlorophyllverlauf, der vom 20. April bis zum 2. Mai einen extremen Anstieg von 35.63 µg/g auf 459.79 µg/g erkennen läßt, zeigt vielmehr den Einfluß einer Algenblüte an. Die mikroskopische Überprüfung von Einzelproben ergab, daß überwiegend Diatomeen der Gattung *Navicuala* von dieser Massenvermehrung betroffen sind. Das Wachstum der Diatomeen hängt von den Licht-, Trübe- und Temperaturverhältnisse im Bach ab. Daneben stellen die Verfügbarkeit von gelöstem Silicium, Phosphat und Nitrat für die Photosyntheseaktivität steuernde Wachstumsfaktoren dar (CLOOT & LE ROUX, 1997, S. 272). Lang andauernde Niederschläge ab dem 13. Mai beenden schließlich die Phytoplanktonblüte. In der Schwebstoffprobe vom 26. Mai erreicht der Chlorophyllgehalt der Schwebstoffprobe nur noch 54.91 µg/g.

Die Algenblüte wird durch steigende Protein- und Kohlehydratgehalte, sowie erhöhte Belastungen durch Metallionen und Phosphat begleitet. Am 7. Mai erreichen Nährstoffe und anthrogogene Schwermetalle zeitgleich mit dem organischen Kohlenstoff Konzentrationsspitzen (Phosphat: 5.3 mg/g; Calcium: 7.5 mg/g; Mangan: 2.1 mg/g; Kupfer: 44.0 µg/g; Zink: 270.8 µg/g und Blei: 68.3 µg/g). Der Konzentrationsanstieg von Eisen, Titan, Magnesium und Kalium läßt gleichzeitig einen pedogenen Einfluß erkennen.

11.1.8 Diskussion

Die Massenvermehrung der Diatomeen wird durch den sinkenden Abfluß, die steigende Tagestemperatur und eine zunehmende tägliche Sonnenscheindauer Ende April initiiert. Die Abbildung 30 zeigt, daß die Tagesmitteltemperaturen der Luft vom 2. April von 3.2 °C bis zum 30. April auf 18.0 °C ansteigen.

Nach Untersuchungen von BOTT (1975: zitiert nach GREISER, (1988, S. 125)) ist die Wachstumsrate von Mikroorganismen in Fließgewässern bei Wassertemperaturen zwischen 16.5 °C und 21 °C 8-16fach größer als zwischen 0 °C und 5 °C. GREISER (1988, S. 125) nennt einen Grenzwert von etwa 10°C, ab dem signifikante mikrobielle Umsetzungen im Fließgewässer auftreten. Bei dieser Temperatur

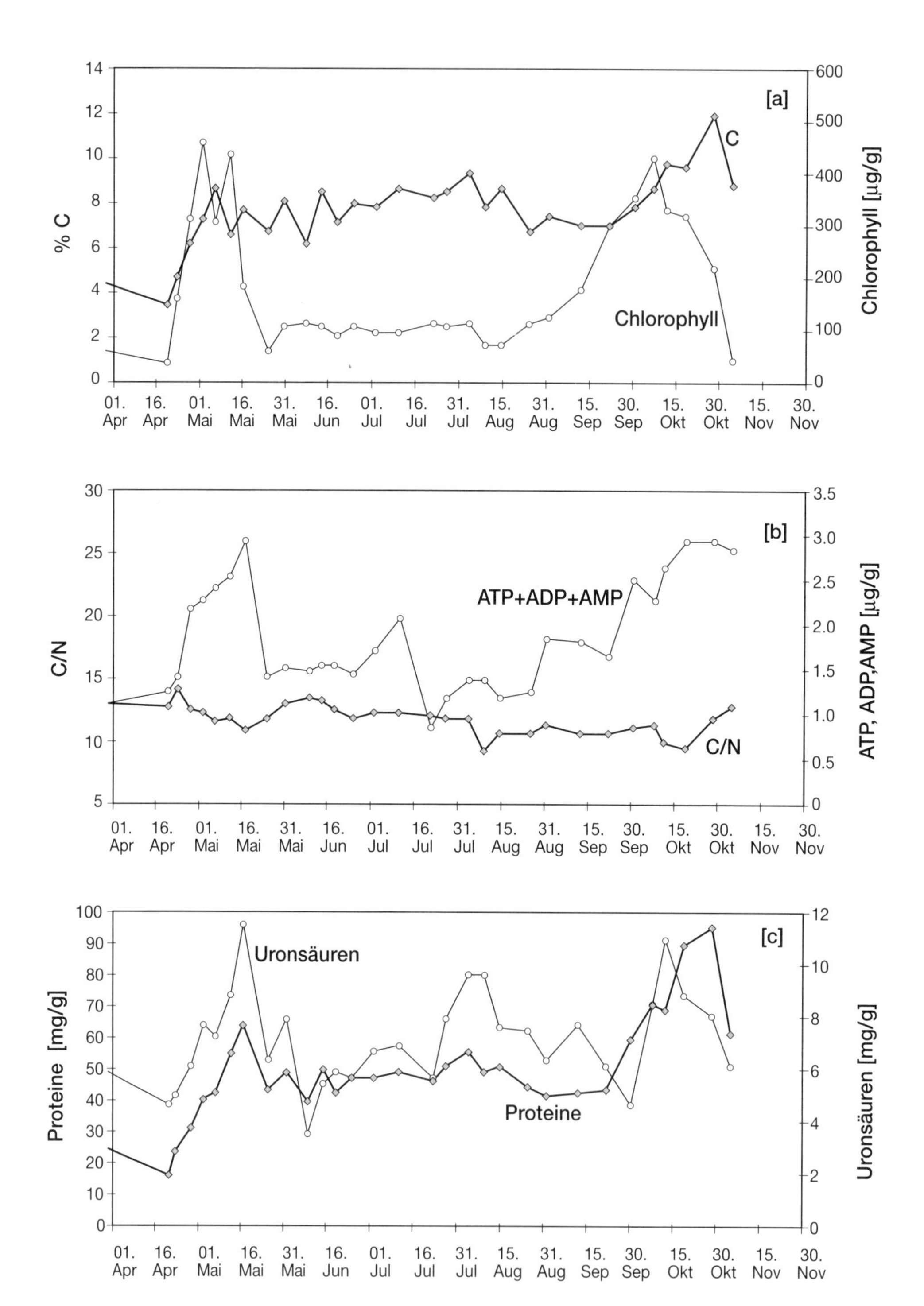

Abb. 27: Zeitlicher Verlauf von Schwebstoffeigenschaften am Olewiger Bach - Meßstelle "Kleingarten" vom April bis November ´94.

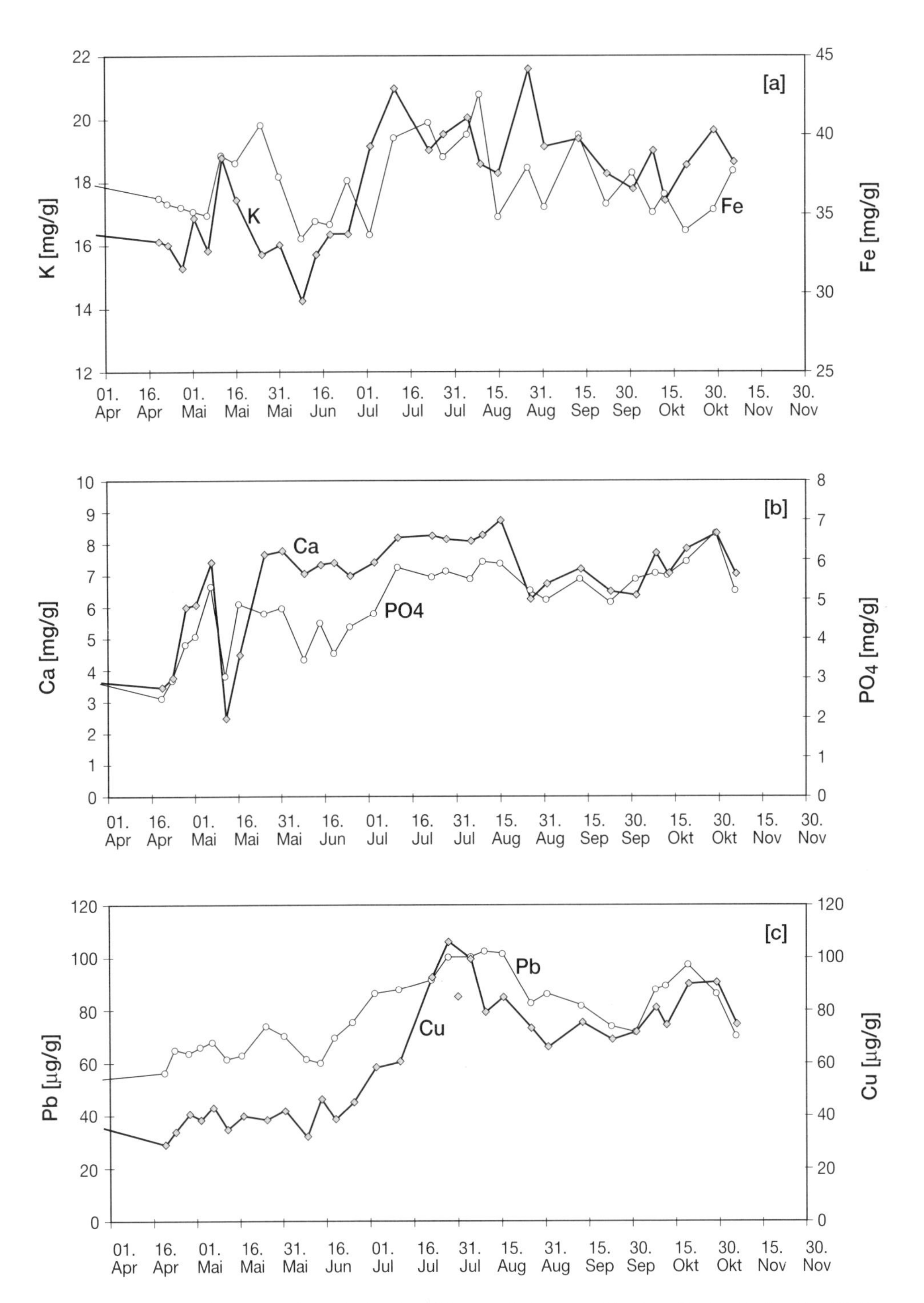

Abb. 28: Zeitlicher Verlauf von Schwebstoffeigenschaften am Olewiger Bach - Meßstelle "Kleingarten" vom April bis November ´94.

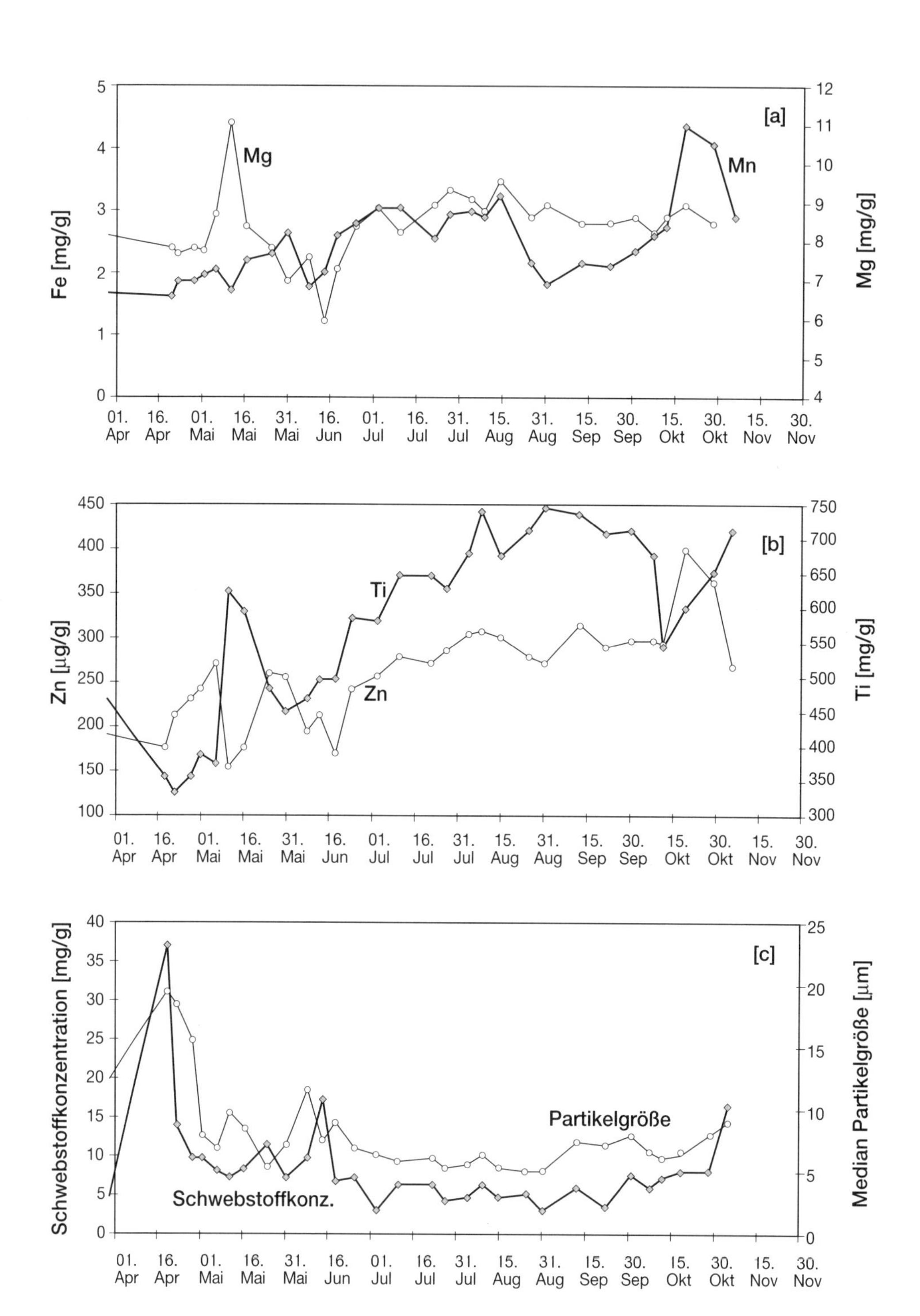

Abb. 29: Zeitlicher Verlauf von Schwebstoffeigenschaften am Olewiger Bach - Meßstelle "Kleingarten" vom April bis November ´94.

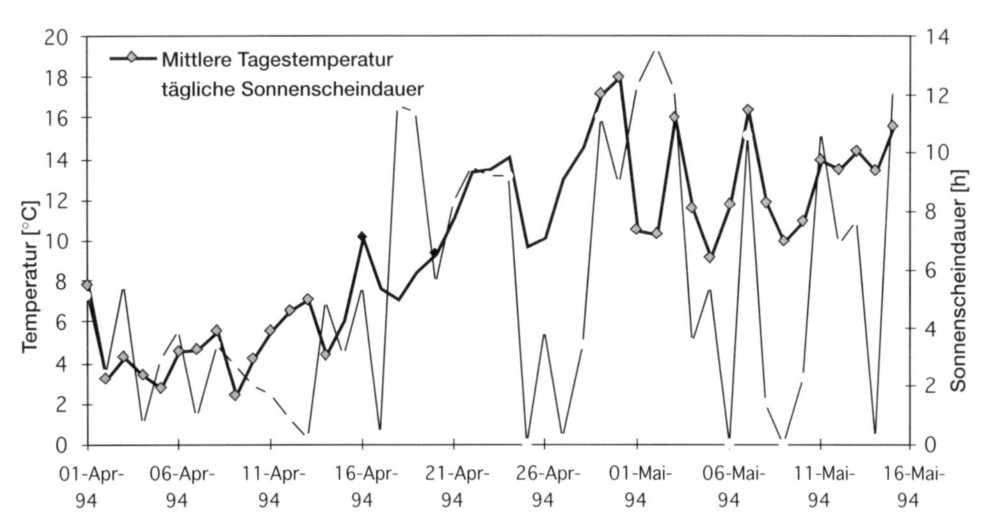

Abb. 30: Verlauf der Tagesmitteltemperatur der Luft und der Sonnenscheindauer im April/Mai 1994 (Meßstation Petriesberg).

setzt auch verstärkt die sauerstoffzehrende Nitrifikation ein (FAST, 1993, S. 5).

Phytoplankton setzt beim Höhepunkt der Algenblüte verstärkt expopolymere Substanzen frei (TEN BRINKE, 1996, S. 87; KIES *et al.*, 1996, S. 93), was sich in der Abb. 27c in erhöhten Uronsäurekonzentrationen zeigt. KIORBOE & HANSEN (1993, S. 1001) beobachten in diesem Zusammenhang bei einer Laborstudie, daß der EPS-Anteil während einer Algenblüte das 50fache Volumen gemessen an den einzelnen Algenzellen erreichen kann. Algenblüten werden in der Regel von einer bakteriellen Massenvermehrung begleitet, wobei zusätzlich EPS produziert wird. Bei einer Studie in der Nordsee konnte RIEBESELL (1991, S. 286) während der Wachstumsphase einer Algenpopulation die 3-4fache Zunahme der Bakterienzahl beobachten. Die Anwesenheit der EPS fördert die Adhäsionseigenschaften der Schwebstoffe und somit deren Zwischenlagerung im Bachbett.

In verschiedenen Studien konnte außerdem nachgewiesen werden, daß die Anwesenheit von Phytoplanktonbiomasse intracellulär und extracellulär zu einer Akkumulation von Schwermetallen führt (FISHER *et al.*, 1983; LEE & FISHER, 1992; WILTSHIRE *et al.*, 1996). Wie in der Herbstperiode ´93 ist daher auch während der Algenblüte von der adhäsiven Anlagerung belasteter Partikel an die EPS-reichen Schwebstoffe auszugehen. Der gemeinsame Anstieg der anthropogenen und pedogenen Meßgrößen zeigt, daß neben eingetragenem Bodenmaterial die Abspülungen von den versiegelten Flächen nach den Niederschlägen wieder verstärkt die Schwebstoffeigenschaften beeinflussen.

11.1.9 Die sommerliche Niedrigwasserperiode ´94

Die Periode von Juni bis August ´94 beschreibt, trotz häufiger Unterbrechungen durch kurze Hochwasserereignisse, die sommerliche Niedrigwasserperiode. Die Schwebstoffproben weisen erhöhte organische Anteile auf, während Partikelkonzentrationen und -größen rückläufig sind. Die Hochwasserereignisse bewirken kurzfristig Erhöhungen des mineralischen Schwebstoffanteils sowie eine Störung der mikrobiellen Biozönose.

Die Konzentrationen von partikelgebundenem Phosphat, Calcium, Zink, Kupfer, Mangan und Blei steigen während der sommerlichen Niedrigwasserperiode an. Mangan erreicht am 16. August (3.2 mg/

g) sein Maximum. Zink (306.0 µg), Blei (102.9 µg/g), Phosphat (6.0 mg/g) und Calicum (8.3 mg/g) weisen bereits in der Probe vom 10. August Konzentrationsspitzen auf. Diese Meßgrößen verlaufen weitgehend parallel zum Anteil der organischen Schwebstoffkomponente. Ähnlich wie im Frühjahr nehmen im Sommer auch die Konzentrationen von Eisen, Magnesium, Titan und Kalium zu, die einen pedogenen Einfluß anzeigen.

Die organische Schwebstoffkomponente zeigt auch qualitativ in den Sommermonaten systematische Veränderungen, denn das C/N-Verhältnis, das in der niederschlagsbeeinflußten Probe vom 9. Juni noch 13.43 erreicht, sinkt bei abnehmendem Abfluß bis zum 10. August auf 9.13.

11.1.10 Diskussion

Die im Olewiger Bach beobachtete Erhöhung der organischen Schwebstoffkomponente während des Sommers wird durch zahlreiche Studien aus anderen Fließgewässern bestätigt (WALLACE *et al.*, 1982; WEBSTER, 1983, BURRUS *et al.*, 1989; 1990; WEBSTER *et al.*, 1990). Anders als im Herbst zeigen neben den steigenden Uronsäure- und Adenylatgehalten auch die erhöhten Proteinkonzentrationen einen Zuwachs mikrobieller Biomasse an (GREISER, 1988, S. 129). Insbesondere der Aufwuchs an der Sedimentoberfläche findet während ungestörter Niedrigwasserperioden günstige Wachstumsbedingungen vor. Der Proteinanteil am Trockengewicht von Mikroorganismen beträgt im Mittel etwa 50%, und EPS besteht ebenfalls zu einem Anteil von 10-15% aus Proteinen (LAZAROVA & MANEM, 1995, S. 2233). Neben der positiven Entwicklung der mikrobiellen Biozönose sind selektive Sedimentationsprozesse eine weitere Ursache für die steigenden FPOM-Anteile im Verlauf des Sommes. Auffallend hierbei ist, daß trotz steigender Wassertemperaturen die hohen Adenylatkonzentrationen des vorangegangenen Herbstes nicht erreicht werden. GREISER (1988, S. 99) beobachtet in der Unterelbe während des Frühsommers eine auffallend hohe mikrobielle Aktivität. In der Elbe stellt der herbstliche Eintrag des Makrophytendetritus einen bedeutenden Nährstoffpool dar, der wegen der rückgängigen Temperaturen in den Herbst- und Wintermonaten nicht vollständig umgesetzt werden kann. Der Detritus wird im Flußbett zwischengelagert, und erst im Frühjahr und Frühsommer beginnt bei Wassertemperaturen von über 10 °C dessen rascher Um- und Abbau, was ein mikrobielles Massenwachstum einleitet. Die Situation stellt sich im viel kleineren Olewiger Bach anders dar, weil der nährstoffreiche Detritus aus dem vorangegangenen Herbst als Folge der langandauernden Winter- und Frühjahrshochwässer nahezu vollständig aus dem Einzugsgebiet ausgetragen wurde (vgl. Kapitel 11.1.6) und somit der Biozönose im Frühsommer als Kohlenstoffquelle fehlt.

Der partikelgebundene Transport aller Nährstoffe und Schwermetalle wird im Sommer durch ein sinkendes C/N-Verhältnis, dessen Ursache in Kapitel 9.3 erörtert wurde, durch sinkende Partikelgrößen sowie einer verstärkten Biofilmproduktion beeinflußt. Diese Faktoren bedingen eine Erhöhung der Kationenaustauschkapazität. Die primäre Schadstoffquelle stellt auch in dieser Periode belastetes Feinmaterial von den versiegelten Flächen dar. Der beobachtete Anstieg der bodenbürtigen Meßgrößen ist aufgrund des zunehmenden Sättigungsdefizits des Bodens weniger die Folge eines Partikeleintrags durch den Bodenwasserstrom, sondern das Produkt lateraler Uferbankerosion bei den Hochwasserereignissen. Die häufig konvektiven Niederschläge kurzer Dauer aber hoher Intensität führen zu verstärktem Oberflächenabfluß, da die Infiltrationsrate der Böden oftmals überschritten ist.

11.1.11 Spätsommer und Herbst ´94

Im Spätsommer und Herbst ´94 führen häufige Niederschläge erneut zu einem Anstieg des Basisabflusses zwischen den Hochwasserereignissen. Im August weisen die meisten partikelgebundenen Metalle deutliche Verdünnungserscheinungen auf, während die Schwebstoffkonzentrationen und die Partikelgrößen ansteigen. Die Meßgrößen Eisen, Titan, Magnesium und Kalium zeigen in den Trockenwetterperioden dieses Zeitraums ein anderes Verhalten als die übrigen Meßgrößen. So ist beispielsweise am

10. August der Abfluß mit 39 l/s aufgrund einer Vorregensumme von 6.1 mm gegenüber der vorangegangenen Probenahme vom 5. August (24 l/s) erhöht. Der organische Kohlenstoff sinkt hierbei von 9.4% auf 7.8%, was einen entsprechenden Konzentrationsrückgang bei Proteinen (55.6 mg/g -> 49.5 mg/g), Kohlehydraten (43.7 mg/g -> 36.0 mg/g), sowie den anthropogenen Metallen erklärt. Andererseits erreichen Eisen (42.5 mg/g) und Titan (740.6 mg/g) in der Probe vom 10. August Konzentrationsspitzen. Bei Kalium und Magnesium ist dies erst am 26. August der Fall (21.6 mg/g, bzw. 9.5 mg/g), zu einem Zeitpunkt, an dem der Abfluß mit 39 l/s erhöht (3-Tages-Vorregensumme: 4.82 mm) und der Anteil von organischem Kohlenstoff (6.66%) rückläufig ist. In den sich anschließenden Wochen ist bei steigendem Abfluß der Anteil der organischen Schwebstoffkomponente weiter rückläufig, bis im Verlaufe des Oktobers die POM trotz steigenden Basisabflusses wieder deutlich wachsende Anteile aufweist. Während in der Schwebstoffprobe vom 23. September der organische Kohlenstoff nur 6.97% erreicht, steigt dieser Anteil bis zum 30. Oktober auf 11.90%. Die Konzentrationen von Uronsäuren, ATP und Gesamtadenylat steigen wie in den Herbstmonaten des Vorjahres parallel dazu an. Das Chlorophyllmaximum am 9. Oktober (425.26 µg/g) sowie ein steigendes C/N-Verhältnis weisen erneut den einsetzenden Laubfall als wichtigste POM-Quelle aus. Die Erhöhung der organischen Komponenten bewirkt bis zum 30. Oktober eine Verdünnung der partikelgebundenen Schwermetalle Titan und Eisen. Gleichzeitig steigen die Konzentrationen der übrigen Metalle sowie von Phosphat wieder deutlich an.

11.1.12 Diskussion

Die steigenden Konzentrationen von Eisen, Titan, Kalium und Magnesium in den spätsommerlichen Schwebstoffproben sind eine Folge veränderter Abflußbedingungen. Bei höherem Basisabfluß werden verstärkt anorganische Boden- und Sedimentpartikel transportiert, was die Verdünnung der organischen Schwebstoffkomponente erklärt. Bei sinkendem Sättigungsdefizit des Bodenwasserspeichers bestimmt diffus eingetragenes Bodenmaterial aus der Bachaue zunehmend die Schwebstoffeigenschaften.

Die Entwicklung im Oktober verläuft weitgehend parallel zur Situation des Vorjahrs. Trotz sinkender Temperaturen führt der einsetzende Blattfall zum Anstieg der mikrobiellen Aktivität, der Erhöhung der organischen Schwebstoffkomponente und des Biofilmanteils und somit zu steigenden Schadstoffbelastungen. Das bis zum Ende der Meßperiode zunehmende C/N-Verhältnis läßt bei abnehmenden Temperaturen einen geringen Abbaugrad der organischen Komponente sowie einen zunehmenden Einfluß von Oberbodenmaterial erkennen.

11.2 VERGLEICH DES PARTIKELGEBUNDENEN STOFFTRANSPORTES ZWISCHEN DEN EINZUGSGEBIETEN

Im folgenden wird der partikelgebundene Stofftransport bei Trockenwetter im Olewiger Bach und der Ruwer gegenübergestellt. Die Abbildungen 31-33 enthalten zusammenfassende Darstellungen der Schwebstoffeigenschaften der Meßstationen "Kleingarten" (Olewiger Bach), "Irsch/Franzenheim" (Olewiger Bach) und "Kasel" (Ruwer). Die Abbildungen 34 und zeigen die Chemographen der über den organischen Kohlenstoff normierten Schwermetalle Kupfer und Zink bzw. die der gleichermaßen normierten Proteine und Kohlehydrate.

11.2.1 Herbstperiode 1993

Die Abbildungen 31-33 lassen von Anfang Oktober ´93 an bei den Schwebstoffeigenschaften aller Meßstellen einen deutlichen anthropogener Einfluß erkennen. Gleichzeitig nehmen die organischen Schwebstoffanteile, deren C/N-Verhältnis und die Chlorophyllgehalte zu. Dies zeigt, daß der partikelgebundene Stofftransport in Olewiger Bach und Ruwer durch ähnliche Prozesse gesteuert werden. In

Kapitel 11.1.4 wurde beschrieben, daß bei den Hochwasserereignissen der Herbstperiode belastetes Feinmaterial in den Vorfluter eingetragen wird und dort der Retention unterliegt. Dabei vermischen sich unbelastete Partikel aus dem Auenbereich mit belasteten Partikeln aus anthropogenen Quellen. Trotz des Anstiegs der absoluten Schadstoffkonzentrationen nimmt die Belastung der POM an allen Meßstationen ab (vgl. Abb. 34). Ausnahmen hiervon sind lediglich die niederschlagsbeeinflußten Proben vom 27. September ´93 (Meßstelle "Kleingarten"), vom 27. Oktober ´93 ("Franzenheim") sowie vom 12. Oktober ´93 (Ruwer). Sie belegen, daß bei Regenfällen hoch belastetes organisches Material in die Fließgewässer eingetragen wird. Im oberen Einzugsgebiet des Olewiger Bachs, hier repräsentiert durch die kombinierte Meßstelle "Franzenheim/Irsch", ist mit einem verstärkten Schadstoffeintrag insbesondere aus der Ortschaft Franzenheim und im Zufluß der Kläranlage Pellingen zu rechnen. Bei der Ruwer (Meßstelle "Kasel") ist von einem Einfluß der zahlreichen Ortschaften im Ruwertal und insbesondere von der stark frequentierten Landesstraße 149 zwischen Kasel und Waldrach, die unmittelbar entlang des Flusses entlangführt, auszugehen.

Im Olewiger Bach ist der Anstieg der organischen Schwebstoffkomponente und der Chlorophyll-konzentration an der Meßstelle "Kleingarten" im Vergleich zur Meßstelle "Franzenheim" wesentlich höher. Ursache hierfür ist eine spärliche Uferbeholzung im Bereich der Meßstelle "Franzenheim". Der geringere Eintrag von Blattmaterial im Herbst verhindert dort den markanten Anstieg der mikrobiellen Aktivität, der an den übrigen Meßstellen charakteristisch ist. Im Vergleich zur Meßstelle "Kleingarten" sind außerdem die Konzentrationen von Eisen, Magnesium, Kalium und Titan erhöht, eine Folge des Einflusses des dort steil anstehenden, unbefestigten Uferbankmaterials (vgl. Kapitel 8.1). Der Partikel-eintrag durch die laterale Uferbankerosion bei Hochwasserereignissen erklärt, warum der Konzentrations-anstieg der Meßgrößen Zn, Pb, Cu, Ca und PO_4 nicht so deutlich wie an den übrigen Meßstellen ist.

An der Meßstelle "Kleingarten" ist in Abbildung 34 die bereits beschriebene temporäre Verunreini-gung des Baches durch häusliche Abwässer an der hohen Schwermetallbelastung der POM im November ´93 deutlich erkennbar. Der hohe Kohlehydratanteil (Abbildung 35) läßt einen großen Biofilmanteil in dieser organikreichen Abwasserkomponente erkennen.

11.2.2 Winterperiode 1993/94

An der Meßstation "Kleingarten" wurde während der Winterperiode 1993/94 eine starke Verdünnung der organischen Schwebstoffkomponente sowie aller Schwermetalle und Nährstoffe, mit Ausnahme von Eisen, Titan, Magnesium und Kalium, festgestellt. Als wesentliche Ursachen hierfür wurden die Ausräumung der nährstoffreichen oberen Sedimentschichten aufgrund lang andauernder Hochwasser-ereignisse, eine Erschöpfung der Schadstoffquellen sowie der Eintrag von unbelastetem Bodenmaterial aus dem Auenbereich genannt (vgl. Kapitel 11.1.6). Die Belastungsmuster der übrigen Meßstationen lassen auf weitgehend identische Prozesse in beiden Einzugsgebieten schließen. Der Einfluß der Auenböden ist besonders in den Schwebstoffeigenschaften der Ruwer sichtbar, die im Winter einen markanten Anstieg der Eisen-, Kalium- und Magnesiumkonzentrationen zeigen.

11.2.3 Frühjahrsperiode 1994

Auch in der Frühjahrsperiode weist der Schwebstofftransport in den beiden Einzugsgebieten Parallelen auf. Die in Kapitel 11.1.4 beschriebenen Diatomeenblüte, im Zeitraum zwischen dem 20. April und der zweiten Maiwoche, ist an allen Meßstellen an steigenden Chlorophyllkonzentrationen erkennbar. Der hohe Kohlehydratanteil in diesem Zeitraum (Abbildung 35) deutet auf eine verstärkte EPS-Produktion hin. Besonders deutlich ist die Algenblüte in der Ruwer ausgeprägt.

Die im März ´94 erfolgte Verlagerung der Probenahmestelle im Olewiger Bach von Franzenheim nach Irsch ist in der Abbildung 32 deutlich zu erkennen: Nicht nur die Anteile der POM am Schwebstoff, sondern auch die mikrobielle Aktivität und der Chlorophyllgehalt steigen nach dem Wechsel deutlich an. Ursache hierfür ist eine Zunahme der Böschungsvegetation im Einflußbereich der Meßstelle Irsch. Außerdem sind dort die Wachstumsbedingungen für mikrobiellen Aufwuchs an der Sedimentoberfläche günstiger. Im Bereich der Meßstelle "Franzenheim" erfolgt aufgrund der erhöhten Scherkräfte entlang der Sediment/Wasser-Grenzfläche wegen des dort vorhandenen Gefälles auch bei Trockenwetter eine starke Mobilisierung von Feinmaterial, was die Bildung von Aufwuchs behindert (vgl. Kapitel 9). Schließlich fehlt im Bereich der Meßstelle "Irsch" eine steile Uferböschung, so daß der Partikeleintrag durch die laterale Uferbankerosion bei Hochwasserereignissen geringer ist als auf dem oberhalb gelegenen Fließabschnitt.

An der Meßstelle "Kleingarten", im Unterlauf des Olewiger Bachs, wurden als Folge der großen Frühjahrshochwässern im März und April steigende Konzentrationen nahezu aller Meßgrößen beobachtet. Dies trifft auch für die übrigen Meßstationen zu. Die Abbildung 34 zeigt, daß ähnlich wie in der Herbstperiode die Belastung der organischen Schwebstoffkomponente mit Schwermetallen aufgrund des hohen Zuwachses an authochthoner Biomasse während der Algenblüte rückläufig ist.

11.2.4 Sommerperiode 1994

Im Verlauf der sommerlichen Niedrigwasserperiode ´94 ist an allen Meßstellen nicht nur ein Anstieg der partikelgebundenen Stoffkonzentrationen, sondern anders als im Herbst und im Frühjahr auch eine zunehmende Belastung der organischen Substanz erkennbar. In Kapitel 9.3 wurde begründet, warum das

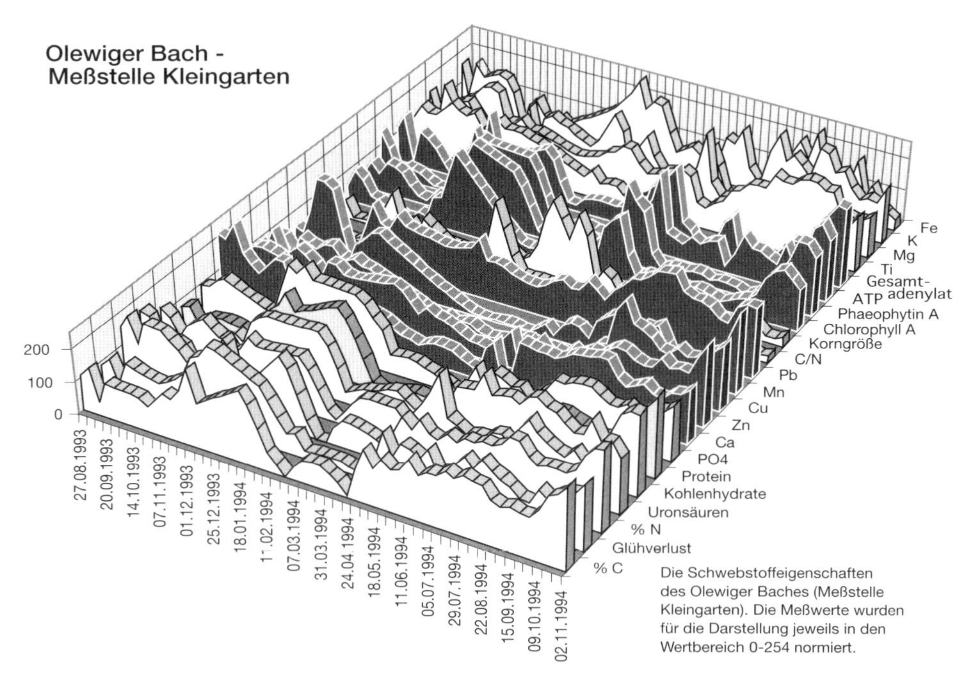

Abb. 31: Der zeitliche Verlauf der Schwebstoffeigenschaften im Olewiger Bach (Meßstelle "Kleingarten")

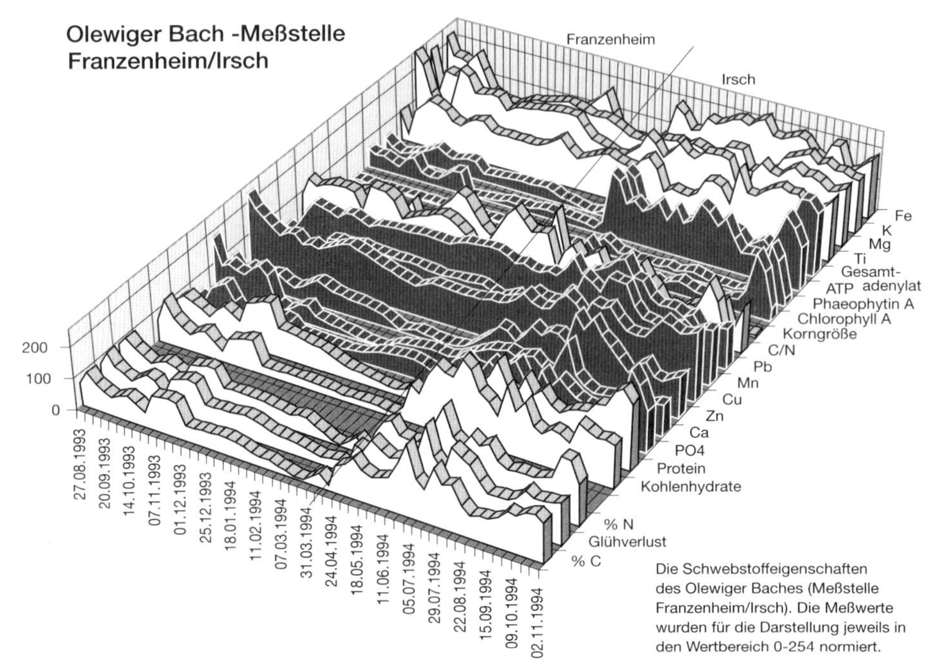

Abb. 32: Der zeitliche Verlauf der Schwebstoffeigenschaften im Olewiger Bach (Meßstelle "Franzenheim/Irsch")

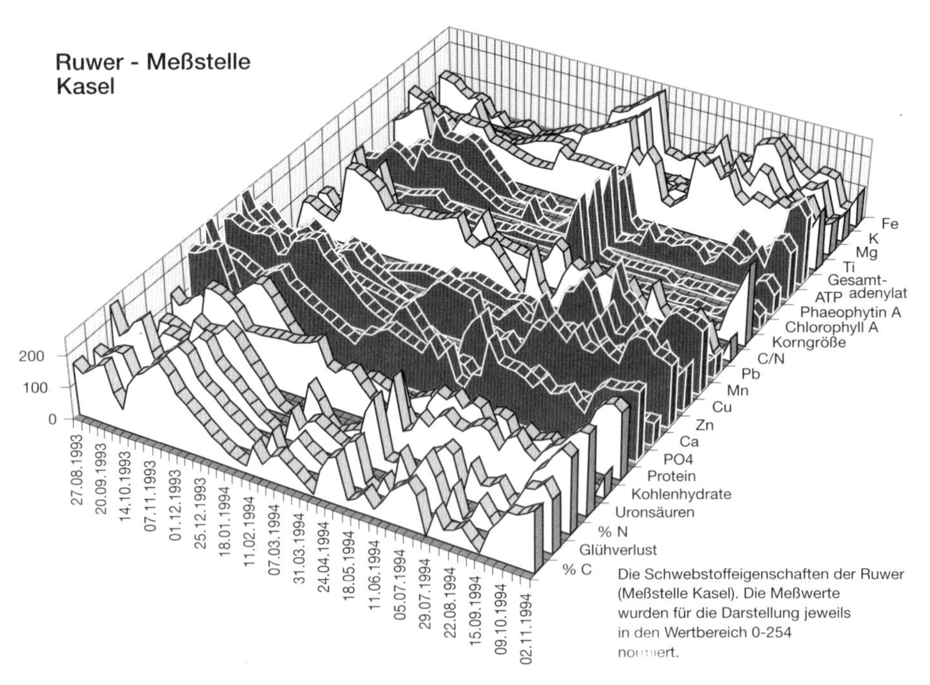

Abb. 33: Der zeitliche Verlauf der Schwebstoffeigenschaften in der Ruwer (Meßstelle "Kasel")

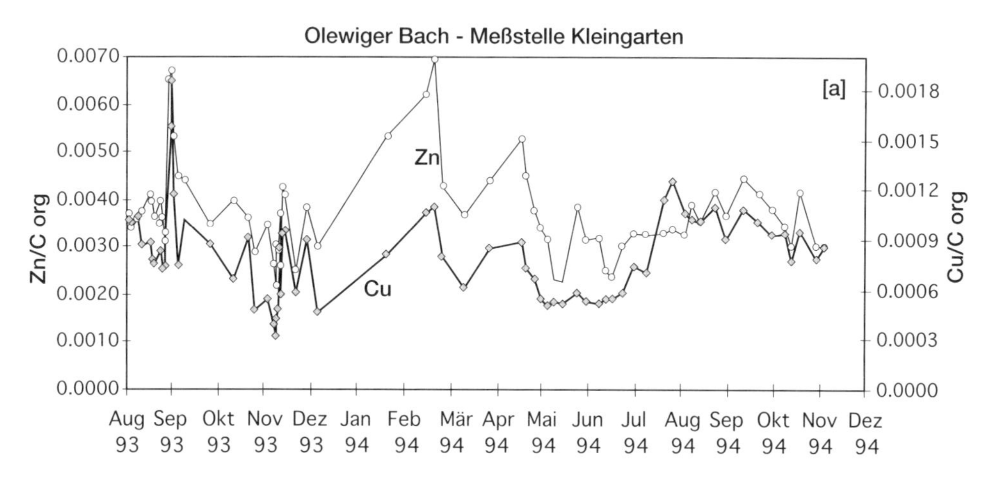

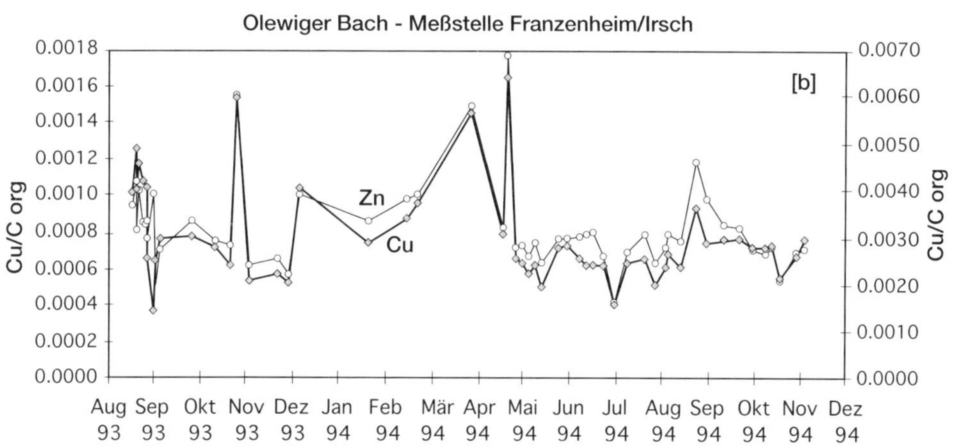

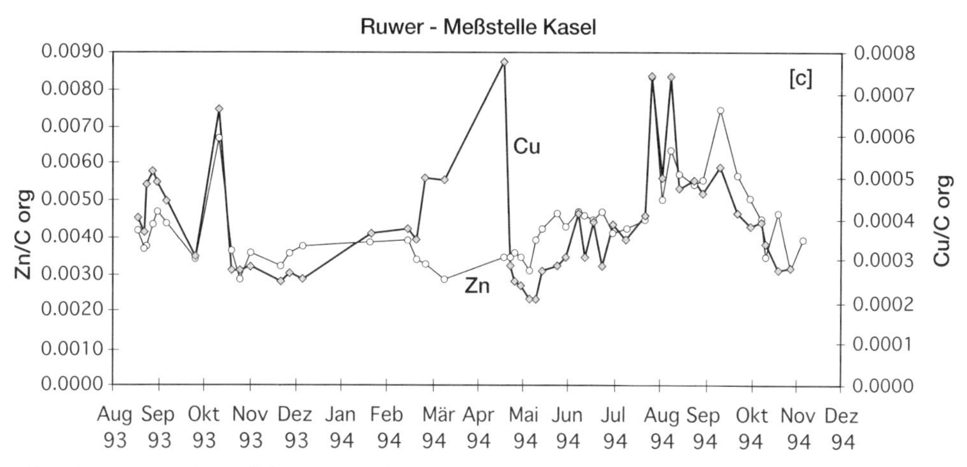

Abb. 34: Normierte Zink- und Kupferkonzentrationen (bezogen auf den organischen Kohlenstoff) an Olewiger Bach und Ruwer

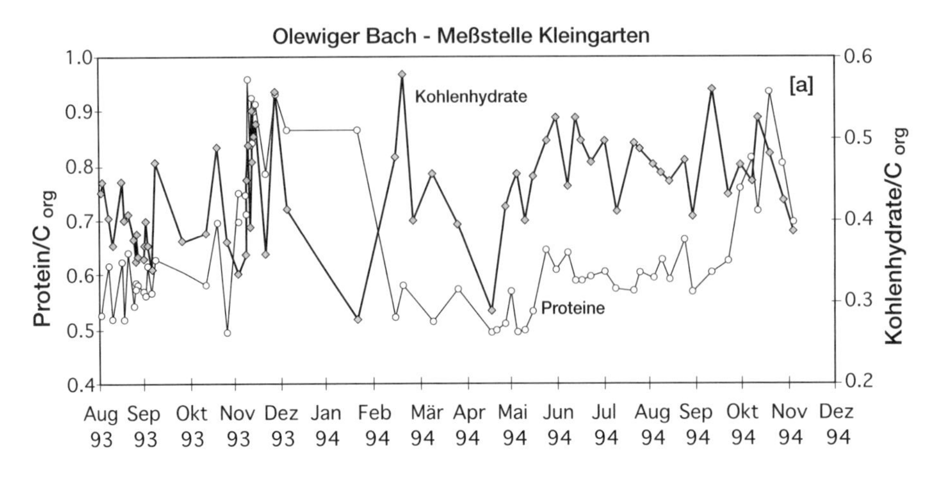

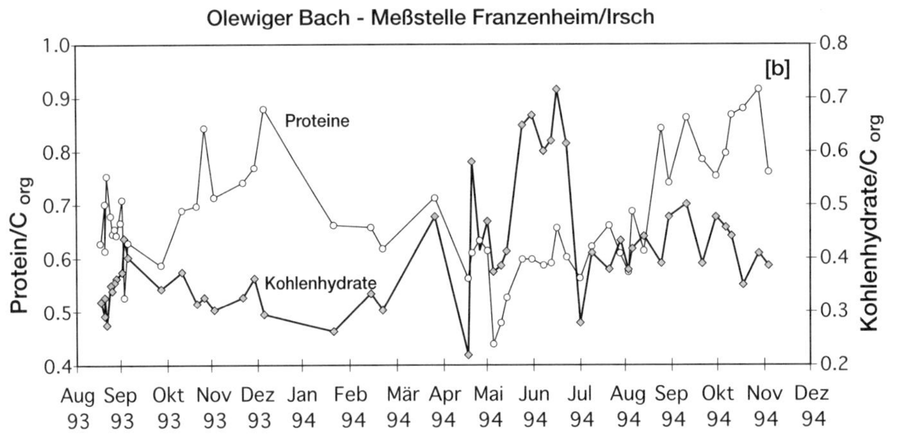

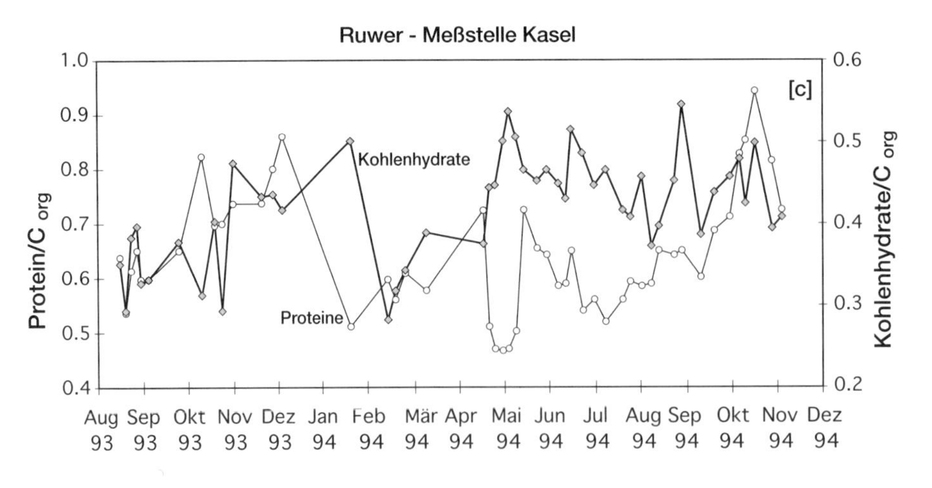

Abb. 35: Normierte Protein- und Kohlenhydratkonzentrationen (bezogen auf den organischen Kohlenstoff) an Olewiger Bach und Ruwer.

C/N-Verhältnis bei Schwebstoffen und Sedimenten des Olewiger Bachs im Sommer ein zeitlich entgegengesetztes Verhalten aufweist. Die Abnahme dieses Quotienten ist nicht nur an der Meßstelle "Kleingarten" sondern auch in den Schwebstoffproben aus "Irsch" und "Kasel" zu beobachten.

Während der sommerlichen Niedrigwasserperiode steigt nicht nur die Schadstoffbelastung der Schwebstoffe sondern auch die des Sediments (SYMADER *et al.*, 1997, S. 40). Ursache hierfür sind neben dem Eintrag von belastetem allochthonem Material während der Hochwasserereignisse auch günstige Wachstumsbedingungen für Biofilme an der Sedimentoberfläche, die während länger andauernden Trockenwetterperioden gelöste und partikelgebundene Schadstoffe anreichern. Beim Abriß dieses Aufwuchses werden Teile dieser belasteten Biofilme als Schwebstoff transportiert. Mikrobielle Biomasse weist etwa die zehnfache Sorptionskapazität für Schadstoffe im Vergleich zu Sedimentpartikeln mit Coatings aus Huminstoffen auf (STEINBERG & KETTRUP, 1992, S. 231).

In der Ruwer führen am 19. Juli und 8. August kurze Hochwasserereignisse mit Abflußspitzen von 1290 l/s bzw. 800 l/s zu einem Eintrag von belastetem Material. In den Schwebstoffproben vom 28. Juli bzw. 13. August ist die organische Substanz immer noch auffallend mit Kupfer und Zink belastet (vgl. Abbildung 34). Bei hohen Niederschlagsmengen ist im Einzugsgebiet der Ruwer neben einem Eintrag von belasteten Straßenstäuben auch mit der Aktivierung diffuser Schadstoffquellen, z.B. Altablagerungen, entlang des Flußbettes zu rechnen. Eine Anzahl registrierter Altablagerungsstätten befinden sich hierbei, unmittelbar an der Ruwer gelegen, auf dem ehemaligen Romikagelände in Gusterath-Tal und in Greimerath (KREIN, 1996, S. 52).

11.3 ZUSAMMENFASSUNG

Der Vergleich des partikelgebundenen Stofftransportes in den Einzugsgebieten des Olewiger Bachs und der Ruwer zeigt, daß trotz unterschiedlicher Einzugsgebietsgrößen bei Trockenwetter weitgehend identische Prozesse wirksam sind. Generell findet ein kleinräumiger Austausch zwischen dem Sediment und der Schwebstofffraktion durch selektive Sedimentations- und Mobilisierungsprozesse statt. Beides führt zur Anreicherung von organikreichem Feinmaterial im Schwebstoff. Modifiziert werden diese Prozesse durch den herbstlichen Eintrag von Fallaub, der zu steigenden mikrobiellen Aktivitäten und einem hohen Anteil C_{org} führt, durch den Einfluß von unbelastetem und weitgehend anorganischem Bodenmaterial während der Wintermonate sowie durch die Algenblüten im Frühjahr.

Die Retention von belastetem Feststoffmaterial ist der wichtigste Prozeß, der den partikelgebundenen Schadstofftransport in den Trockenwetterperioden steuert. Die Aktivierung der Schadstoffquellen während der vorangegangenen Hochwasserereignisse ist abhängig von den hydrologischen Randbedingungen, insbesondere von der Niederschlagsstruktur und -verteilung. Konvektive Niederschläge führen im Sommer bei einem hohen Sättigungsdefizit des Bodenwasserspeichers zu kurzen Hochwasserspitzen mit einem hohen Anteil von Oberflächenabfluß von den versiegelten Flächen und dem landwirtschaftlichen Wegenetz. Belastete Partikel aus diesen Quellen vermischen sich mit unbelastetem Feststoffmaterial, das bei der lateralen Erosion der Uferbank freigesetzt wird. Ein erhöhter Anteil an Oberflächenwasser ergibt sich bei einem Überschreiten der Infiltrationsrate der oberen Bodenschichten bei Regenfällen kurzer Dauer und hoher Intensität.

Langandauernde advektive Niederschläge geringerer Intensität führen vor allem im Winter bei einer Abnahme des Sättigungsdefizits des Bodens zusätzlich zum Eintrag von unbelastetem Bodenpartikeln aus dem Auenbereich mit dem Bodenwasserstrom. Der hohe Anteil pedogener Schwebstoffkomponenten führt in dieser Periode zu einer allgemeinen Verdünnung der anthropogen freigesetzten Schadstoffe.

Ohne die Beteiligung von Biofilmen ist die Schadstoffbelastung der Schwebstoffe nicht zu verstehen. Sie verkitten belastetes Feinmaterial mit gering belasteten Partikeln aus dem Auenbereich, weisen ein hohes Sorptionsvermögen für gelöste Ionen auf und tragen damit wesentlich zur Retention der Schadstoffe in den Fließgewässern bei. Diese Substanzen werden während der Herbstperioden und bei Algenblüten in größerem Ausmaß gebildet.

12 DIE AUSWERTUNG DER PAK-MUSTER VON SCHWEBSTOFFEN IN TROCKENWETTERPERIODEN

Im folgenden wird der Versuch unternommen, durch eine Analyse von PAK-Mustern der Schwebstoffe Hinweise über die primären Schadstoffquellen zu erhalten. Die Belastung der Umwelt mit PAK wird insbesondere im Zusammenhang mit der Persistenz und Akkumulation dieser Stoffe aus ökotoxikologischer Sicht diskutiert. Aufgrund ihrer physikochemischen Eigenschaften werden polycyclische aromatische Kohlenwasserstoffe vorwiegend bereits partikelgebunden ins Fließgewässer eingetragen. So geben BOMBOI & HERNÁNDEZ (1991, S. 562) und KERN *et al.* (1992, S. 570) an, daß 85%-97% aller im Straßenabfluß vorgefundenen Polycyclen partikulär vorliegen. Wegen ihrer Reaktionsträgheit und geringen Wasserlöslichkeit werden sie daher häufig als Markersubstanzen für eine Identifizierung der Schadstoffquellen verwendet (WakehaM *et al.*, 1980; DAISEY *et al.*, 1896; LATIMER *et al.*, 1990; TAKADA *et al.*, 1990; BOMBOI & HERNANDEZ, 1991; ROGGE *et al.*, 1993).

Autoabgase (WAKEHAM *et al.*, 1980, S. 412; TAKADA *et al.*, 1990, S. 1183), Altöl (TAKADA *et al.*, 1991, S. 66) und Reifenabrieb (WAKEHAM *et al.*, 1980, S. 412; ROGGE *et al.*, 1993, S. 1898) enthalten hohe Anteile an 3- und 4-Ring-Polycyclen (Pyren, Fluoranthen und Phenanthren). Aus stationären Verbrennungseinrichtungen, wie etwa häuslichen Heizungsanlagen, werden hingegen höhere Anteile an 5- und 6-Ring-PAK freigesetzt (TAKADA *et al.*, 1991, S. 58).

12.1 DER VERGLEICH DER PAK-MUSTER DER UNTERSUCHTEN SCHWEBSTOFFE MIT LITERATURDATEN

Die Tabelle 13 enthält eine Zusammenstellung unterschiedlicher PAK-Koeffizienten, die in der Literatur zur Quellenzuordnung von PAK angegeben werden. Die Tabelle 14 weist den beprobten Schwebstoffen der hier untersuchten Einzugsgebiete jeweils eine dieser Quellen zu, wobei nur die Kategorien "Kfz-Verkehr" (Altöle, Benzin-, Dieselrückstände) und "stationäre Verbrennungsanlagen" (Koks-, Kohle-, Ölfeuerung) berücksichtigt werden. Zusätzlich zum Olewiger Bach und der Ruwer wird hierbei auch eine unregelmäßig beprobte Meßstelle des nördlich der Stadt Trier gelegenen Kartelsbornsbachs (Größe: 2.7 km^2) berücksichtigt. Einzelne Quotienten werden wegen der im vorangegangenen Kapitel dargelegten Schwierigkeiten nicht interpretiert. Es interessiert vielmehr, ob sich eine Tendenz bei der Zuordnung zu einer dieser Kategorien abzeichnet.

Die Tabelle 14 zeigt, daß die in den Schwebstoffproben vorgefundenen Polycyclen ihren Ursprung überwiegend in stationären Verbrennungsanlagen zu haben scheinen. In deutlich geringerem Maße tritt ein Kfz-Einfluß hervor, der im Olewiger Bach von der Meßstelle "Franzenheim/Irsch" zur Station "Kleingarten" im städtisch geprägten Teileinzugsgebiet erwartungsgemäß zunimmt. Am Kartelbornsbach ist der deutlichste Einfluß Kfz-bürtiger Polycyclen erkennbar, während die Schwebstoffe der Ruwer den geringsten Einfluß aus dieser Quelle erkennen lassen. Dieses Ergebnis steht in direktem Widerspruch zu der in den vorausgegangenen Kapiteln geführten Diskussion, wonach Straßenstäube und somit Kfz-Emissionen eine dominante Schadstoffkomponente für Schwebstoffe darstellen. Die Dominanz der Fünfring- und Sechsring-PAK, die sich in den betrachteten PAK-Koeffizienten teilweise zeigen, kann anteilsmäßig nicht die PAK-Muster der primären Emissionen adäquat widerspiegeln. Die PAK-Emissionen einzelner Schadstoffquellen sind nicht konstant. So stellt CRETNEY (1985, S. 398) bei Referenzmessungen von Benzo(a)pyren an Kaminen von Kohle-, Holz- und Koksfeuerungsanlagen beträchtliche Konzentrationsschwankungen fest. In Abhängigkeit von Jahreszeit, Wetterlage und Exposition des Standortes ist zudem mit Umlagerungs- und Abbauprozessen in der Atmosphäre und im Fließgewässer zu rechnen, so daß durch eine Analyse der Schwebstoffe und Sedimente allenfalls ein summarisches und teilweise verzerrtes Bild der Einzelemittenten erhalten werden kann (WAKEHAM *et al.*, 1979, S. 410). Zur Identifizierung der Schadstoffquellen mit Hilfe von PAK-Mustern ist daher ein

Bomboi & Hernández (1991, S. 562)	Phenantren/Anthracen Fluoranthen/Pyren Benzo(a)pyren/Benzo(e)pyren Benzo(a)pyren/Pyren und Benzo(a)pyren/Benzo(ghi)perylen	zwischen 1 und 8: Ölrückstände > 9: Aerosol, Benzin- und Holzverbrennung ~1: Altöl <1: Altöl > 1: Bedeutung von Aerosolen nimmt ab
Li & Kamens (1989, S. 526)	Benzo(ghi)perylen/Indeno(cd)pyren Chrysen/Benzo(e)pyren Benzo(a)anthracen/Benzo(a)pyren Benzo(ghi)perylen/Indeno(cd)pyren Chrysen/Benzo(e)pyren Benzo(a)anthracen/Benzo(a)pyren Benzo(ghi)perylen/Indeno(cd)pyren Chrysen/Benzo(e)pyren Benzo(a)anthracen/Benzo(a)pyren (* gebildete Mittelwerte aus den Daten der Autoren)	3.70*: Benzinrückstände 1.97*: Benzinrückstände 1.63*: Benzinrückstände 1.13*: Dieselrückstände 1.60*: Dieselrückstände 1.20*: Dieselrückstände 0.93*: Holzverbrennung 2.33*: Holzverbrennung 1.23*: Holzverbrennung
Prahl & Carpenter (1983, S. 1015)	ΣSCOMP =Fluoranthene, Pyren, Benzo(a)anthracen, Chrysen, Benzofluoranthen, Benzo(e)pyren, Benzo(a)pyren, Indeno(c,d)pyren, und BghiP	entstehen alle bei Verbrennungsprozesse fossiler Brennstoffe, sind aber auch in Ölrückständen enthalten
Aceves (1993, S. 2901)	Fluoranthen/(Fluoranthen+Pyren): Indeno(1,2,3-cd)pyren/ Indeno(1,2,3-cd)pyren+BghiP): Benzo(e)pyren/ (Benzo(e)pyren/Benzo(a)pyren)	0.4 -0.45: Benzinrückstände 0.43 - 0.44: Dieselrückstände 0.45 - 0.3: Benzin- und Dieselrückstände
Fleischmann & Wilke (1991, S. 101) Herrmann *et al.* (1992, S. 124)	Benzo(a)pyren	typisch für Hausbrand
Herrmann *et al.* (1992, S. 124) Grimmer (1980, zitiert nach: Fleischmann & Wilke, 1991, S. 101) Lahmann (1980: zitiert nach: Fleischmann & Wilke, 1991, S. 101)	Fluoranten und Benzo(ghi)perylen Indeno(cd)-pyren/Benzo(ghi)perylen	typisch für Kfz-Emissionen und Motorenöl je kleiner Quotient, um so höher der Einfluß des Kfz-Verkehrs. Bsp. Straßenrandböden Berlin: 0.84 (15000 Kfz/d) bzw. 4.5 (2500 Kfz/d) 0.44: Kfz-Emissionen 1.0: Hausbrand 0.93 für verkehrsferne Gebiete 0.75 für verkehrsnahe Gebiete
Kern *et al.* (1992, S. 570) Wakeham *et al.* (1980, S. 412); Takada *et al.* (1990, S. 1183) *al.* (1991, S. 66) Wakeham *et al.* (1980, S. 412); Rogge *et al* (1993, S. 1898)	Benzo(a)pyren und Benzo(ghi)perylen 3-4-Ring-Polycyclen	höhere Konzentrationen typisch für Treib- und Schmierstoffe typisch für Autoabgase (v.a. Phenanthren, Fluaranthen, Pyren) Takada *et* typisch für Altöle typisch für Reifenabrieb
Takada *et al.* (1991, S. 58)	vorwiegend höhermolekulare PAK	Aerosole, vorwiegend aus stationären Verbrennungsprozessen
Daisey *et al.* (1986, S. 20)	Anthracen/Benzo(e)pyren Benzo(a)anthracen/Benzo(e)pyren Chrysen/Benzo(e)pyren Benzo(a)pyren/Benzo(e)pyren Indeno(cd)pyren/Benzo(e)pyren Benzo(ghi)perylen/Benzo(e)pyren	2.2: Kfz 0.4: Kohlefeuerung 0.6: Ölfeuerung 0.3: Koksfeuerung 1.2: Kfz 1.4: Kohlefeuerung 1.0: Ölfeuerung 1.2: Koksfeuerung 1.8: Kfz 2.5: Kohlefeuerung 2.6: Ölfeuerung 1.8: Koksfeuerung 1.2: Kfz 0.6: Kohlefeuerung 0.9: Ölfeuerung 1.0: Koksfeuerung 0.8: Kfz 0.6: Kohlefeuerung 1.0: Ölfeuerung 0.6: Koksfeuerung 1.8: Kfz 0.7: Kohlefeuerung 1.0: Ölfeuerung 0.6: Koksfeuerung

Tab. 13: Literaturüberblick über PAK-Quotienten und deren Zuordnung zu primären Schadstoffquellen.

direkter Vergleich von Schwebstoffen und potentiellem Quellmaterial unumgänglich.

12.2 VERGLEICH DER PAK-PROFILE DER SCHWEBSTOFFE MIT POTENTIELLEM REFERENZMATERIAL

Ouotient	"Franzenheim/Irsch"	"Kleingarten"	"Kasel"	Kartelbornsbach
Phe/Ant	8.04 (1)	5.09 (2)	6.99 (1)	8.92 (1)
Flua/Pyr	1.33 (?)	1.24 (2)	1.35 (?)	1.40 (?)
BaP/BeP	0.99 (2)	0.99 (2)	1.25 (?)	1.56 (?)
BaP/Pyr	0.64 (1)	0.79 (1)	0.44 (1)	0.41 (1)
BaP/BghiP	1.10 (1)	1.01 (1)	0.94 (1)	1.34 (1)
Bghip/IP	0.85 (1)	1.01 (1)	0.91 (1)	1.08 (1)
Chry/BeP	1.58 (2)	1.64 (2)	2.17 (2)	2.63 (1)
BaA/baP	1.06 (1)	0.90 (1)	1.17 (1)	1.09 (1)
Flua/(Flua+Pyr)	0.57 (?)	0.55 (?)	0.57 (?)	0.58 (?)
Ip/(IP+BghiP)	0.54 (?)	0.51 (?)	0.52 (?)	0.49 (2)
BeP/(BeP+BaP)	0.39 (2)	1.11 (?)	0.48 (?)	0.45 (2)
Id/BghiP	1.19 (1)	1.06 (1)	1.11 (1)	1.01 (?)
Ant/BeP	0.16 (1)	0.22 (1)	0.23 (1)	0.32(1)
BaA/BeP	1.08 (1)	1.08 (1)	1.39 (1)	1.65 (?)
Chry/Bep	1.58 (2)	1.64 (2)	2.17 (1)	2.63 (?)
BaP/Bep	0.99 (1)	1.04 (1)	1.25 (?)	1.56 (2)
Ip/Bep	1.14 (1)	1.08 (1)	2.49 (1)	0.96 (?)
BghiP/BeP	0.95 (1)	1.22 (1)	2.19 (2)	1.03 (1)

(1) = Stationäre Verbrennungsanlagen
(2) = Kfz-Verkehr
(?) = nicht zuzuordnen aufgrund der Angaben in Tabelle 13

Tab. 14: PAK-Quotienten von Niedrigwasserschwebstoffen. Die Auswertung erfolgte nach den in Tabelle 13 genannten Literaturdaten.

Im folgenden werden mittlere PAK-Profile von Schwebstoffproben sowie von Material aus potentiellen Schwebstoffquellen gegenübergestellt. Bei den gewählten Referenzproben handelt es sich um Sedimente (Fraktion < 63 µm) der Meßstellen "Kleingarten" und "Irsch" (Quelle: SCHORER, 1997), um Boden- und Uferbankproben aus dem Oberlauf des Olewiger Bachs (Quelle: HAMPE, 1991), um Schwebstoffe aus Straßenabflüssen (Partikelfraktion < 63 µm und 63 - 200 µm) aus dem Teileinzugsgebiet des Geißbachs (Quelle: SCHNECK, 1996) sowie um im Bachbett abgelagerten Blattdetritus von der Meßstelle "Kleingarten". Die Abbildung 36 zeigt die prozentualen Anteile einzelner Polycyclen an der jeweiligen PAK-Summe, während in der Abbildung 37 deren Ausgangskonzentrationen aufgetragen sind.

Die Abbildung 36a läßt erkennen, daß die PAK-Profile der Schwebstoffe an den Meßstellen

"Kleingarten" und "Franzenheim/Irsch" sehr ähnlich sind. Die dominierenden Polycyclen sind Fluoranthen, Pyren und Benzo(bk)fluoranthen. Die Schwebstoffe des nördlichen Einzugsgebietes sind etwas höher mit 5- und 6-Ring Polycyclen belastet, was auf einen kummulativen Einfluß zahlreicher kleinerer Schadstoffquellen hindeutet. Benzofluoranthene, Indeno(cd)pyren und Benzo(ghi)perylen erreichen hierbei an der Meßstelle "Kleingarten" mittlere Anteile von 16.75%, 7.77% und 7.9%.

Die Schwebstoffe des Kartelbornsbachs enthalten die höchsten prozentualen Anteile niedermolekularer Polycyclen. Die hohen Werte für Phenanthren (10.9%), Fluoranthen (20.99%) und Pyren (14.88%) sind durch den Einfluß der stark befahrenen Bundesstraße B 51 zu erklären, die durch das Einzugsgebiet führt. Die genannten 4-Ring-PAK gelten als Markersubstanzen für einen Kfz-Einfluß in Niederschlagsabflüssen und Straßenstäuben (TAKADA *et al.*, 1990; LATIMER *et al.*, 1990; ACEVES, 1993; GASPARINI, 1994; DÖTSCH, 1996).

Ungeachtet des erwähnten Kfz-Einflusses weisen die Schwebstoffe im Vergleich zu den Referenzproben deutlich größere Anteile hochmolekularere Polycyclen auf. Die Schwebstoffe der Ruwer zeichnen sich dabei durch besonders hohe Anteile an 6-Ring-PAK aus.

Die von SCHORER (1997) in den Sedimenten gefundenen PAK-Konzentrationen liegen an beiden Meßstellen deutlich unterhalb der im Schwebstoff gemessenen Konzentrationen. Die PAK-Profile der Bodenproben (<63 µm) weisen Ähnlichkeit mit denen des Sediments auf, enthalten jedoch höhere Anteile an Benzo(bk)fluoranthen (20.79%). Die im Vergleich zu den Sedimentproben ebenfalls angereicherten Polycyclen Phenantren, Fluoranthen und Pyren sind durch die fehlende Umlagerung des Bodenmaterials zu erklären, was Auswaschungsprozesse verzögert. Die geringen Ausgangskonzentrationen der PAK im Boden- und Uferbankmaterial (in der Fraktion < 63 µm) verdeutlichen, daß Feststoffe aus diesen Quellen nicht die hohe PAK-Belastung der Schwebstoffe erklären können. HAMPE (1991, 65 ff.) ermittelte eine mittlere PAK-Summe von 560 ppb in 11 Oberbodenproben aus dem südlichen Einzugsgebiet des Olewiger Bachs. Dem steht eine mittlere PAK-Summe von 2367 ppb in den Schwebstoffproben an den Stationen "Franzenheim" und "Irsch" (n = 18) gegenüber, die damit etwa um den Faktor 4 größer ist. Einschränkend ist hierbei zu berücksichtigen, daß die Eigenschaften der Schwebstoff- und Bodenproben aufgrund ihrer unterschiedlichen Partikelgrößenverteilungen nur bedingt miteinander vergleichbar sind.

Der untersuchte Blattdetritus von der Meßstelle „Kleingarten" (Abbildung 37c) ist nur gering mit PAK belastet und scheidet somit ebenfalls als domiante PAK-Quelle für die Schwebstoffe aus. Werden jedoch die Anteile der PAK in den Detritusproben zueinander betrachtet (Abbildung 36c), so fällt auf, daß dort im Vergleich zu den Sediment-, Boden- und Schwebstoffproben die höchsten Anteile an Phenathren (18.57%) und Chrysen (14.40%) vorhanden sind. Bei der Verbrennung von Treibstoffen werden vor allem Fluoranthene, Pyren, Benzo(a)anthracen, Chrysen, Benzofluoranthen, Benzo(e)pyren, Benzo(a)pyren, Indeno(c,d)pyren und Benzo(ghi)perylen freigesetzt (PRAHL & CARPENTER, 1983, S. 1015), deren Summe auch als SCOMP bezeichnet wird. Mit Ausnahme von Benzo(ghi)perylen und Indeno(c,d)pyren sind die Anteile aller anderen Polycyclen aus dieser Gruppe in der Blattdetritusprobe deutlich erhöht. Der Einfluß Kfz-bürtiger PAK geht auf die stark frequentierte Straßburger Allee in unmittelbarer Nähe der Meßstelle "Kleingarten" zurück.

Die Feststoffe in den Straßenabflüssen enthalten von allen Feststoffproben die höchsten PAK-Konzentrationen. Sie weisen außerdem erwartungsgemäß im Vergleich zu den Schwebstoffproben jedoch deutlich höhere Anteile an 3- und 4-Ring-PAK auf.

12.2.1 Ursachen für die Dominanz der hochmolekularen Polycyclen in den Schwebstoffen der Trockenwetterperioden

Auch der direkte Vergleich der PAK-Muster mit denen von potentiellem Referenzmaterial ergab eine deutliche Anreicherung der höhermolekularen Polycyclen in den Schwebstoffen. Hierfür werden im folgenden verschiedene Lösungsansätze diskutiert:

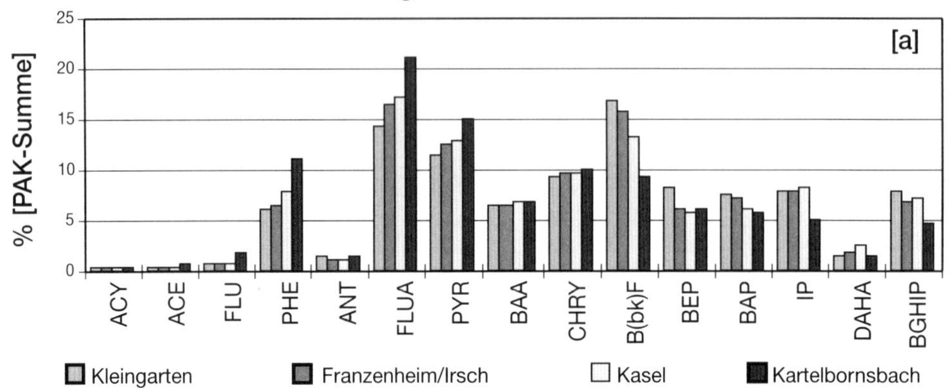

Straßenabfluß und Blattdetritus (Einzugsgebiet Olewiger Bach)

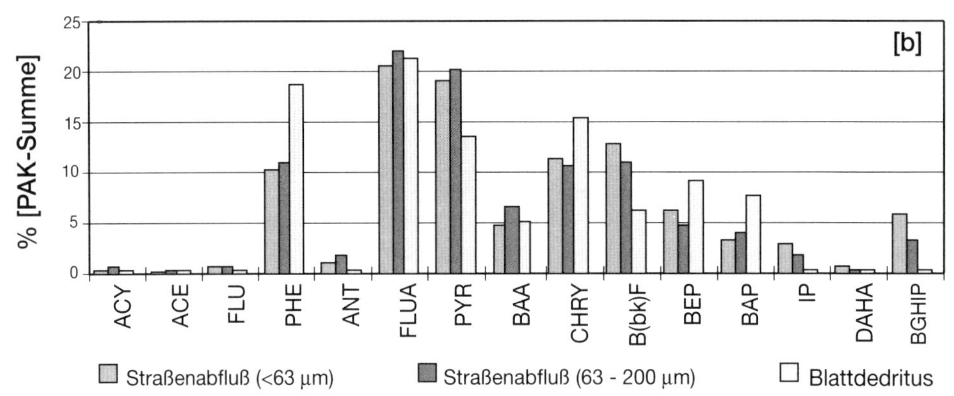

Sediment und Oberboden (Einzugsgebiet Olewiger Bach)

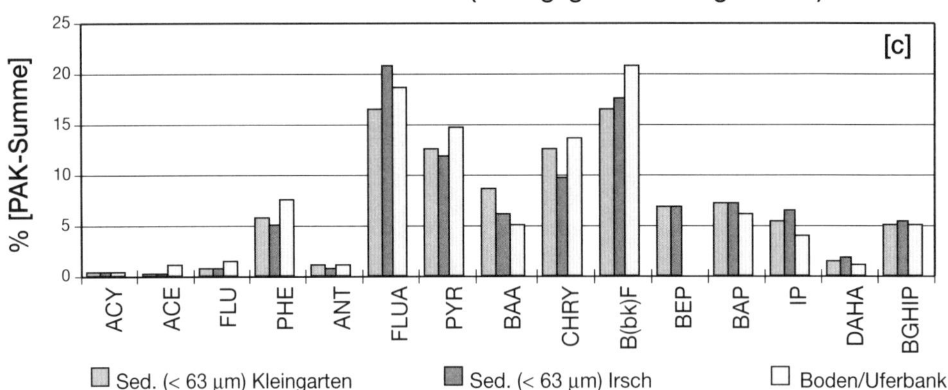

Abb. 36a-c: Vergleich von mittleren PAK-Profilen von Niedrigwasser-Schwebstoffen, Sedimenten von den Meßstellen "Kleingarten" und Irsch (Quelle: Schorer, 1997), Bodenmaterial (Quelle: Hampe, 1991), Schwebstoffen aus Straßenabflüssen des Teileinzugsgebietes Geißbach (Quelle: Schneck, 1996) sowie Blattdetritus von der Meßstelle "Kleingarten".

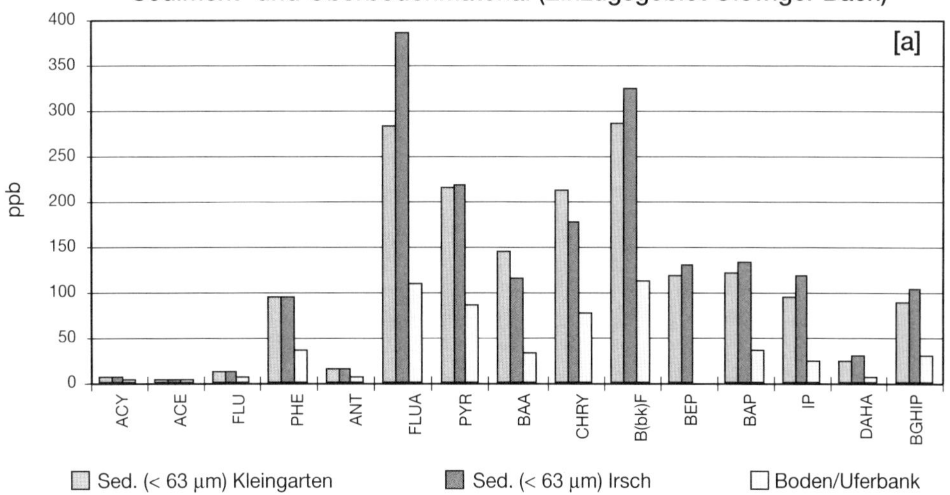

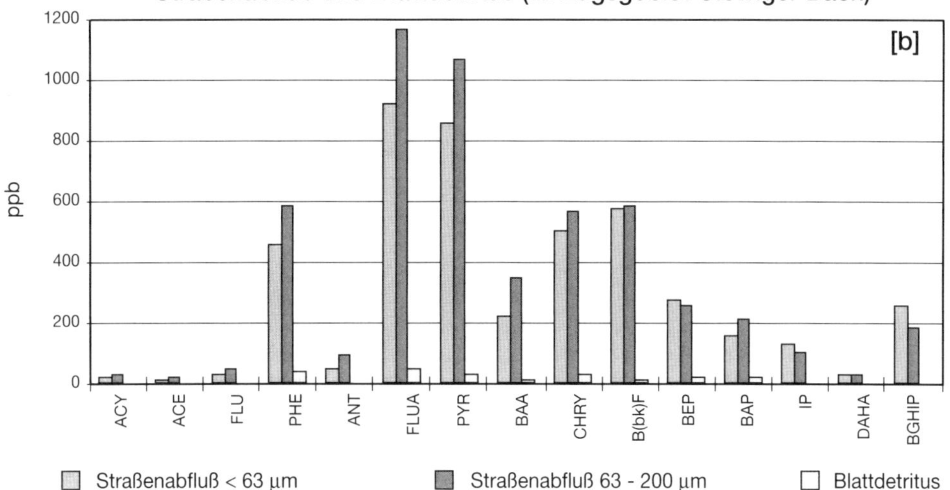

Abb. 37a-c: Vergleich von mittleren PAK-Konzentrationen von Niedrigwasser-Schwebstoffen, Sedimenten von den Meßstellen "Kleingarten" und Irsch (Quelle: Schorer, 1997), Bodenmaterial (Quelle: Hampe, 1991), Schwebstoffen von Straßenabflüssen, Teileinzugsgebiet Geißbach (Quelle: Schneck, 1996) und Blattdetritus von der Meßstelle "Kleingarten".

a. Sorptionsprozesse

Bereits geringe TOC-Gehalte im Wasser führen zur Ausbildung organischer Überzüge (KARI & HERRMANN, 1989, S. 177). Organische "Coatings" überführen hydrophile in hydrophobe Oberflächen und begünstigen somit die Sorption von PAK (MURPHY *et al.*, 1990, S. 1509). Die 5- und 6-Ring-PAK zeichnen sich einerseits durch eine besonders hohe Affinität zur organischen Substanz aus, andererseits aber auch durch eine extrem geringe Löslichkeit. Bei geringen Lösungsinhalten ist daher eine signifikante Anreicherung nur bei einer längeren Zwischenlagerung des Feststoffmaterials im Bachbett zu erwarten. Diese Bedingung ist zumindest in der sommerlichen Niedrigwasserperiode erfüllt.

b. Physikalische Eigenschaften

Die niedermolekularen Polycyclen weisen eine größere Löslichkeits- und Verflüchtigungsrate als die 5- und 6-Ring-PAK auf. Daher werden die kleinen Polycyclen bevorzugt ausgewaschen, verflüchtigt und abgebaut. Die Folge ist eine Profilverschiebung hin zu den 5- und 6-Ring-PAK. Auch hier ist zu erwarten, daß dieser Effekt insbesondere nach einer längeren Zwischenlagerungsperiode im Bachbett auftritt. Auch Material, das vor dem Eintrag ins Fließgewässer bereits mehrfach umgelagert wurde, weist aus diesem Grund eine Profilverschiebung zu den höhermolekularen Polycyclen auf (BIERL *et al.*, 1996).

c. Einfluß von Aerosolen und Straßenstaub

Nach einer Untersuchung von ROGGE *ET AL* (1993, S. 1900) ist Straßenstaub einer der wichtigsten Aerosolquellen in städtischen Gebieten. In Los Angeles werden jährlich ca. 2000 t Straßenstaub in die Atmosphäre entlassen. HARRISON & WILSON (1985, S. 73) gehen davon aus, daß bevorzugt Straßenstaubpartikel der Größe < 0.25 mm durch Wind oder Turbulenzen durch vorbeifahrende Fahrzeuge verfrachtet werden. Das Verhalten der im Kfz-Motor gebildeten Partikel hängt von ihrer Größe ab. Partikel < 1 µm werden in die Atmosphäre verfrachtet, während größere Teilchen (> 5 µm) vorwiegend innerhalb eines 30 m breiten Streifens entlang des Fahrbahnrandes wieder abgelagert werden (BRUNNER, 1977, S. 98). Straßenstäube aus pflanzlichem Material sind zum Teil erheblich mit PAK belastet und aufgrund ihrer geringen Dichte besonders anfällig für die Winderosion (KERN *et al.*,1992, S. 573).

Dennoch kommt der direkten Beeinflussung der Schwebstoffeigenschaften durch die Deposition von Aerosolen nur eine untergeordnete Bedeutung zu. XANTHOPOULOS *et al.* (1992, S. 118) gehen bei Untersuchungen in einem städtischen Einzugsgebiet in Karlsruhe von einem mittleren Staubniederschlag von 0.07 g/(m^2 d) aus. Eine Depositionsrate dieser Größenordnung ist viel zu gering, um die in der vorliegenden Untersuchung vorgefundenen Schwebstoff- und PAK-Frachten zu erklären. Der Olewiger Bach verläuft in seinem Unterlauf auf einer Fließstrecke von ungefähr vier Kilometern vollständig innerhalb des von Brunner genannten Einflußbereichs von zum Teil stark befahrenen Straßenabschnitten. Die Meßstelle "Kleingarten" liegt zudem unmittelbar an der stark frequentierten Straßburger Allee. Bei einem signifikanten Einfluß von Straßenstaubverwehungen wäre eine Anreicherung der niedermolekularen Polycyclen im Schwebstoff zu erwarten. Die hier beobachtete Dominanz der 5- und 6-Ring-Polycyclen im Schwebstoff spricht daher gegen eine direkte Beeinflussung von verwehten Straßenstäuben.

12.3 VERGLEICH DER PAK-MUSTER VON SCHWEBSTOFFEN MIT DENEN EINZELNER SEDIMENTFRAKTIONEN

In den Abbildungen 38a-c werden die Mittelwerte der prozentualen PAK-Anteile von fünf elutriierten Sedimentproben der Meßstelle "Kleingarten" denen von acht Proben der Meßstelle "Irsch" gegenübergestellt (Quelle: SCHORER, 1997). Die gebildeten Fraktionen werden im folgenden mit den verfügbaren Schwebstoffdaten des gleichen Meßzeitraums von beiden Meßstationen verglichen.

Dieser Vergleich ist sinnvoll, da remobilisierbare Partikel aus "in channel sources" die dominierende Schwebstoffquelle bei Trockwetterbedingungen darstellen (vgl. Kapitel 9). Die Konzentrationen der Polycyclen gleicher Ringzahl werden dabei jeweils durch deren Summe repräsentiert. Ein direkter paarweiser Vergleich zwischen beiden Feststofffraktionen ist nicht möglich, da die Entnahme der Sedimente und Schwebstoffe an unterschiedlichen Tagen erfolgte. Die Schwebstoffproben von der

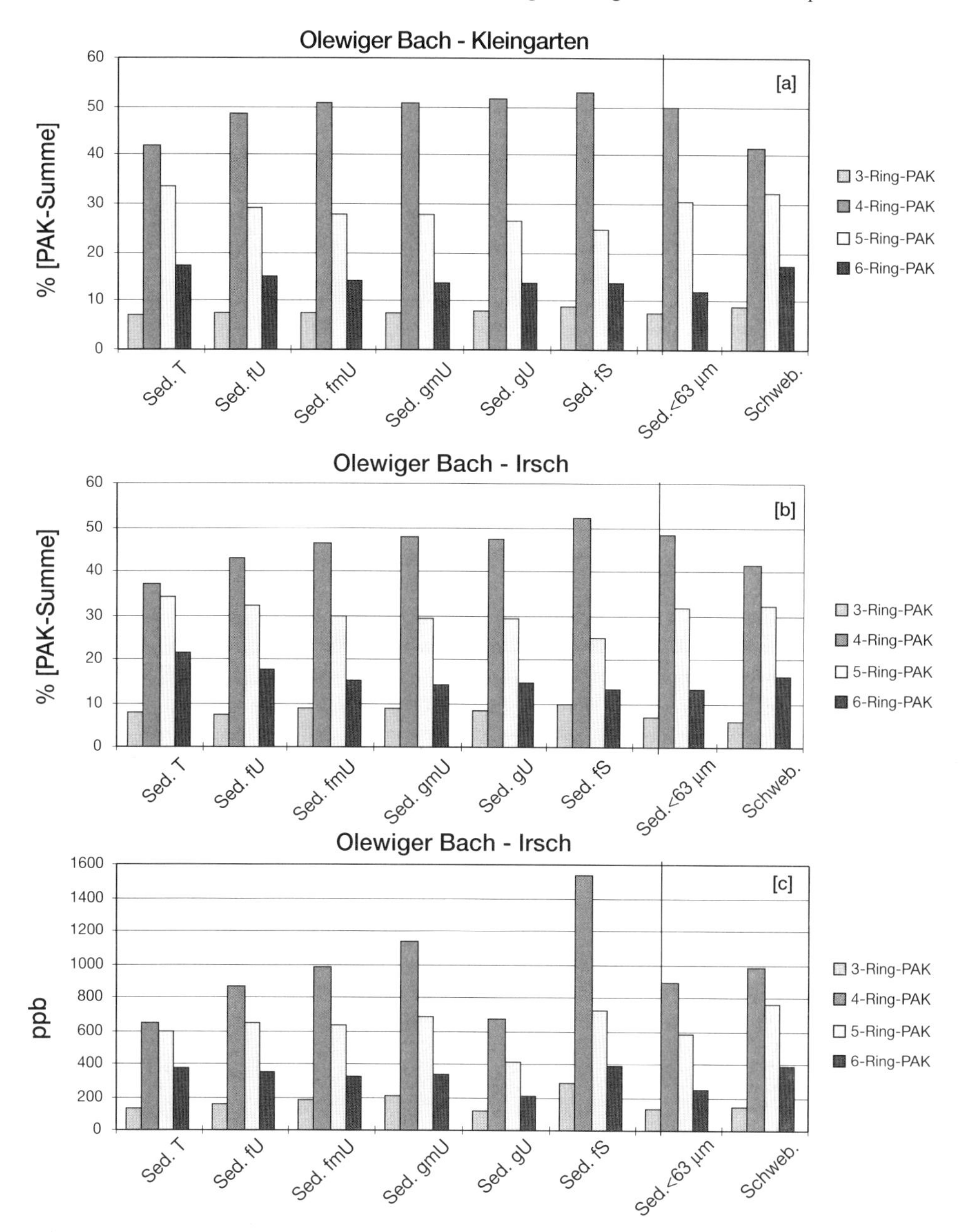

Abb. 38: Mittelwerte der PAK-Summen aufsteigender Ringzahlen in einzelnen Sedimentfraktionen und Schwebstoffen am Olewiger Bach.

Meßstation "Franzenheim" bleiben unberücksichtigt, da von dieser Meßstelle keine Sedimentdaten verfügbar waren.

Die PAK-Muster in den fraktionierten Sedimentproben weisen deutliche Unterschiede auf. Während die Anteile der 5- und 6-Ring-PAK von der Ton- zur Feinsandfraktion langsam sinken, steigen die Anteile der 3-Ring-, besonders aber der 4-Ring-PAK in gleicher Richtung an. Die Schwebstoffproben lassen sich anhand ihres PAK-Musters eher der Ton-, Feinschluff- und Mittelschlufffraktion des Sediments als dem Grobschluff und Feinsand zuordnen. Die Abbildung 38 läßt erkennen, daß nicht nur die PAK-Muster, sondern auch die absoluten PAK-Konzentrationen der Schwebstoffproben Ähnlichkeiten mit dem des Feinsediment aufweisen, wohingegen die Grobschluff- und Feinsandfraktion des Sediments andere Konzentrationsniveaus besetzten. Dies bestätigt die Ergebnisse der Gestaltanalysen in Kapitel 7.3, wonach die untersuchten Schwebstoffe und die Sedimente bis zur Fraktion des groben Mittelschluffs aus gemeinsamen Feststoffquellen stammen.

12.4 DISKUSSION

Die Abbildung 38 zeigt eine bimodale Verteilung der PAK-Konzentrationen in den Einzelfraktionen des Sedimentes, mit einem Maximum in der Mittel- und Feinschlufffraktion und einem weiteren in der Feinsandfraktion. SCHNECK (1996, 92 ff.) findet in einzelnen Feststofffraktionen von Straßenabflüssen des Geißbaches ein ähnliches Verteilungsmuster vor. Wie bei den vorliegenden Sedimenten stellt die Autorin bei den Feststoffen des Straßenabflusses auffallend geringe Belastungen der Tonfraktion mit organischen Schadstoffen fest, was UMLAUF & BIERL (1987, S. 207) mit dem niedrigen C/N-Verhältnis in dieser Fraktion erklären. Außerdem dominieren in beiden Feststoffklassen höhermolekulare Polycyclen in den Feinfraktionen, bis einschließlich des groben Mittelschluffs. Die Grobschluff- und Feinsandfraktion weisen im Straßenstaub und im Sediment hingegen deutlich erhöhte Anteile an 3- und 4-Ring-Polycyclen auf. Diese Gemeinsamkeit bei den PAK-Mustern beim Feinsediment und den Straßenablagerungen zeigt, daß hier Material aus teilweise identischen Quellen vorliegt.

SCHNECK (1996) führt die bimodalen Schadstoffverteilungen der Straßenstäube auf den Einfluß unterschiedlicher Quellen zurück: Die Herkunft der Partikel der Sandfraktion, in der die 3- und 4-Ring PAK dominieren, sind verwitterte Rückstände der Asphaltdecke, Reifen- und Bremsabrieb, zerkleinerte Pflanzenreste sowie Ölrückstände. Die vorwiegend mit höhermolekularen Polycyclen belasteten Partikel der Feinschluff- und Mittelschlufffraktion sind dagegen auf atmosphärische Depositionen von Aerosolen pyrolytischen Ursprungs zurückzuführen. ACEVES (1993, S. 2903) stellt bei einer Studie in Barcelona fest, daß die Konzentrationsmaxima aller PAK der Aerosolfraktion < 0.5 µm angehören. BAEK *et al.* (1991, S. 515 f.) finden bei der Untersuchung von Straßenstäuben aus South Kensington (London, GB) 63% bis 81% der PAK in der Fraktion < 1.1 µm vor. Die von Schneck nachgewiesene Dominanz der 5- und 6-Ring-Polycylcen in den Feinfraktionen von Straßenstäuben erklärt die Autorin mit der wiederholten Um- und Ablagerung dieses Materials bei Niederschlägen auf dem Weg zum Vorfluter. Dabei kommt es zur Auswaschung und somit zur Verarmung kleiner Polycyclen. Insbesondere bei schwer mobilisierbaren Feststoffquellen, wie den Zwischenräumen von Verbundsteinen, ist dieser Auswaschungsprozeß nachweisbar. Dies gilt auch für verkehrsferne Flächen, auf denen nicht ständig "frische" Polycyclen abgelagert werden. Material dieser Art können GASPARINI (1994) und BIERL *et al.* (1996) in den Schwebstoffen des Olewiger Bachs im Auslauf von Hochwasserwellen nach konvektiven Starkniederschlägen nachweisen.

Nach dem Eintrag in den Vorfluter findet im Auslauf der Welle unter Mitwirkung von Flockulationsprozessen eine partielle Zwischenlagerung des belasteten Feststoffmaterials in den Stillwasserbereichen oder der Durchwurzelungszone der Uferbeholzung statt. Die Abnahme der Schwebstoffkonzentration in den Trockenwetterperioden führt jedoch zu einer Abnahme der Kollisionshäufigkeit. In Süßwasser-

Systemen ist die Kollisionseffektivität der Partikel zudem sehr gering (0.001-0.1), die vornehmlich durch die Oberflächeneigenschaften der Partikel gesteuert wird (JIANG & LOGAN, 1991, S. 2031). LICK *et al.* (1993, S. 10,278) können nachweisen, daß die Kollisionseffektivität bei kleineren Partikeln, die in den Trockenwetterperioden dominieren, geringer ist als bei größeren Partikeln. Diese Effekte bewirken eine Verlangsamung der Flockulation. Unterhalb einer Schwebstoffkonzentration von 0.1 mg/l ist schließlich nicht mehr die Kollisionshäufigkeit für den Flockulationsprozeß ausschlaggebend, sondern die Anwesenheit extracellulärer polymerer Substanzen, welche die Adhäsion der Partikel positiv beeinflussen (EISMA, 1993, S. 142). Nach seiner Zwischenlagerung im Bachbett unterliegt das eingetragene Feinmaterial verstärkt der Auswaschung. Hierbei kommt es zu einer Verarmung der 3-Ring und 4-Ring-PAK, die leichter löslich sind als die 5-Ring und 6-Ring-PAK.

Von der Freisetzung aus dem Sediment während der sich anschließenden Trockenwetterperioden ist vorwiegend schwach gebundenes, organikreiches Feinmaterial bis zur Fraktion des groben Mittelschluffs betroffen, das aufgrund der genannten Prozesse an kleinmolekularen Polycyclen verarmt ist. Dies erklärt die beobachteten PAK-Muster der Schwebstoffe in der Abbildung 37b.

13 DER PARTIKELGEBUNDENE TRANSPORT DER POLYCYCLISCHEN AROMATISCHEN KOHLENWASSERSTOFFE

Im folgenden wird auf die zeitliche Varianz der polycyclischen aromatischen Kohlenwasserstoffe in den Schwebstoffen der untersuchten Einzugsgebieten näher eingegangen. Der Olewiger Bach wird hierbei durch die Meßstelle “Kleingarten” repräsentiert. Die Betrachtung der zeitlichen Eigenschaften beginnt mit den Herbstmonaten ´93.

13.1 DER TRANSPORT DER PAK IM OLEWIGER BACH

Der zeitliche Verlauf der polycyclischen aromatischen Kohlenwasserstoffe im Olewiger Bach sowie deren Anteile an der PAK-Summe (Meßstation “Kleingarten”) ist in den Abbildungen 39-42 dargestellt. Trotz saisonaler Schwankungen sind Phenathren, Fluoranthen, Pyren, Chrysen und die Benzofluoranthene die vorherrschenden Polycyclen im Untersuchungszeitraum.

13.1.1 Herbstperiode 1993

Während der Herbstmonate weisen die Polycyclen im Olewiger Bach ein anderes Verhalten als die Schwermetalle auf (vgl. Kapitel 11.1.3), denn der Eintrag des Blattdetritus führt eine deutliche Verdünnung aller Polycyclen herbei. Im November ist dennoch der temporäre Einfluß der wiederholt beschriebenen Abwasserkomponente aus der Ortschaft Irsch. Die deutlich erhöhten PAK-Gehalte in den niederschlagsbeeinflußten Proben vom 9. September (PAK-Summe: 6,477.0 ppb) und vom 15. November (PAK-Summe: 3778.79 ppb) verdeutlichen, daß bei den herbstlichen Niederschlägen Polycyclen in den Olewiger Bach eingetragen werden, die aus zahlreichen kleinen, schwer lokalisierbaren Quellen stammen (SYMADER *et al.*, 1997, S. 41). In beiden erwähnten Schwebstoffproben sind außerdem hohe Anteile an 5- und 6-Ring-PAK vorhanden. Am 9. September erreichen alleine die Benzofluoranthene und und Benzo(ghi)perylen 33.03% bzw. 11.5% an der PAK-Summe. Auch Dibenz(ah)anthracen (2.8%), Indeno(cd)pyren (13.11%) und Benzo(a)pyren (12.25%) treten deutlich hervor. Die Probe vom 15. November wird von den 6-Ring-PAK dominiert. Benzo(ghi)perylen erreicht hier einen Anteil von 10.33% , Dibenz(ah)anthracen 3.27% und Indeno(cd)pyren 9.65%.

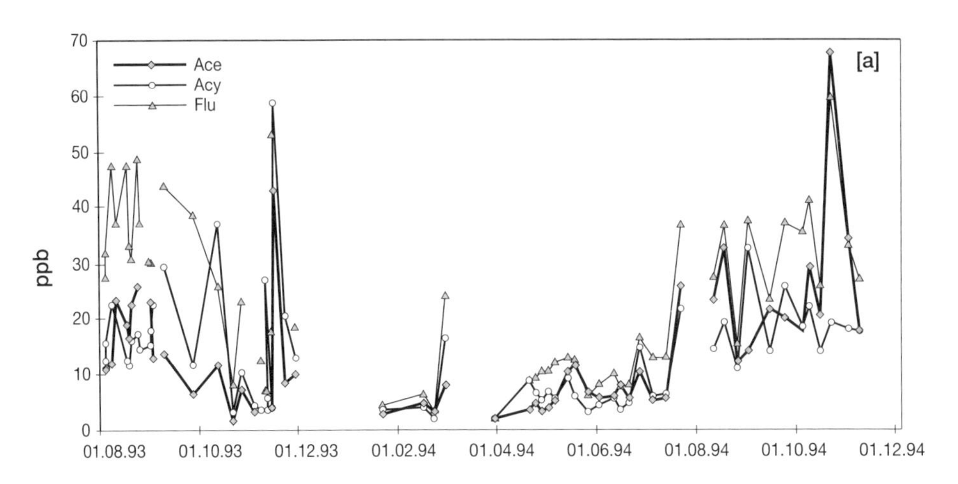

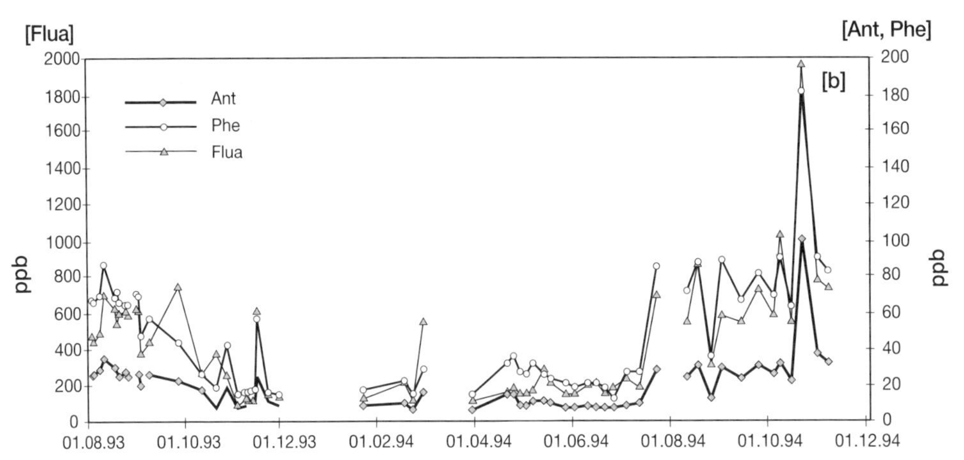

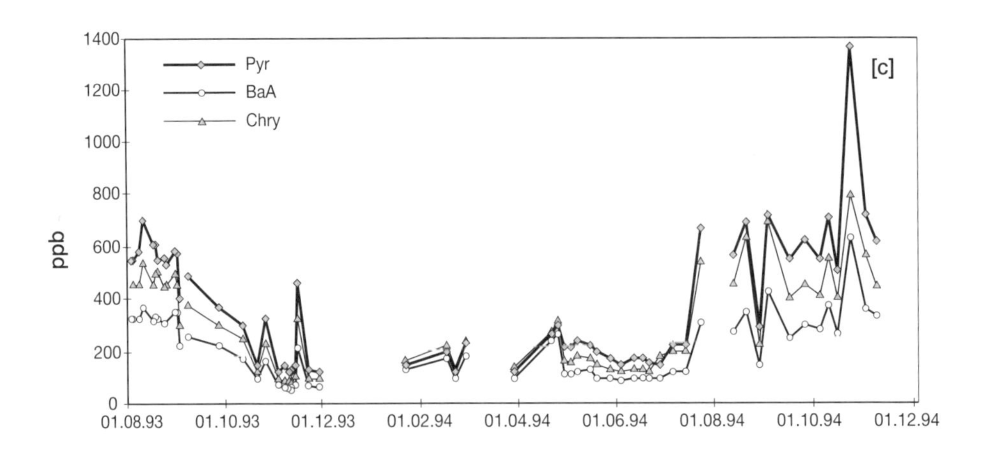

Abb. 39a-c: Verlauf der PAK-Konzentrationen im Olewiger Bach - Meßstelle “Kleingarten”.

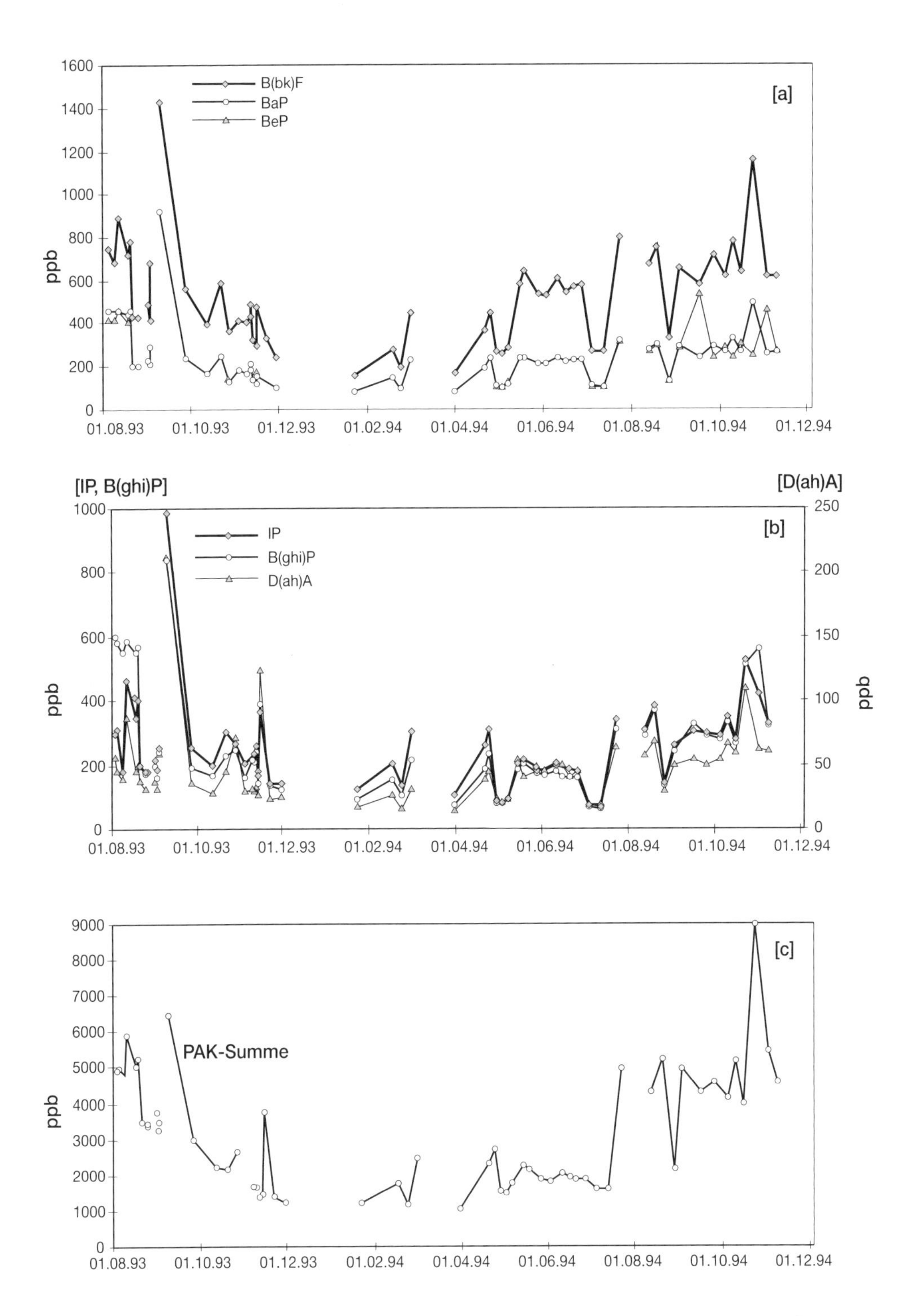

Abb. 40a-c: Verlauf der PAK-Konzentrationen im Olewiger Bach- Meßstelle "Kleingarten".

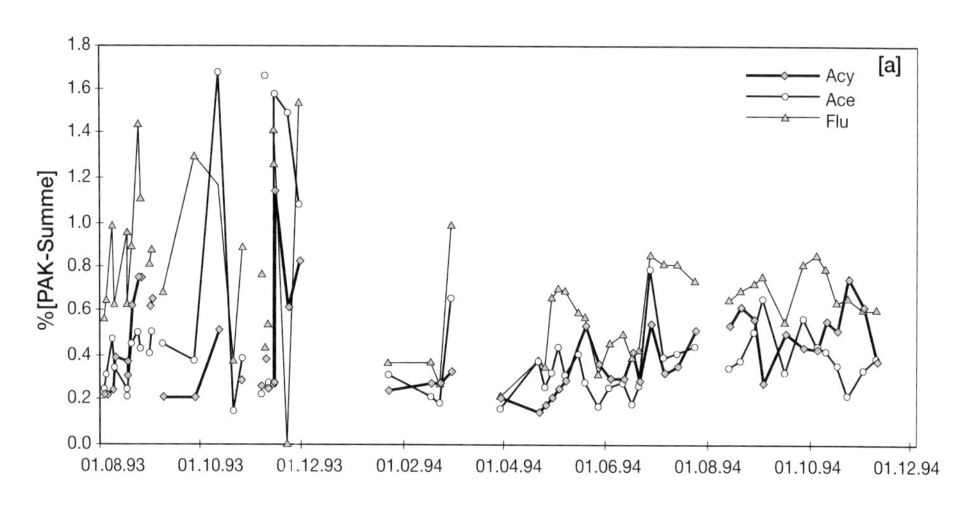

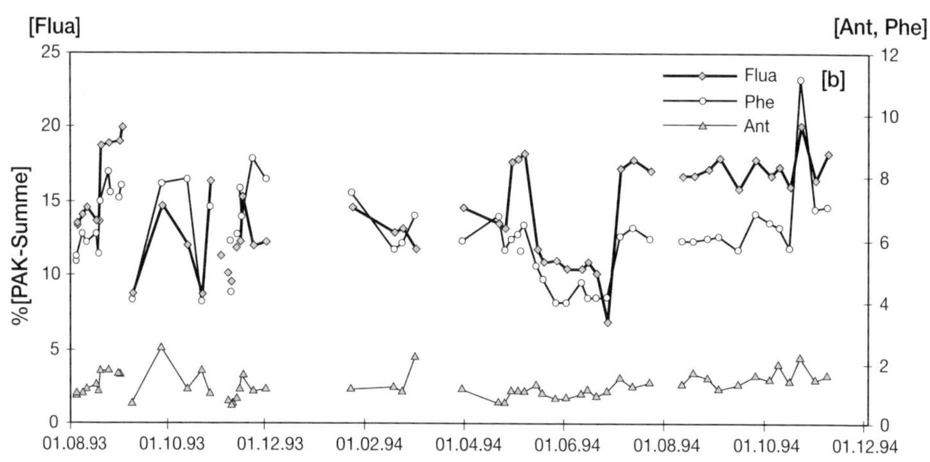

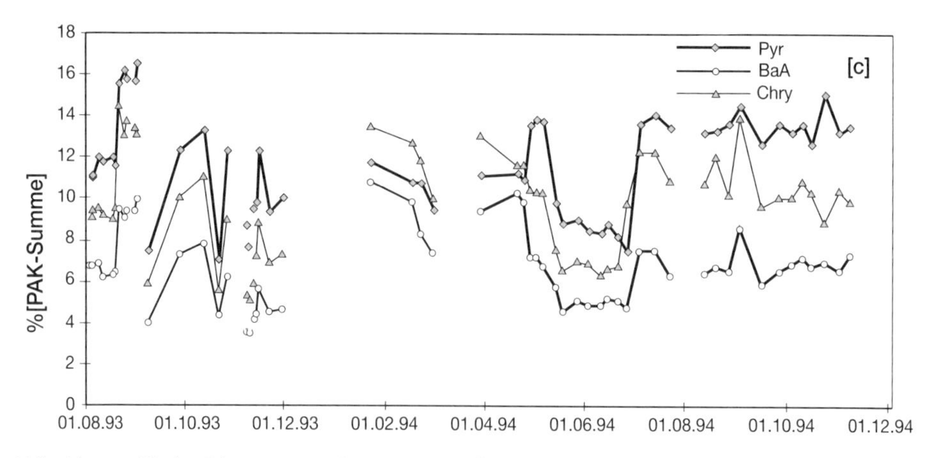

Abb. 41a-c: Verlauf der prozentualen PAK-Anteile im Olewiger Bach- Meßstelle "Kleingarten".

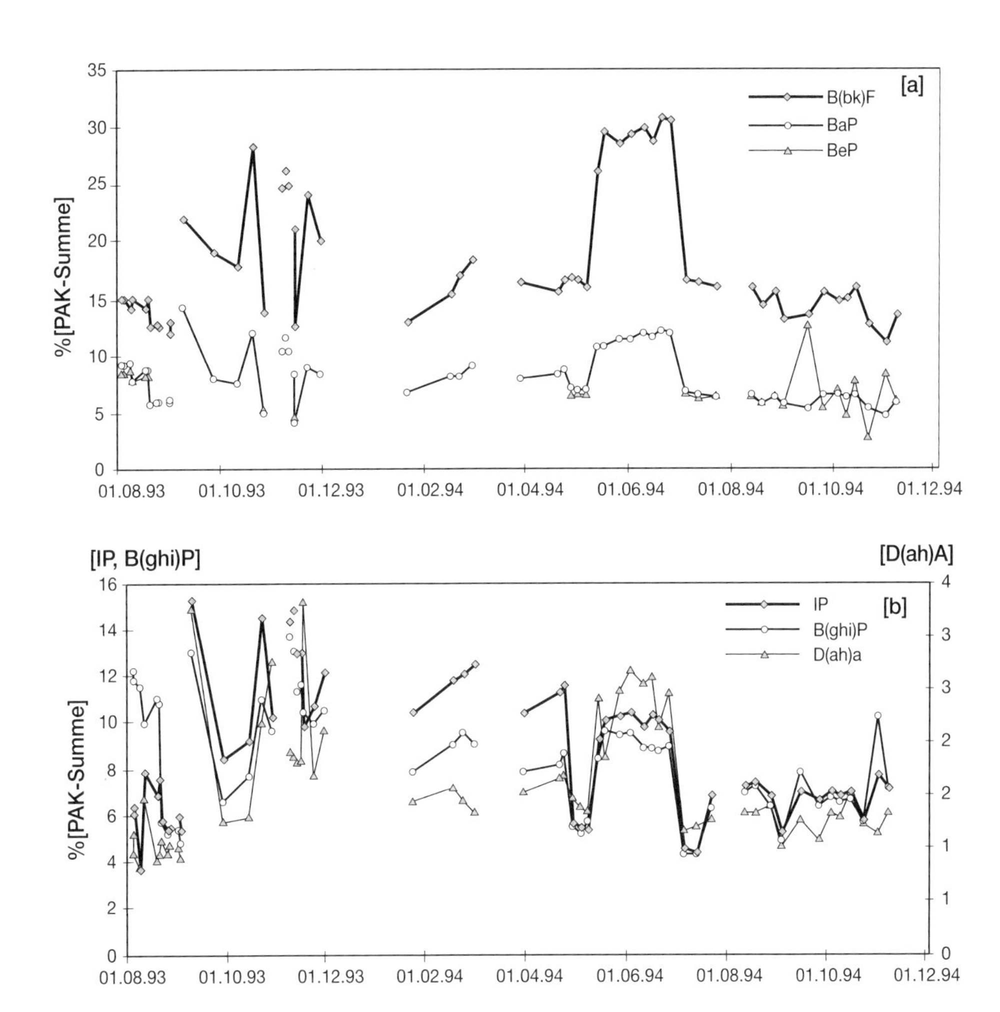

Abb. 42a-c: Verlauf der prozentualen PAK-Anteile im Olewiger Bach- Meßstelle "Kleingarten".

Auch die niederschlagsbeeinflußten Probe vom 21. Oktober zeichnet sich durch eine sichtbare Verschiebung ihres PAK-Profils zu den höhermolekularen Polycyclen aus. Benzo(ghi)perylen erreicht 10.98%, Dibenz(ah)anthracen 2.18%, Indeno(cd)pyren 14.9%, Benzo(a)pyren 11.09% und die Benzofluoranthene 28.42% an der PAK-Summe. Die Ursache für diese Profilverschiebung wurden in Kapitel 12 diskutiert.

Der 9. September und 15. November sind durch hohe Vorregensummen gekennzeichnet (9. September: 14.9 mm; 15. November: 8.5 mm). Am 21. Oktober fielen während der Probenahme 3.8 mm Niederschlag. Bei langandauernden Regenschauern ist mit dem Eintrag von bereits mehrfach umgelagerten Feststoffen aus bachferneren Quellen mit einem erhöhten Anteil von 5- und 6-Ring-PAK zu rechnen, z.B. aus den Ortschaften Hockweiler, Irsch, Kernscheid, Filsch und Trimmelter Hof. Der Oberflächenabfluß von den versiegelten Flächen ist zwar größtenteils kanalisiert, wird aber auch wie im Fall des Geißbaches nahezu vollständig in den Olewiger Bach eingeleitet. Dies gilt teilweise auch für das bachnahe landwirtschaftliche Wegenetz.

13.1.2 Winterperiode 1993/94

Im Winter erfolgt im Olewiger Bach eine deutliche Verdünnung aller Polycylen aufgrund des Einflusses von unbelastetem Uferbankmaterial. Am 20. Februar '94 erreicht die PAK-Summe mit dabei 1130.01 ppb ihr Minimum. Die prozentualen Anteile von Phenanthren und den 4-Ring-PAK Chrysen, Fluoranthen, Pyren und Benzo(a)anthracen im PAK-Profil verändern sich hingegen kaum. Sie repräsentieren einen ganzjährigen und weitgehend konstanten Einfluß des Kfz-Verkehrs.

In der kalten Jahreszeit ist mit einem erhöhten Einfluß von Polycyclen aus häuslichen Heizanlagen zu rechnen. Benzo(a)pyren gilt als typischer Anzeiger für stationäre Verbrennungsanlagen. Fluoranthen und Benzo(ghi)perylen finden sich dagegen in höheren Anteilen in gebrauchtem Motorenöl und Kfz-Emissionen (HERRMANN *et al.*, 1992, S. 124), so daß im Winter eine Anreicherung von Benzo(a)pyren gegenüber diesen Polycyclen zu erwarten wäre.

Eine entsprechende Profilverschiebung ist aus der Abbildung 42a jedoch nicht ersichtlich. Sie wird erst deutlich, wenn eine Normierung der PAK-Konzentrationen über den organischen Kohlenstoffgehalt

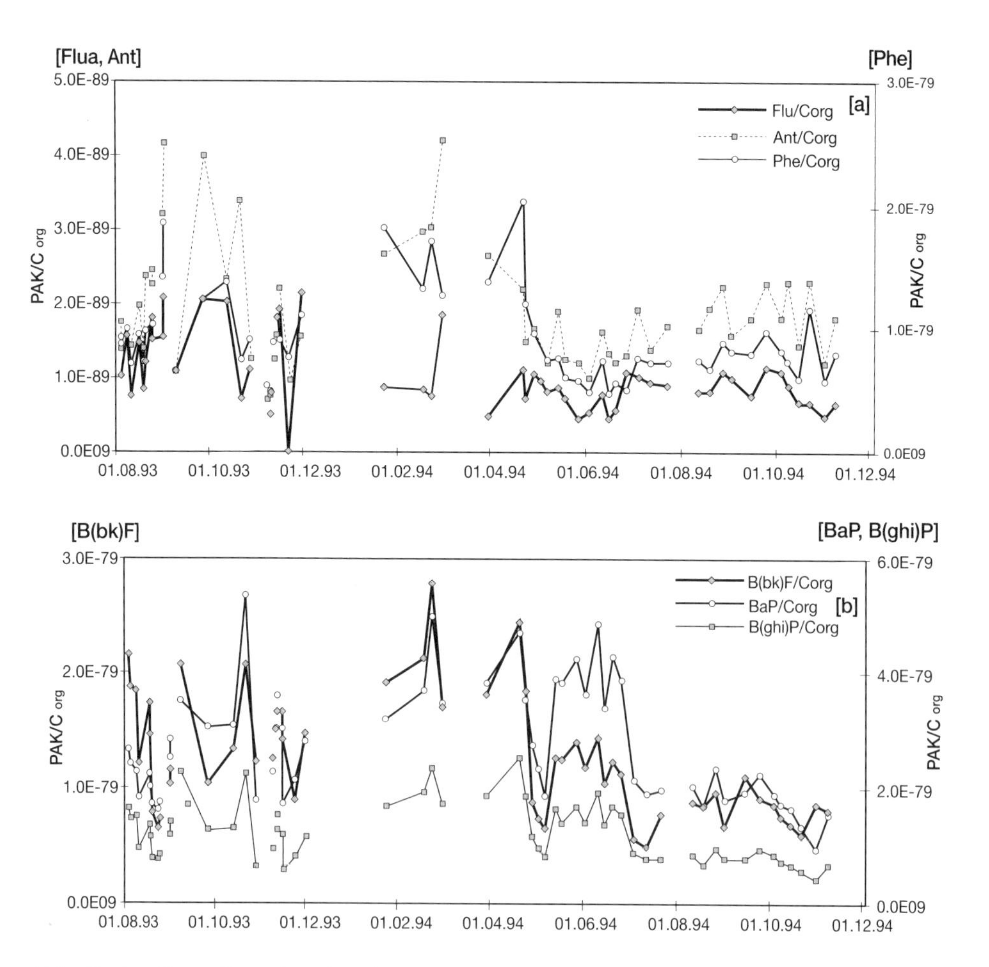

Abb. 43a-b: Darstellung der über den organischen Kohlenstoffgehalt normierten Konzentrationen ausgewählter Polycyclen.

erfolgt, wie es für einige PAK in der Abbildung 43 dargestellt ist. Hier zeigt sich nämlich, daß im Jahresverlauf die Belastung der organischen Substanz durch hochmolekulare und niedermolekulare Polycyclen ein entgegengesetztes Verhalten aufweist. In den Winter- und Frühjahrsmonaten ´94 treten hohe Belastungen mit höhermolekularen Polycyclen auf. Besonders deutlich ist das der Fall beim Benzo(a)pyren (Abb. 43b). Aufgrund seiner niedrigen "Dewar reactivity number" zählt es zu den reaktiveren Polycyclen (MIGUEL & PEREIRA, 1989, S. 292). Da jedoch die photochemische Abbaurate in den Wintermonaten herabgesetzt ist, sind dessen Anteile in diesem Zeitraum erhöht. Als weiterer Grund für die beobachtete Profilverschiebung im Winter ist bei langandauerenden Niederschlägen der Einfluß von mehrfach umgelagertem und somit an niedermolekularen PAK verarmtem Feststoffmaterial bachferner Quellen anzuführen.

13.1.3 Frühjahrsperiode 1994

Im Verlaufe des Frühjahrs ´94 ist ein Konzentrationsanstieg bei allen Polycyclen zu beobachten. Dieser Trend setzt sich mit kurzen Unterbrechungen bis zum Ende der Meßperiode im Herbst ´94 fort. Häufige konvektive Regenniederschläge führen zu einer Verschiebung der Partikel liefernden Quellen im Einzugsgebiet. Die Bedeutung von unbelastetem Bodenpartikeln aus der Bachaue sinkt gegenüber leicht mobilisierbarem, belasteten Feinmaterial von den versiegelten Flächen.

Im folgenden werden die Prozesse während der Frühjahrsalgenblüte, in der Periode von Ende April bis Mitte Mai, näher betrachtet.

Die Abbildungen 44 und 45 zeigen Darstellungen der absoluten und der auf den organischen Kohlenstoff normierten Konzentrationen von vier ausgewählten PAK und den Verlauf der Chlorophyll-konzentration zur Zeit der Frühjahrsalgenblüte. Es ist eine Verdünnung aller Polycylen in dieser Periode erkennbar. Während sich der Konzentrationsrückgang bei den kleinen Polycyclen über den gesamten Zeitraum der Algenblüte erstreckt, steigen die Gehalte der höhermolekularen Polcyclen ab dem 13. Mai wieder an. Anteilsmäßig treten die niedermolekularen PAK bis zum Pyren besonders hervor (vgl. Abbildung 44). Die Abbildung 45 verdeutlicht aber, daß aufgrund des hohen Zuwachses an authochthoner Biomasse die Belastung der organischen Substanz durch PAK während der Algenblüte rückläufig ist, so wie es auch bei den Schwermetallen beobachtet wurde (vg. Kapitel 11.2.3).

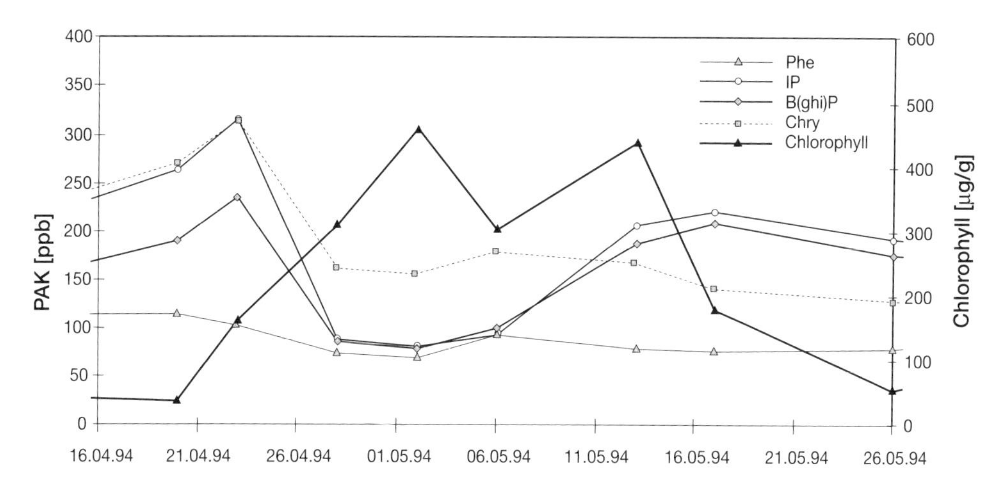

Abb. 44: Zeitlicher Verlauf ausgewählter Polycyclen zur Zeit der Algenblüte im Frühjahr ´94 am Olewiger Bach - Meßstelle "Kleingarten".

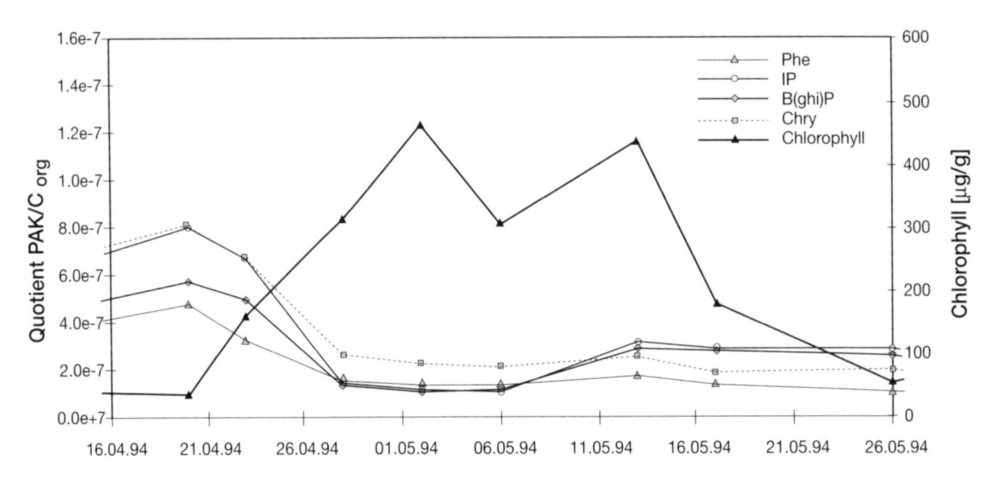

Abb. 45: PAK/Corg-Quotient ausgewählter Polycyclen zur Zeit der Algenblüte im Frühjahr ´94 am Olewiger Bach - Meßstelle "Kleingarten".

Der Sorption gelöster PAK an Schwebstoffe ist für den PAK Transport in diesem Zeitraum hingegen wahrscheinlich nur eine untergeordnete Bedeutung beizumessen. Aufgrund der kurzen Fließstrecke des Olewiger Bachs verläßt ein großer Teil der suspendierten Algenbiomasse nach ihrer Bildung das Einzugsgebiet rasch, was in Verbindung mit den geringen gelösten PAK-Mengen deren Anreicherung an die biogenen Matrix unterbindet.

Von Mitte Mai an bis Mitte Juni ist noch einmal eine deutliche Profilverschiebung von den nieder- zu den hochmolekularen Polycyclen erkennbar. Charakteristisch für diesen Zeitabschnitt sind einige Sommergewitter hoher Intensität, die zu kurzen, steilen Hochwasserwellen führten, so am 21. Mai, 26. Mai, 2. Juni, 5. Juni und 8. Juni. Auch hier kommt es zum Eintrag von mehrfach umgelagertem Feststoffmaterial, das an niedermolekularen Polycyclen verarmt ist. Beim Retentionsprozess in der nachfolgenden Trockenwetterperiode bestimmen diese Feststoffe die Schwebstoffeigenschaften.

13.1.4 Sommerperiode 1994

Von Mitte Juni an ist eine deutliche Verschiebung bei den PAK-Profilen hin zu den kleinen Polycyclen, bis zum Molekulargewicht des Chrysens, zu erkennen. Bis zum 18. Juli fallen nur vereinzelte kurze Niederschläge, die "frisches" Feststoffmaterial von versiegelten Flächen in Bachnähe mit einem hohen Anteil niedermolekularer Polycyclen in den Olewiger Bach einspülen.

Von den zweiten Julihälfte an bis zum Ende der Meßperiode verhalten sich die Anteile innerhalb der Gruppen der niedermolekularen (3- und 4-Ring PAK) und höhermolekularen (5- und 6-Ring PAK) Polycyclen nicht mehr einheitlich. Auf Seiten der 5- und 6-Ring-Polycyclen fällt ein Rückgang der prozentualen Anteile der Benzofluoranthene und Benzo(a)pyren auf, während Indeno(cd)pyren und Benzo(ghi)perylen steigende Trends aufweisen. Auf Seiten der niedermolekularen Polycyclen nehmen Anthracen, Acenaphten und Phenanthren anteilmäßig an der PAK-Summe zu, Fluoren, Chrysen und Acenaphtylen hingegen ab. Die Anteile von Fluoranthen, Benzo(a)anthracen und Pyren verändern sich wegen des relativ konstanten Verkehrsaufkommens hingegen kaum.

Diese Belastungsmuster sind nur schwer zu interpretieren. Ein Konzentrationsanstieg der höhermolekularen PAK ist mit dem Einfluß von mehrfach umgelagerten und zum Teil schwer mobilisierbaren

Feststoffquellen erklärbar, die erst bei hoher Niederschlagsintensität und -dauer aktiviert werden. Eine Zunahme der niedermolekularen Polycyclen läßt hingegen generell einen Einfluß "frischer" Kfz-bürtiger Polyclen erkennen, die bereits bei geringen Niederschlagsmengen aktiviert und beispielsweise über den Geißbach unmittelbar in den Olewiger Bach eingeleitet werden.

13.1.5 Herbstperiode 1994

Im Spätsommer und Herbst ´94 nehmen die prozentualen Anteile der 5- und 6-Ring-PAK weiter zu. Beispiele für diese Profilverschiebungen sind die Schwebstoffproben vom 30. Oktober und 6. November ´94, in denen deutlich erhöhte PAK-Gehalte gemessen wurden (5457.02 ppb bzw. 4547.4 ppb). In der niederschlagsbeeinflußten Probe vom 30. Oktober sind Benzo(ghi)perylen (10.26%) und Indeno(cd)pyren (7.72%) angereichert. Am 6. November weist hingegen nur noch Benzo(ghi)perylen einen erhöhten Anteil (7.13%) auf. Die Bedingungen in den Herbstmonaten ´94 sind somit ähnlich wie im Vorjahr, und die PAK-Muster lassen sich durch den Einfluß von mehrfach umgelagertem Feststoffmaterial durch häufige, langandauernde Niederschläge erklären. Im Unterschied zum Vorjahr ist der Eintrag der Polycyclen im Verhältnis zur Detrituskomponente stärker. Die absoluten PAK-Konzentrationen steigen während dieses Zeitraumes an und unterliegen nicht in dem Maße der Verdünnung wie im Herbst ´93.

13.2 DER TRANSPORT DER PAK IN DER RUWER

Der Konzentrationsverlauf der polycyclischen aromatischen Kohlenwasserstoffe sowie deren jeweiligen Anteile an den PAK-Summen ist in den Abbildungen 46-49 dargestellt.

Wie im Olewiger Bach dominieren auch in den Schwebstoffproben der Ruwer die Polycyclen Phenanthren, Chrysen, Fluoranthen und die Benzofluoranthene. Die einzelnen Polycyclen unterliegen zwar ebenfalls saisonalen Schwankungen, doch bleibt dabei die Rangfolge bei den Anteilen der PAK relativ konstant. Nennenswert ist in diesem Zusammenhang das Verhalten von Phenanthren, Chrysen und Benzo(a)anthracen, deren prozentuale Anteile, mit Ausnahme der Herbstmonate ´93, kaum Variationen im Meßzeitraum erkennen lassen. Pyren zeigt nur im Sommer und Herbst ´94 leicht ansteigende Anteile. Die gleichförmigen Muster der genannten Polycyclen sind durch den im Jahresverlauf gleichbleibenden Kfz-Einfluß erklärbar.

Die 6-Ring-PAK zeigen im gesamten Meßzeitraum einen auffallend konstanten Konzentrationsverlauf. Selbst in den Wintermonaten ist keine Verdünnung dieser Polycyclen zu erkennen, so daß von einer gleichförmigen Hintergrundbelastung im Einzugsgebiet ausgegangen werden muß. Eine Ursache hierfür ist die hohe Stabilität der 6-Ring-PAK, die sie weitgehend vor photochemischem Abbau, Lösung oder Verflüchtigung schützt (ACEVES, 1993, S. 2902; MIGUEL & PEREIA, 1989, S. 292).

13.2.1 Herbstperiode 1993

Die PAK-Muster in der Ruwer weichen in ihrem zeitlichen Verlauf zum Teil deutlich von denen des Olewiger Bachs ab. Bereits bei der statistischen Datenanalyse in Kapitel 10.2.2 wurde auf die engere statistische Beziehung zwischen organischem Kohlenstoff und den einzelnen Polycyclen in der Ruwer hingewiesen. Anders als im Olewiger Bach steigen hier die absoluten PAK-Konzentrationen im Herbst ´93 an. Die Abbildung 48 zeigt, daß hiervon die niedermolekularen Polycyclen besonders betroffen sind. In der Schwebstoffprobe vom 6. Dezember erreichen die 3-Ring-PAK Fluoren (74,6 ppb), Phenanthren (567.4 ppb), Anthracen (97.2 ppb), das 4-Ring-PAK Benzo(a)anthracen (339.9 ppb) und die Benzofluoranthene (680.5 ppb), trotz einer 3-Tage-Vorregensumme von nur 0.4 mm und trockenen

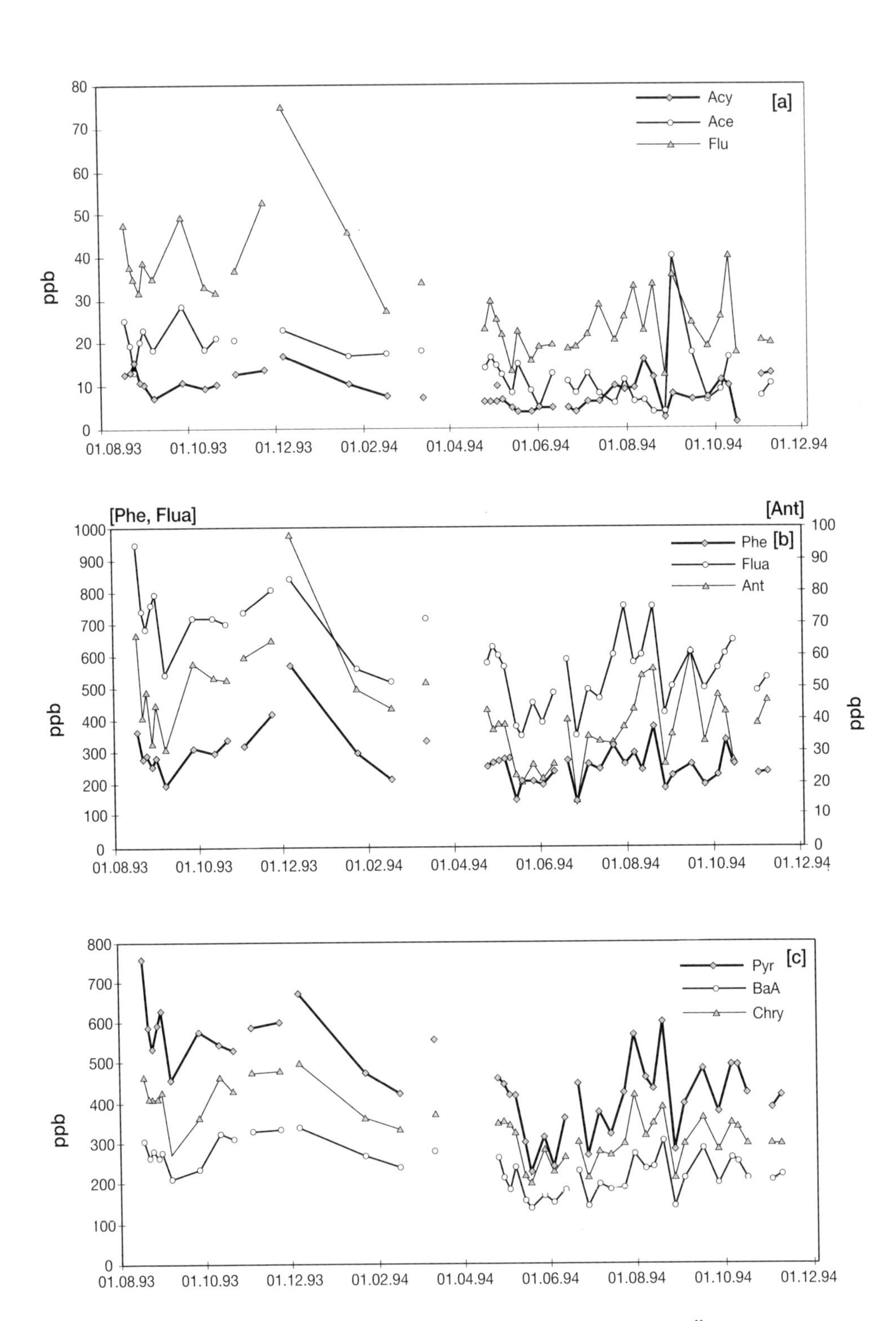

Abb. 46a-c: Verlauf der PAK-Konzentrationen in der Ruwer - Meßstelle "Kasel".

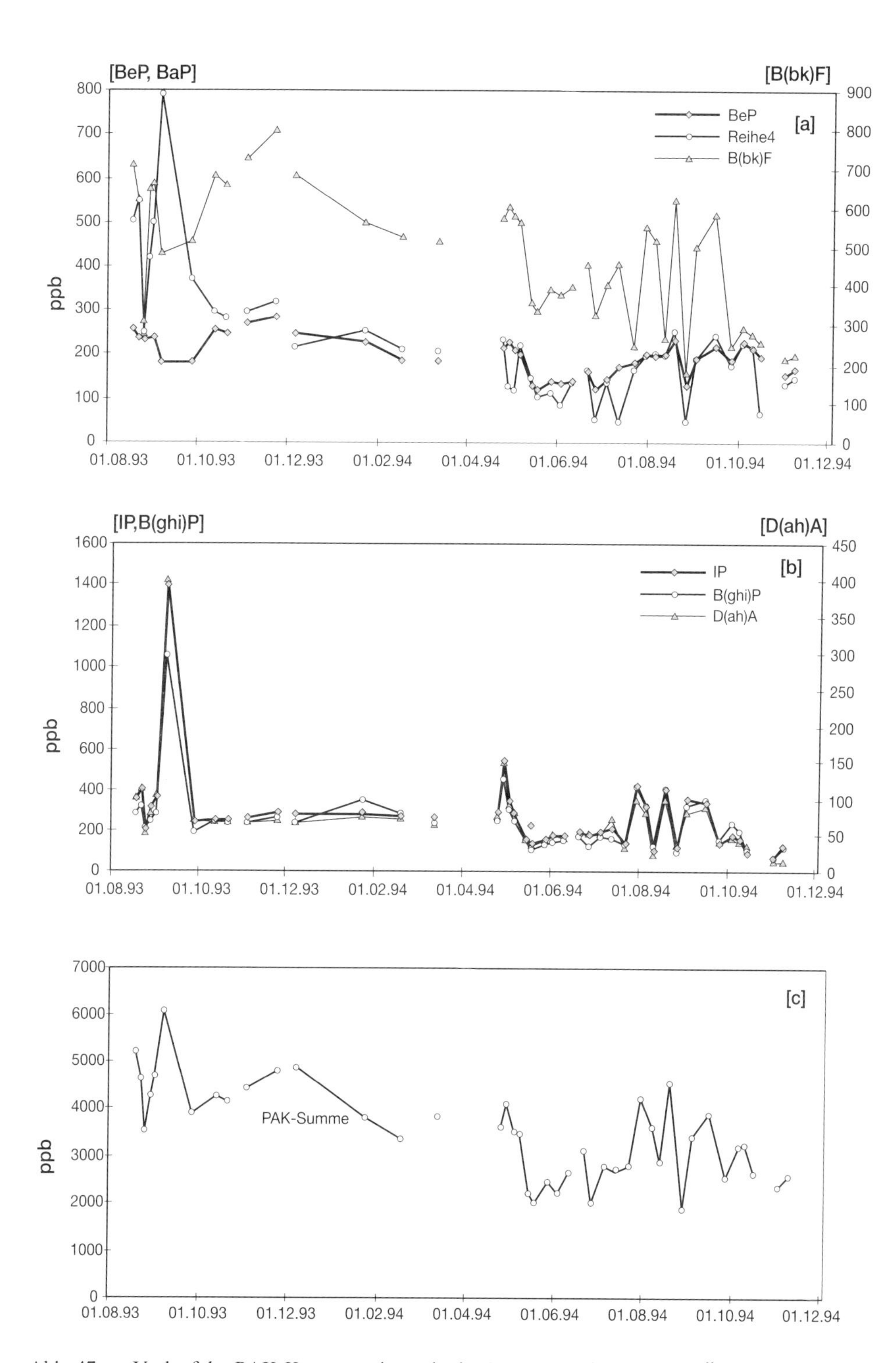

Abb. 47a-c: Verlauf der PAK-Konzentrationen in der Ruwer - Meßstelle “Kasel”.

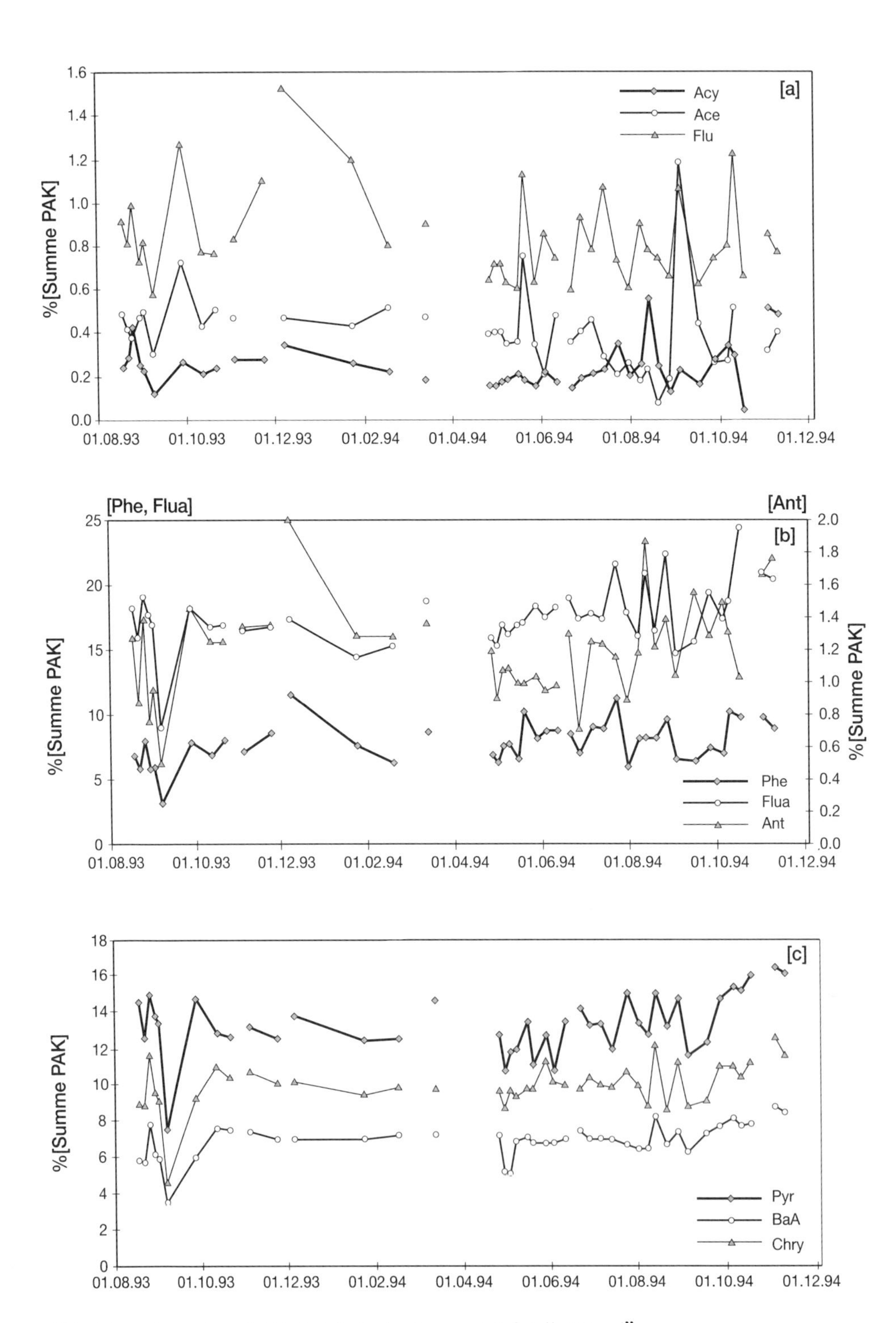

Abb. 48a-c: Prozentuale PAK-Anteile in der Ruwer - Meßstelle "Kasel".

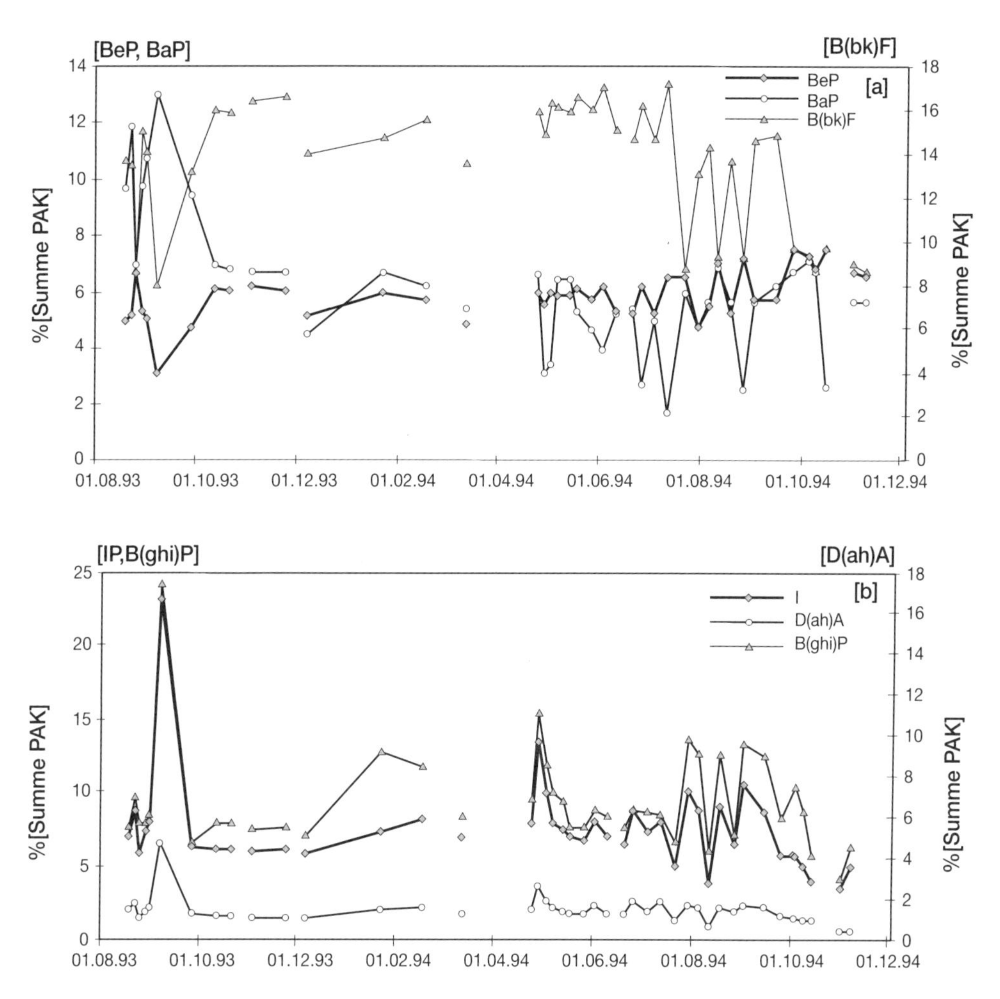

Abb. 49a-c: Prozentuale PAK-Anteile in der Ruwer - Meßstelle “Kasel”.

Probenahmebedingungen, ihre Konzentrationsmaxima. Insgesamt ist die Belastung der Schwebstoffe mit PAK in den Herbstwochen des Jahres ´93, mit Ausnahme der 6-Ring-PAK, zum Teil erheblich höher als während der Sommermonate des darauffolgenden Jahres.

Die beobachtete Konzentrationserhöhung der PAK steht wie bei den Schwermetallen in Zusammenhang mit einem hohen Gehalt organischer Substanz in der Schwebstofffraktion durch den herbstlichen Blattfall in der Aue. Bei einem hohen Kohlenstoffgehalt der Probe steigen die absoluten Schadstoffkonzentrationen an, wenn diese in Gewichtsprozent angegeben werden. Die Normierungen der absoluten PAK-Konzentrationen über den organischen Kohlenstoffgehalt (hier nicht dargestellt), ergeben in allen Fällen sinkende PAK-Belastungen der organischen Substanz. Dies zeigt, daß auch hier der eingetragene Blattdetritus nur relativ gering mit Polycyclen belastet ist. Die hohen Konzentrationen an niedermolekularen Polycyclen weisen auf den Eintrag von jung abgelagerten, organikreichen Stäuben von den Siedlungsflächen und dem landwirtschaftlichen Wegenetz hin, von wo sie bereits bei geringen Niederschlagssummen in die Ruwer bzw. in ihre Seitenbäche eingetragen werden.

In der Ruwer sind die Transportzeiten wesentlich länger als im Olewiger Bach. Selbst einige Tage nach einem Niederschlagsereignis ist an der Meßstelle "Kasel" noch mit einem direkten Einfluß von eingetragenem Material aus den oberen Teileinzugsgebieten zu rechnen. Während der Trockenwetterperioden finden unter Mitwirkung exocellulärer polymerer Substanzen Flockulationsprozesse zwischen belastetem und unbelastetem Feinmaterial statt, welche die temporäre Festsetzung der Polycylen im Bachbett fördern.

13.2.2 Winterperiode 1993/94

Während des Winters setzt, mit Ausnahme bei den 6-Ring-PAK, eine Verdünnung der Polycyclen durch den Eintrag von unbelastetem, mineralischem Bodenmaterial aus dem Auenbereich ein, die jedoch nicht so deutlich ausgeprägt wie im Olewiger Bach ist. Häufige und lang anhaltende Niederschläge führen in dieser Periode zu einem Eintrag von Feststoffen, die in Drainagen oder bereits mehrfach umgelagert worden sind und daher hohe Anteile höhermolekularer Polycyclen enthalten. Bei häufigen und langandauernden Niederschlagsereignissen findet auf den versiegelten Flächen, trotz des ganzjährigen Kfz-Einflusses, zudem eine allmähliche Erschöpfung der PAK-Quellen mit einem hohen Anteil an 3- und 4-Ring Polycyclen statt. In Verbindung mit der stärkeren Nutzung häuslicher Heizungsanlagen führt dies im Winter zu einer Verschiebung im PAK-Profil hin zu den höhermolekularen Polycyclen, die wesentlich deutlicher ist als im Olewiger Bach, da sie sich bereits in den unnormierten Konzentrationswerten abzeichnet.

13.2.3 Frühjahrsperiode 1994

Im Frühjahr setzt sich der Einfluß von relativ unbelastetem Feststoffmaterial aus dem Auenbereich durch die im März erneut einsetzenden langandauernden Niederschläge und die damit verbundene Verdünnung der PAK zunächst weiter fort. Erst im Verlaufe des Aprils sind wieder einzelne Konzentrationsspitzen bei den PAK zu erkennen. So ist in der Probe vom 28. April (3-Tages-Vorregensumme: 5.2 mm) die PAK-Summe mit 4105.2 ppb deutlich erhöht. Aber auch hier ist deutlich, daß noch immer die hochmolekularen, speziell die 6-Ring-PAK, dominieren. Benzo(ghi)perylen erreicht in dieser Probe einen Anteil von 11.02%, Dibenzo(ah)anthracen von 3.61% und Indeno(cd)pyren von 13.39%. Diese Muster lassen sich auf den Eintrag von mehrfach umgelagertem, älterem Feststoffmaterial zurückführen. Erst nach dem 13. Mai weisen die Chemographen auch der anderen Polycyclen wieder ansteigende Werte auf. Im Olewiger Bach setzte dieser allgemeine Konzentrationsanstieg bereits im April ein.

Im folgenden wird untersucht, ob in der Ruwer während der Frühjahrsalgenblüte eine Anreicherung von PAK an der EPS-reichen Schwebstoffmatrix stattfindet. Die längeren Fließzeiten in der Ruwer und die im Vergleich zu den Meßstellen des Olewiger Bachs ebenfalls erhöhten EPS-Anteile könnten eine Sorption gelöster Polycyclen positiv beeinflussen. Die Abbildung 50 zeigt hierzu Darstellungen des Chlorophyllverlaufs sowie ausgewähler nieder- und hochmolekularer Polycylen. Es wird deutlich, daß an Stelle einer Anreicherung ein Schadstoffrückgang auftritt. Auch in der Ruwer muß somit davon ausgegangen werden, daß die Sorption gelöster Polycyclen an die suspendierte Algenbiomasse, trotz der im Vergleich zum Olewiger Bach längeren Kontaktzeiten mit der gelösten Phase, kein steuernder Prozeß für den PAK-Transport darstellt.

13.2.4 Sommerperiode 1994

Von der zweiten Maihälfte an bis zur Probe am 17. August ist, mit Ausnahme der 6-Ring-PAK Indeno(cd)pyren, Dibenzo(ah)anthracen und Benzo(ghi)perylen, erneut ein allgemeiner Anstieg der

PAK-Konzentrationen zu erkennen, der parallel zu ansteigenden Kohlenstoffgehalten am Schwebstoff verläuft.

Wie im Olewiger Bach ist aufgrund der zunehmend konvektiven Niederschläge kurzer Dauer und hoher Intensität von einem verstärkten Einfluß an jungem Feststoffmaterial von den versiegelten Flächen auf die Schwebstoffeigenschaften auszugehen, wohingegen der Eintrag von Bodenmaterial aus der Flußaue rückläufig ist. Das erklärt die wachsenden Anteile niedermolekularer Polycyclen an der PAK-

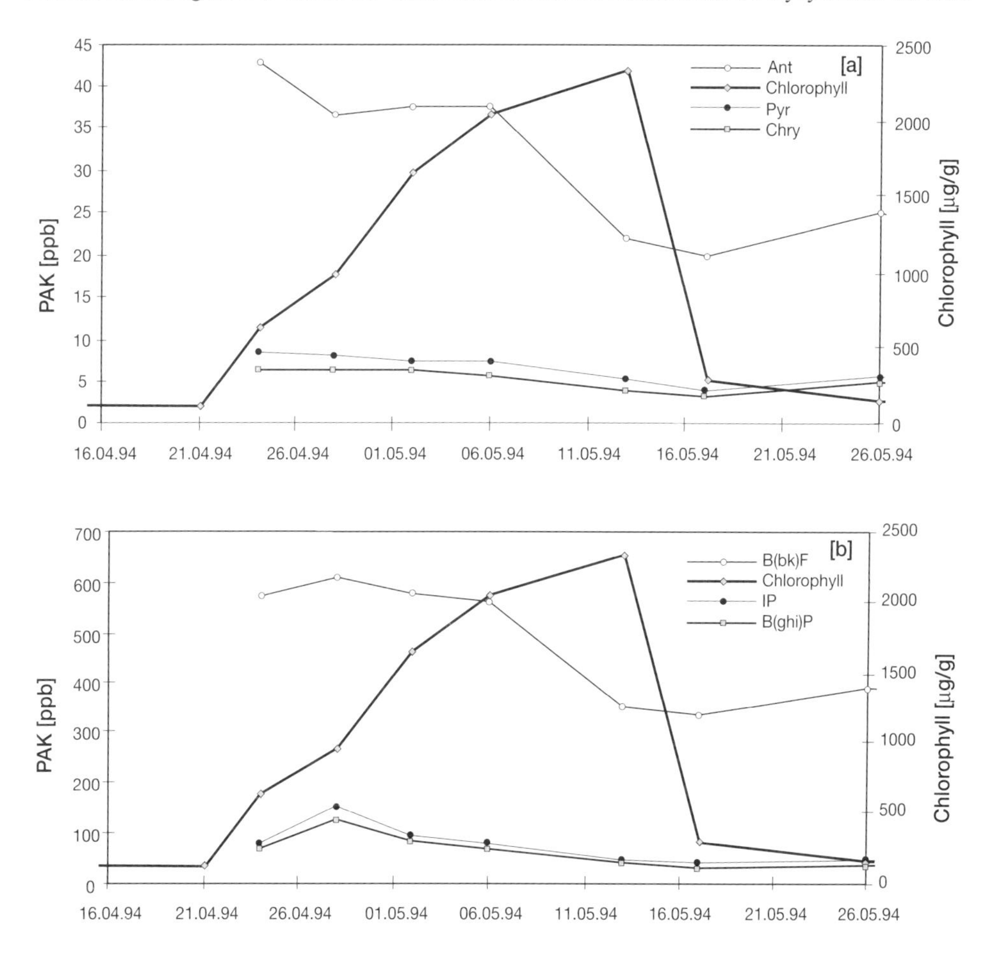

Abb. 50a-b: Konzentrationsverlauf ausgewählter nieder- und hochmolekularer Polycyclen und des Chlorophyllgehaltes während der Frühjahrsalgenblüte in der Ruwer.

Summe. Besonders deutlich ist dies in der Schwebstoffprobe vom 9. Juni. Diese weist aufgrund einer 3-Tages-Vorregensumme von 7.1 mm eine erhöhte PAK-Summe von 2639.99 ppb auf, bei einer gleichzeitigen Verschiebung des PAK-Profils hin zu den niedermolekularen Polycyclen. Die Entwicklung der organischen Schadstoffe verläuft in der Ruwer somit weitgehend parallel zu der Situation im Olewiger Bach.

13.2.5 Herbstperiode 1994

Von Mitte September bis zum Ende der Meßperiode ist bei allen Polycyclen, ab der Molekulargröße des Anthracens, ein allgemeiner Konzentrationsrückgang erkennbar. Der hierfür verantwortliche Prozeß ist der Eintrag von unbelastetem Makrophytendetritus. In dieser Hinsicht verhalten sich die Polycyclen anders als in den Herbstmonaten des Vorjahres, wo trotz des Blattfalls noch ein allgemeiner Anstieg der PAK-Konzentrationen beobachtet wurde. Aber auch im Herbst 1994 sind ähnliche Verschiebungen im PAK-Profil wie im Vorjahr zu erkennen, da die Anteile der niedermolekularen Polycyclen vor allem auf Kosten der 6-Ring-PAK und von Benzo(e)pyren durch den Einfluß flußnaher Quellen ansteigen.

14 ZUSAMMENFASSUNG

In den beiden heterogenen Einzugsgebieten des Olewiger Bachs und der Ruwer wurde der partikelgebundene Stofftransport außerhalb der Hochwasserereignisse untersucht. Obwohl nur ein verhältnismäßig geringer Anteil der jährlichen Schwebstofffracht bei Trockenwetter erfolgt, kommt ihr dennoch für das Verständnis des Schadstofftransportes eine wichtige Bedeutung zu. Die Ergebnisse werden im folgenden noch einmal zusammengefaßt:

14.1 SCHWEBSTOFFEIGENSCHAFTEN BEI TROCKENWETTER

- Unter Trockenwetterbedingungen unterscheiden sich die Eigenschaften von Schwebstoffen (< 630 µm) und Sedimenten (< 63 µm) deutlich voneinander. Schwebstoffe weisen in der Regel ein weiteres C/N-Verhältnis, kleinere Partikelgrößen, eine unregelmäßigere Partikelgestalt und einen höheren Anteil organischer Substanz auf. Sie sind im Vergleich zu den Sedimenten stärker mit Schwermetallen und PAK belastet.
- Die Belastung der Schwebstoffe mit Schwermetallen nimmt mit steigender Partikelgröße zu, weil die Anteile der organischen Schwebstoffkomponenten ebenfalls ansteigen. Auch das C/N-Verhältnis verändert sich in der gleichen Richtung. Dies bedingt trotz zunehmender Schadstoffkonzentrationen eine sinkende Belastung der POM mit Schwermetallen, da die Kationenaustauschkapazität der größeren Fraktionen im Vergleich zu den kleineren Fraktionen herabgesetzt ist.
- Die Schwebstoffe der untersuchten Einzugsgebiete bestehen vorwiegend aus mineralischen Komponenten. Der Anteil der organischer Substanz beträgt im Olewiger Bach an der Meßstelle "Kleingarten" (gemessen als Glühverlust) 18.39% und in der Ruwer 24.28%. Somit sind nicht ausschließlich punktuelle Abwassereinleitungen bei Trockenwetter aktiv, da ansonsten höhere organische Anteile zu erwarten wären.
- Die Partikelgrößenverteilungen der Schwebstoffe sind in der Regel im unbehandelten Zustand bimodal, mit einem Maximum der Volumenverteilung zwischen 3 und 6 µm sowie einem kleineren sekundären Maximum zwischen 20 und 50 µm. Als Ursache für diese Verteilungsform konnten Flockulationsprozesse nachgewiesen werden. Ein Großteil des Tons verbirgt sich dabei in den größeren Fraktionen.
- Die Farbe ist eine wichtige Eigenschaft von Schwebstoffen und Sedimenten, da sie deutliche Hinweise über die Partikelquellen und die Prozesse im Fließgewässer liefert. Durch eine Farbanalyse konnte nachgewiesen werden, daß diffuse "in-channel-sources" bei Trockenwetter als Partikelquellen wichtiger sind als punktuelle partikuläre Einleitungen. Die Ansicht, daß bei Trockenwetter einseitig das Sediment durch abgelagerte Schwebstoffe genährt wird, muß aufgegeben werden.

14.2 DER PARTIKELGEBUNDENE STOFFTRANSPORT

- Obwohl das Einzugsgebiet der Ruwer (220 km^2) wesentlich größer ist als das des Olewiger Bachs (45 km^2), wird der partikelgebundene Schadstofftransport in beiden Einzugsgebiete durch ähnliche Prozesse gesteuert. Generell stellt belastetes Feinmaterial, das während der Hochwasserereignisse eingetragen wird und anschließend im Bachbett der Retention unterliegt, die wichtigste Schadstoffquelle außerhalb der Hochwasserereignisse dar. Ein wesentlicher Mechanismus für die Zwischenlagerung des eingetragenen Feinmaterials sind Flockulationsprozesse, die bei Anwesenheit von extracellulären polymeren Substanzen und organikreichen Schwebstoffpartikeln vor allem während der Herbst- und Frühjahrsmonate positiv beeinflußt werden.
- Der partikuläre Stofftransport ist auch bei Niedrigwasser von der Schadstoffbelastung und Verfügbarkeit der Feststoffquellen während der vergangenen Hochwasserereignisse abhängig. Die zeitliche Niederschlagsstruktur in beiden Einzugsgebieten führt zu ähnlichen Korrelationsstrukturen bei den Schwebstoffeigenschaften.
- Die Einzelprozesse der Retention, Zwischenlagerung und Mobilisierung werden insbesondere von der Fließgeschwindigkeit, der Partikelgröße und der Schwebstoffkonzentration gesteuert. Es sedimentieren bevorzugt Partikel der Grobschluff- und Sandfraktionen, während aus dem Sediment durch Turbulenzen, Grundwasseraustritt und Bioturbation vorwiegend kleinere Partikel bis zum Mittelschluff mobilisiert werden. Eine abnehmende Transportenergie hat eine Verschiebung beider Prozesse in Richtung kleinerer Partikelgrößen zur Folge.
- Sorptionsprozessen an Schwebstoffpartikeln kommt, trotz einem hohen Biofilmanteil, nur eine untergeordnete Bedeutung zu. Die Transportzeiten in kleinen Einzugsgebieten sind zu kurz, um eine Anreicherung der schwerlöslichen organischen Spurenschadstoffe aus der gelösten Phase zu ermöglichen, da diese in zu geringer Konzentration vorkommen. Bei zwischengelagertem Feststoffmaterial sind bei längeren Kontaktzeiten mit der gelösten Phase hingegen signifikante Sorptionsprozesse wahrscheinlich.

Im folgenden wird der partikelgebundene Stofftransport bei Trockenwetter während der einzelnen Jahreszeiten noch einmal zusammenfassend betrachtet.

Herbst

Die Schwebstoffdynamik im Herbst wird überwiegend durch den Eintrag und mikrobiellen Umbau von allochthonem Makrophytendetritus gesteuert. Neben der fortschreitenden Mineralisierung ist mit den Abbauprozessen auch die Neubildung von mikrobieller Biomasse und exopolymerer Schleim- und Kapselmaterialien verbunden. In diesem Zeitraum werden die höchsten mikrobiellen Aktivitäten erreicht, da den Mikroorganismen ein ausgiebieger C-Pool zur Verfügung steht. Die EPS verklebt unbelastete Detrituspartikel mit belasteten Feststoffen, die während der Hochwasserereignisse eingetragen werden. Dies führt zu steigenden Schwermetallkonzentrationen und mit Ausnahme der Herbstmonate ´93 im Olewiger Bach ´94 in der Ruwer auch zu erhöhten PAK-Konzentrationen. Gleichzeitig nimmt die Belastung der POM mit diesen Schadstoffen jedoch ab, wie es eine Betrachtung der auf den organischen Kohlenstoff normierten Schadstoffgehalte nahelegt.

Im Herbst findet der Übergang von vorwiegend konvektiv geprägten Niederschlägen des Sommers zu advektiv bedingten Niederschlägen des Winters statt. Nach lang andauernden Regenfällen ist im Olewiger Bach eine Profilverschiebung der PAK hin zu den höhermolekularen Polycyclen zu beobachten, was auf den Eintrag von bachfernem, bereits mehrfach zwischen- und umgelagertem Feststoffmaterial zurückzuführen ist. Bei einem sinkenden Sättigungsdefitzit des Bodenwasserspeichers nehmen zunehmend auch bachferne landwirtschaftliche Nutzflächen am Abflußgeschehen teil. In der Ruwer bestimmt zu diesem Zeitpunkt noch vorwiegend niedermolekulare Polycyclen aus Straßenabspülungen die Schwebstoffeigenschaften.

Winter

Aufgrund der langandauernden, zum Teil extremen Hochwässer, werden die nährstoffreichen Sedimentablagerungen des vorangegangenen Herbstes im Winter nahezu vollständig aus dem Bachbett ausgeräumt. Gleichzeitig erfolgt ein Eintrag von unbelastetem und vorwiegend mineralischem Feststoffmaterial aus dem Auenbereich, was eine Verdünnung aller Schadstoffe herbeiführt.

In dieser Periode ist eine Verschiebung der PAK-Muster während der Trockenwetterperioden zu den 5- und 6-Ring-Polycyclen erkennbar, die in der Ruwer deutlicher ausgeprägt ist als im Olewiger Bach. Sie ist das Ergebnis eines verstärkten Einflusses häuslicher Heizungsanlagen, der Erschöpfung flußbettnaher Feststoffquellen auf den versiegelten Flächen und dem landwirtschaftlichen Wegenetz sowie einem Eintrag von mehrfach umgelagertem Feststoffmaterial. Gleichzeitig ist die mikrobielle Aktivität deutlich reduziert.

Frühjahr

Nach dem erneuten Wechsel der Niederschlagsstruktur von dem advektiven zu dem überwiegend konvektiven Typ des Sommerhalbjahres, steigen die Schadstoffkonzentrationen am Schwebstoff im Frühjahr wieder an. Dies geschieht in der Ruwer im Vergleich zum Olewiger Bach einige Wochen später. In beiden Einzugsgebieten tritt einstrahlungs- und temperaturbedingt Ende April eine etwa zweiwöchige Massenvermehrung von Diatomeen der Gattung *Navicula* auf. Die Ergebnisse verschiedener Studien, wonach die Anwesenheit von Phytoplanktonbiomasse intra- und extracellulär zu einer Akkumulation von Schwermetallen führt, konnte in den hier untersuchten kleinen Einzugsgebieten nicht bestätigt werden.

Sommer

Die Schwebstoffproben der sommerlichen Niedrigwasserperiode weisen hohe organische Anteile auf. Gleichzeitig sinken Schwebstoffkonzentration und der Median der Partikelgrößenverteilung durch selektive Sedimentations- und Remobilisierungsprozesse. Bei ansteigenden Temperaturen finden Mikroorganismen günstige Wachstumsbedingungen vor. Eine Massenvermehrung zu Beginn des Sommers bleibt jedoch aus, da am Anfang dieser Periode ein nährstoffreicher C-Pool fehlt, der während des Winters vollständig ausgeräumt wurde.

Die wichtigsten Schadstoffquellen in dieser Jahreszeit sind leicht mobilisierbare Stäube von versiegelten Flächen mit hohen Gehalten an 3-Ring und 4-Ring-PAK, die bereits bei kleinen Niederschlagsereignissen aktiviert werden können. Ein Einfluß von älterem, mehrfach umgelagertem Feststoffmaterial zeigt sich vereinzelt nach langanhaltenden Niederschlägen hoher Intensität in einer Verschiebung der PAK-Muster hin zu den höhermolekularen Polycyclen.

Im Schwebstoff hat ein sinkendes C/N-Verhältnis eine steigende Belastung mit allen Metallionen und mit Phosphat zur Folge. Die steigende Biofilmproduktion begünstigt zudem die Flockulation, bei der belastetes und unbelastetes Feinmaterial vermischt werden. Im Aufwuchs der Sedimente ist zudem während langandauernder Trockenwetterperioden mit signifikanten Sorptionsprozessen zu rechnen

LITERATURVERZEICHNIS

Aceves, M. (1993): Seasonally dependent size distributions of aliphatic and polycyclic aromatic hydrocarbons in urban aerosols from densely populated areas.- Environmental Science and Technology 27, H. 13, 2896-2908.

Aharonson, E. F., Karasikov, N., Roitberg, M. and Shamir, J. (1986): GALAI-CIS-1 - A novel approach to aerosol particle size analysis. J. Aerosol Sci., 17, 530-536.

Akhter, M. S. (1993): Heavy metals in street and house dust in Bahrain.- Water, Air, and Soil Pollution 66, S. 111-119.

Al- Abbas, A. H., Swain, P. H. and Baumgardner, M. F. (1972): Relating organic matter and clay content to the multispectral radiance of soils. Soil Sciences, 114, 477-485.

Alberts, J. J., Ertel, J. R. and Case, L. (1990): Characterization of organic matter in rivers of the South-Eastern United States. Verh. Internat. Verein. Limnol. 24: 260-262.

Alberts, J., Griffin, Ch. (1996): Formation of particulate organic carbon (POC) from dissolved organic carbon (DOC) in salt marsh estuaries of the southeastern United States, Arch. Hydrobiol. Spec. Issues Advanc. Limnol. 47, 401-409, 1996.

Alef, K. (1991): Methodenhandbuch Bodenmikrobiologie. Aktivitäten - Biomasse - Differenzierung.

Alldredge, A. L. and Gottschalk, C. C. (1989): Direct observation of the mass flocculation of diatom blooms: characteristics, setting velocities and formation of diatom aggregates. Deep-Sea Research, 36(2), 159-171.

Allen, T. (1990): Particle size measurement. Fouth Edition. London, New York, Tokyo, Melbourne, Madras, p. 806.

Angradi, T. R. (1991): Transport of coarse particulate organic matter in an Idaho River, USA. Hydrobiologia, 211, 171-183.

Aumen, N. G., Bottomley, P. J., Ward, G. M. and Gregory, S. V. (1983): Microbial decomposition of wood in streams: distribution of microflora and factors affecting (^{14}C)lignocellulose mineralisation. Applied and Environmental Microbiology, 1409-1416.

Baek, S.O., Goldstone, M.E., Kirk, P.W., Lester, J.N. and Perry, R. (1991): Phase distribution and particle size dependency of polycyclic aromatic hydrocarbons in the urban atmosphere.- Chemosphere 22, H. 5-6, 503-520.

Baughman, G. L. and Paris, D. F. (1981): Microbial bioconcentration of organic pollutants from aquatic Systems - a critical review. CRC Critical Reviews in Microbiology, 205-228.

Baumgardner, M. F., Kristof, S., Johansen, C. J. and Zachary, A. (1970): Effects of organic matter on the multispectral properties of soils. LARS Information Note 030570. Purdue Univ., Lafayette, Ind.

Batel, W. (1971): Einführung in die Korngrößenmeßtechnik.- Berlin, Heidelberg, New York.

Bedient, P. B.; Lambert, J. L.; Machado, P. (1980): Low flow and stormwater quality in urban channels. Journal-of-the-Environmental-Engineering-Division,-ASCE. 1980. 106(EE2) 15336, 421-436.

Benke, A. C., Hall, C. A. S., Hawkins, C. P., Lowe-McConnel, R. H., Standford. J. A. *et al.* (1988): Bioenergetic considerations in the Analysis of Stream Ecosystems. J. N. Am. Benthol- Soc. 7, 480-502.

Benner, R., Moran, M. A. and Hodson, R. E. (1986): Biochemical cycling of lignocelluosic carbon in marine and freshwater ecosystems: Relative contribution of Procaryotes and Eucaryotes. Limnol. Oceanogr., 31(11), 89-100.

Bierl, R. (1988): Verteilung und Transport von organischen Umweltchemikalien im Wasser, Schwebstoff und Sediment eines Fließgewässers. Dissertation Universität Bayreuth, 107 S.

Bierl, R., Symader, S., Gasparini, F. *et al.* (1996): Particle Associated Contaminants in Flowing Waters - The Role of Sources. Arch. Hydrobiol. Spec. Issues Advanc. Limnol. 47, 65-76, 1996.

Blumenkrantz, N. and Asboe-Hansen, G. (1973): New method for quantitative determination of uronic-acids. Analyt. Biochem. 54, 484-489.

Bomboi, M.T. and. Hernandez, A. (1991): Hydrocarbons in urban runoff: their contribution to the wastewaters.- Water Research 25, H. 5, 557-565.

Bonet, R., Simon-Pujol, M. and Congregado, F. (1993): Effects of nutrients on exopolysaccharide production and surface properties of Aeromonas Salmonicida. Applied and Environmental Microbiology, 2437-2441.

Bhosale, U. and Sahu, K. C. (1991): Heavy metal pollution around the island city of Bombay, India. Part II: distribution of heavy metals between water, suspended particles and sediments in a polluted aquatic regime. Chemical-Geology. 1991. 90(3-4), 285-305.

Bott, T. J. and Kaplan, L. A. (1985): Bacterial biomass, metabolic state, and activity in stream sediments: relation to environmetal variables and multiple assay comparisions. Applied and Environmental Microbiology 50, 508-522.

Boulton, A. J. & Boon, P. I. (1991): A review of methodology used to measure litter decomposition in lotic Environments: time to turn over an old leaf? - Aust. J. Mar. Freshwat. Res. 41: 1-43.

Bowers, S. A. and Hanks, R. J. (1965): Reflection of radiant energy from soils. Soil Sci. 100, 130.

Bradford, M. (1976): A rapid and sensitive method for the quantification of protein utilizing the principle of protein-dye binding. Analyt. Biochem. 72, 248-254.

Breitung, V. und Schumacher, D. (1996): Räumliche und zeitliche Verteilung von Pcb in Schwebstoffen und Sedimenten in Fließgewässern. Vom Wasser, 87, 101-112.

Bretschko, G. and Moser, H. (1993): Transport and retension of matter in riparian ecotones. Hydrobiologia 251: 95-101.

Brezonik, P. L., Browne, F., Fox, J. L. (1973): Application of ATP to plankton biomass and bioassay studies. Water Res. 9, 155-162.

Bronstert, A. (1994): Modellierung der Abflußbildung und der Bodenwasserdynamik von Hängen. Institut für Hydrologie und Wasserwirtschaft Universität Karlsruhe (IHW), Heft 46, 192 S.

Brown, M. J. and Lester, J. N. (1980): Comparison of bacterial extracellular polymer extraction methods. Applied and Environmental Microbiology, 179-185.

Brunner, P. G. (1977): Straßen als Ursachen der Verschmutzung von Regenwasserabflüssen - Ein Überblick über den Stand der Forschung.- Wasserwirtschaft 67, H. 4, 98-101.

Burban, P.-Y., Lick, W. and Lick, J. (1989): The flocculation of fine-grained sediments in estuarine waters. Journal of Geophysical Research, 94(C6), 8323-8330.

Burrus, D., Thomas, R. L., Dominik, J. and Vernet, J. P. (1989): Recovery and concentration of suspended solids in the upper Rhone River by continuous flow centrifugation. Hydrol. Proc. 3, 65-74.

Burrus, D., Thomas, L., Dominik, B. *et al.* (1990): Characteristics of suspended sediment in the upper Rhone river, Switzerland, including the particulate forms of phosphorus.- Hydrological Processes, 4, 85-98.

Carey, J. H.; Ongley, E. D.; Nagy, E. (1990): Hydrocarbon transport in the Mackenzie River, Canada. Science-of-the-Total-Environment. 1990. 97-98, 69-88.

Chastian, R. A. and Yayanos, A. A. (1991): Ultrastructural changes in an obligately barophylic marine bacterium after decompression. Appl. Environ. Microbiol., 57, 1489-1497.

Cloot, A., and Le Roux, G. (1997): Modelling Algal Blooms in the middle Vaal river: a site specific approach. Wat. Res., 31(2), 271-279.

Costerton, J. W., Marrie, T. J. and Cheng, K.-J. (1985): Phenomena of bacterial adhesion. In: Bacterial Adhesion (Ed. by D. Savage and M. Fletcher), Plenum, New York, 3-44.

Cretney, J. R. (1985): Analysis of polycyclic aromatic hydrocarbons in air particulate matter from a lightly industrialized urban area.- Environmental Science and Technology 19, H. 5, 397-404.

Cunningham, A. B., Characklis, F. A., and Crawford, D. (1991): Influence of biofilm accumulation on porous media hydrodynamics. Environ. Sci. Technol., 25, 1305-1311.

Cushing, C. E. (1988): Allochthonous detritus input to a small, cold desert spring-stream. Verh. Internat. Verein. Limnol. 23, 1107-1113.

Daisey, J. M., Cheney, J. L. and Lioy, P. J. (1986): Profiles of organic particulate emissions from air pollution sources: status and needs for receptor source apportionment modeling. Journal of the Air Pollution Control Association, 36, 17-33.

Daub, J. and Striebel, T. (1995): Schadstofffrachten von Dachflächen und Straßen und Beobachtungen zu Quellen und zur Mobilität von Schadstoffen.- In: Schadstoffe im Regenabfluß III (= Schriftenreihe des ISWW Karlsruhe, 73, 221-245). München.

Domagalski, J. L.; Kuivila, K. M. (1993): Distributions of pesticides and organic contaminants between water and suspended sediment, San Francisco Bay, California. Estuaries. 1993. 16(3A), 416-426.

Dreywood, R. (1946): Qualitative test for carbohydrate material. Indust. Engng. Chem. 18, 499.

Droppo, I. G. and Ongley, E. D. (1989): Flocculation of suspended solids in southern Ontario rivers.- In: Sediment and the Environment (Proceeding of the Baltimore Symposium, May 1989), IAHS Publ. 184, Wallingford/Oxfordshire.

Droppo, I. G. and Ongley, E. D. (1992): The state of suspended sediment in the freshwater fluvial environment: A method of analysis. Wat. Res., 26, 65-72.

Droppo, I. G. and Stone, M. (1994): In-channel surficial fine-grained sediment laminae. Part I: Physical Characteristics and Formational Processes. Hydrological Processes, Vol. 8, 101-111.

DVWK (1992): Merkblätter zur Wasserwirtschaft, Heft 224: Methoden und ökologische Auswirkungen der maschinellen Gewässerunterhaltung. Hamburg, Berlin.

Duarte, C. M., Bird, D. F. and Kalff, J. (1988): Submerged macrophytes and sediment bacteria in the litoral zone of Lake Memphremagog (Canada). Verh. Internat. Verein. Limnol. 23: 271-281.

Duysings, J. J. (1986): Sediment supply by stream bank erosion in a forested catchment.- Zeitschrift für Geomorphologie, Suppl.-Bd. 60, 233-244.

Edelvang, K. (1996): A study of the significance of flocculation for the in situ settling velocities of suspended particles in a tidal channel, Arch. Hydrobiol. Spec. Issues Advanc. Limnol. 47, 461-467, 1996.

Eigener, U. (1973): Die Adeninnukleotide von Nitrobacter winogradskyi buch. und ihre regulatiorische Bedeutung. Dissertation, Universität Hamburg.

Einstein, H. A. (1950): The bed-load function for sediment transportation in open channel flows. United States of Agriculture, Soil Conservation Service, Tech. Bull., No. 1026, Sedimentation, Water Resources Pub., USDA SCS, Fort Collins, Colorada.

Eisma, D. (1986): Flocculation and de-flocculation of suspended matter in estuaries. Net. J. Sea Res. 20(2/3), 183-199

Eisma, D. Schuhmacher, T., Boekel, H. *et al.* (1990): A camera and image analysis system for in-situ monitoring of flocs in natural waters. Neth. J. Sea. Res. 27, 43-65.

Eisma, D. (1993): Suspended matter in the aquatic environment. Berlin, Heidelberg, New York, 315 p.

Ellis, J. B. and Revitt, D. M. (1982): Incidence of heavy metals in street surface sediments: solubility and grain size studies.- Water, Air and Soil Pollution 17, 87-100.

Ellis, J. B. u. Harrop, D. O. (1984): Variations in solids loadings to roadside gully pots.- The science of the total environment 33, 203-211.

Ellis, J. B. (1985): Pollutional aspects of urban runoff.- In: Urban Runoff Pollution, Torno, H.C. *et al.* (Hrsg.), 1-38, Berlin.

Engelhardt, Ch., Bungartz, H., Thiele, M. *et al.* (1996): Settling behavior of particulate matter in a slow section of a Spree River branch, Arch. Hydrobiol. Spec. Issues Advanc. Limnol. 47, 469-473.

Ernst, A and Greiser, N. (1993): Investigations of Cu-adsorption on suspended matter flocs formed by bacteria and clay minerals. Geologica Carpathica-Series Clays, 44(1), Bratislava, June 1993, 49-54.

Essafi, K., Chergui, H., Pattee, E. and Mathieu, J. (1994): The breakdown of dead leaves in the sediment of a permanent stream in Marocco. Ach. Hydrobiol., 130(1), 105-112.

Fast, T. (1993): Zur Dynamik von Biomasse und Primärproduktion des Phytoplankton im Elbe-Estuar. Dissertation zur Erlangung des Doktorgrades des Fachbereichs Biologie der Universität Hamburg. 152 S.

Fazio, S. A., Uhlinger, D. J., Parker, J. H. and White, D. C. (1982): Estimation of uronic acids as quantitative measure of extracellular and cell wall polysaccharide polymers from environmental samples. Applied and Environmental Microbiology, 1151-1159.

Fergusson, J. E. and Simmonds, P. R. (1983): Heavy metal pollution at an intersection involving a busy urban road in Christchurch, New Zealand.- New Zealand Journal of Science 26, 219-228.

Fergusson, J.E. (1987): The significance of the variability in analytical results for lead, copper, nickel, and zinc in street dust.- Canadian Journal of Chemistry 65, 1002-1006.

Fergusson, J. E. and Kim, N. D. (1991): Trace elements in street and house dusts: sources and speciation.- The Science of the Total Environment 100, 125-150.

Fisher. N. S. and Fabris, J. G. (1992): Complexation of Cu, Zn, and Cd by metabolites excreted from marine diatoms. -Mar. Chem. 11: 245-255.

Fisher, N. S., Bjerregaard, P. and Fowler, S. W. (1983): Interactions of marine plankton with transuranic elements. 3. Biokinetics of Americium in Euphausiids. Mar. Biol. 75: 261-268.

Fleischmann, S. und Wilke, B.-M. (1991): PAKs in Straßenrandböden.- Mitteilungen der Deutschen Bodenkundlichen Gesellschaft 63, 99-102.

Flemming, H.-C. (1991): Biofilme und Wassertechnologie. Teil I: Entstehung, Aufbau, Zusammensetzung und Eigenschaften von Biofilmen. GWF Wasser - Abwasser, 132(4), 197-207.

Fletcher, M. (1985): Effect of solid surfaces on the activity of attached bacteria. In: Bacterial Adhesion (Ed. by D. Savage and M. Fletcher), Plenum, New York, 339-362.

Flores-Rodr'guez, J., Bussy, A. L. and Thévenot, D. R. (1994): Toxic metals in urban runoff: physico-chemical mobility assessment using speciation schemes.- Water Science and Technology 29, N. 1-2, 83-93.

Fox, M. E., Carey, J. H. and Oliver, B. G. (1983): Compartmental distribution of organochlorine contaminants in the Niagara River and the western basin of Lake Ontario. Journal-of-Great-Lakes-Research. 1983. 9(2), 287-294.

Frevert, T. (1983): Hydrochemisches Grundpraktikum.- Stuttgart, 215 S.

Galas, J., (1996) Depositional processes and suspension of particulate organic matter in a high mountain stream above the timber line, Arch. Hydrobiol. Spec. Issues Advanc. Limnol. 47, 449-454.

Gärtel, W. (1985): Belastung von Weinbergsböden durch Kupfer.- In: Pflanzenschutzmittel und Boden (= Berichte über Landwirtschaft) Sonderheft 198, 123-133.

Gasparini, F. (1994): Transportdynamik gelöster und suspendierter organischer Schadstoffe im Olewiger Bach.- Diplomarbeit im Fach Hydrologie, Universität Trier.

Gauthier, T. D., Seitz, W. R. u. Grant, C. L. (1987): Effects of structural and compositional variations of dissolved humic materials on pyrene k_{oc} values.- Environmentals Science and Technology 21, H. 3, 243-248.

Götz, R., Enge, P., Friesel, P. *et al.*, (1994): Sampling and analysis of water and suspended particulate matter of the river Elbe for polychlorinated dibenzo-p-dioxins (PCDDs) and dibenzofurans (PCDFs). Chemosphere, 28(1), 63-74.

Grant, J. (1988): Intertidal bedforms, sediment transport, and stabiliziation by benthic microalgae. In: Tide-Influenced Sedimentary Environments and Facies (Ed. by P. L. de Boer *et al.*), Riedel, Dordrecht, 499-510.

Greiser, N. (1988): Zur Dynamik von Schwebstoffen und ihren biologischen Komponenten in der Elbe bei Hamburg. Dissertation zur Erlangung des Doktorgrades des Fachbereiches Biologie der Universität Hamburg, 170 S.

Gregor, J. E., Fenton. E., Brokenshire, G., Van der Brink, P and O´Sullivan, B. (1996): Interactions of calcium and aluminium ions with alginate. Wat. Res., 30(6), 1319-1324.

Gresikowski, S., Greiser, N., Harms, H., (1996): Distribution and activity of nitrifying bacteria at two stations in the Ems Estuary, Arch. Hydrobiol. Spec. Issues Advanc. Limnol. 47, 65-76.

Gressel, N., Inbar, Y. Singer, A. and Chen, Y. (1995): Chemical and spectroscopic properties of leaf litter and decomposed organic matter in the Carmel Range. Israel. Soil Biol. Biochem., 27(1), 23-31.

Grimmer, G. (1979): Chemie. - In: UMWELTBUNDESAMT (Hrsg.): Luftqualitätskriterien für ausgewählte polycyclische aromatische Kohlenwasserstoffe., Kap. 2, UBA-Berichte 1/79, 13-53.

Gu, B. Schmitt, J., Chen, Z. *et al.* (1994): Adsorption and desorption of natural organic matter on iron oxide: Mechanisms and Models. Environ. Sci. Technol. 28, 38-46.

Hampe, K. (1991): Partikelgebundener Schadstofftransport im Franzenheimer Bach am Beispiel der polycyclischen aromatischen Kohlenwasserstoffe und ausgewählter Schwermetalle.- Diplomarbeit Universität Trier, Abteilung Hydrologie.

Harrison, R. M. and Wilson, S. J. (1985): The chemical composition of highway drainage waters. I. Major ions and selected trace metals.- The Science of the Total Environment 43, 63-77

Hart, B. T. (1982): Uptake of trace metals by sediments and supended particulates. A Review. Hydrobiologia 91, 299-313.

Herrmann, R., Daub, J. u. and Striebel, T. (1992): Qualitative Beurteilung der Niederschlagsabflüsse.- In: Schadstoffe im Regenabfluß II (= Schriftenreihe des ISWW Karlsruhe, 64, S. 113-145). München.

Hewitt, C. N. and Candy, G.B. (1990): Soil and stret dust heavy metal concentrations in and around Cuenca, Ecuador.- Environmental Pollution 63, 129-136.

Hewitt, C.N. and Rashed, M.B. (1992): Removal rates of selected pollutants in the runoff waters from a major rural highway.- Water Research 26(3), 311-319.

Hildemann, L. M., Klinedinst, D. B., Klouda, G. A., Currie, L. A. and Cass, G. R. (1994): Sources of urban contemporary carbon aerosol.- Environ. Sci. Technol. 28(9), 1565-1576.

Holm P. E., Nielsen, P. H., Albrechtsen, H.-J and Christensen, T. H. (1992): Importance of unattachd bacteria and bacteria attached to sediment in determing potentials for degradation of xenobiotic organic contaminants in an aerobic aquifer. Applied and Environmental Microbiology, 3020-3026.

Holt, D.M. & Jones, E.B.G. (1983): Bacterial degradation of lignified wood cell walls in anaerobic aquatic habitats. Applied and Environmental Microbiology, 44, 722-727.

Honeyman, B. D. and Santschi, P. H. (1992): The role of particles and colloids in the transport of radionuclides and trace metalls in the ocean. In: Buffle, J., van Leeuwen, H. P. (eds.) Environmental Particles, Vol. 1. International Union of Pure and Applied Chemistry Series. Lewis Publishers, Ann Arbor, 379-423.

Honjo, S, Doherty, K. W., Agrawal, Y. C: and Asper, V. L. (1984): Direct optical assessment of large amorphous aggregates (marine snow) in the deep ocean. Deep Sea Res., 31, 67-76.

Huang, H. (1994): Fractal properties of flocs formed by fluid shear and differentiel setting. Phys. Fluids, 6(10), 3229-3234.

Hjulström, F. (1935): Studies in the morphological activity of rivers as illustrated by the river Fyris. Bull. Geol. Inst. Ups. 25, 221-527.

Humann, K. (1992): Stoffwechselaktivität verschiedener Bakteriengruppen in der Elbe bei Hamburg. Diplomarbeit.

Irmer, U., Knauth, H.-D. und Weiler, K. (1988): Einfluß des Schwebstoffregimes auf die Schwermetallbelastung der Tideelbe bei Hamburg. -Z. Wasser-Abwasser-Forsch. 21, 236-240.

Jacobsen, B. N., Arvin, E. and Reinders, M. (1996): Factors affecting sorption of pentachlorphenol to suspended microbial biomass. Wat. Res., 30(1), 13-20.

Jeffrey, W. H. and Paul, J. H. (1986): Activity measurements of planctonic microbial and microfouling communities in a eutrophic estuary. Applied and Environmental Microbiology, 157-162.

Jiang, Q and Logan, B. E. (1991): Fractal dimensions of aggregates determined from steady state size distributions. Environ. Sci. Technol., 25, 2031-2038.

Johnson, B. D. and Wangersky P. J. (1985): A recording backward scattering meter and camera system for examination of the distribution and morphology of macroaggregates. Deep Sea Res., 32, 1143-1150.

Jorgensen, B. B. (1983): Processes at the sediment-water interface. In: The Major Biochemical Cycles and Their Interaction (eds: Bolin, B. and Cook, R. B.). Wiley & sons, New York.

Kaiser, K. L. E., Lum, K. R., Comba, M. E., Palabrica, V. S. (1990): Organic trace contaminants in St. Lawrence River water and suspended sediments, 1985-1987. Science-of-the-Total-Environment. 1990. 97-98, 23-40.

Kalbhen, D. A. and Koch, H. J. (1967): Methodische Untersuchungen zur quantitativen Mikrobestimmung von ATP in biologischem Material mit dem Firefly-Enzym-system. Z. kin. Chem. u. klin. Biochem., 5, 299-304.

Kari, F.G. und Herrmann, R. (1989): Abspülung von organischen Spurenschadstoffen und Schwermetallen aus einem städtischen Einzugsgebiet: Ganglinienanalyse, Korngrößenzuordnung und Metallspeziesauftrennung.- Deutsche Gewässerkundliche Mitteilungen 33, H. 5/6, 172-183.

Kaye, B. H. (1993a): Fractal dimension in data space; new descriptors for fineparticle systems. Part. Part. Syst. Charact. 10, 191-200.

Kaye, B. H. (1993b): Applied fractal geometry and the fineparticle specialist. Part I: Rugged boundaries and rough surfaces, Part. Part. Syst. Charact. 10 (1993) 99-110.

Karickhoff, S. W. (1981): Semi-empirical estimation of sorption of hydrophobic pollutants on natural sediments ans Soils. Chemosphere 10, 833-846.

Karickhoff, S.W. (1984): Organic Pollutant Sorption in Aquatic Systems. Journal of the Hydraulic Division ASCE, Vol. 110, 707-735.

Karickhoff, S. W., Brown, D. S. and Scott, T. A. (1979): Sorption of hydrophobic pollutants on natural sediments.- Water Research 13, 241-248.

Katrinak, K., Rez, P., Perkes, P. *et al.*, (1993): Fractal geometry of carbonaceous aggregates from an urban aerosol, Environ. Sci. Technol. 1993, 27, 539-547.

Kemp, P. F. (1990): The fate of benthic bacterial production. Reviews in Aquatic Science 2, 109-124.

Kepkay, P. E. (1994): Particle aggregation and the biological Activity of Colloids. Mar. Ecol. Prog. Ser., 109, 293-304.

Kern, U., Wüst, W., Daub, J., Striebel, T. und Herrmann, R. (1992): Abspülverhalten von Schwermetallen und organischen Mikroschadstoffen im Straßenabfluß.- GWF Wasser, Abwasser 133, H. 11, 567-574.

Kheoruenromme, J., Gardner, L. R. (1979): Dissolved iron - an indicator of groundwater component of small streams drainign a granite terrain, South Carolina. Water Resources Research 15(1), 15-21.

Kies, L. Fast, T. Wolfenstein, K. and Hoberg, M. (1996): On the role of algae and their exopolomers in the formation of suspended particulate matter in the Elbe estuary (Germany). Arch. Hydrobiol. Spec. Issues Advanc. Limnol. 47, p 93-103.

Kiorboe, T., and Hansen, J. L. S. (1993): Phytoplankton aggregate formation: observations of pattern and mechanisms of cell sticking and the significance of exopolymeric material. Journal of Plankton Research, 15(9), 993-1018.

Knauth, H. D., Gandrass, J. und Sturm, R. (1993): Vorkommen und Verhalten von organischer und anorganischer Mikroverunreinigungen in der mittleren und unteren Elbe. - Forschungsbericht: 10204363, UBA-FB 93-122, im Auftrag des Umweltbundesamtes.

Koch, R. (1989): Umweltchemikalien. Stuttgart, 234 S.

Köhler, J. (1993): Growth, production and losses of phytoplankton in the lowland river Spree. I. Population Dynamics. J. Plankton Res. 15, 335-349.

Komar, P. D., & Reimers, C. E. (1978): Grain shape effects on settling rates. J. Geol. 86., 193-209.

Konhauser, K. O., Schulze-Lam, S., Ferris, F. G. *et al.* (1994): Mineral precipitation by epilithic biofilms in the speed river, Ontario, Canada. Applied and Environmental Microbiology, 549-553.

Kranck, K. (1975): Sediment deposition from flocculated suspension. Sedimentology 22, 111-123.

Kranck, K. (1981): Particulate matter grain-size characteristics and flocculation in partially mixed estuary. Sedimentology, 28, 107-114.

Kranck, K. (1984): The role of flocculation in the filtering of particulate matter in estuaries. In: The Estuary as a Filter, ed. by V. S. Kennedy. New York, 159-175.

Krein, A. (1996): Räumliche Maßstäbe in der Hydrologie - Strukturuntersuchungen an Leitfähigkeitslaängsprofilen in der Ruwer sowie ausgewählten Nebengewässern. Diplomarbeit im Fachbereich VI Abteilung Hydrologie an der Universität Trier.

Krishnappan, B. G. (1990): Modelling of settling and flockulation of fine sediments in still water. Can. J. Civ. Eng. 17, 763-770.

Kuballa, J., Griebe, T., Ebinghaus, R. und Wilken, R.-D. (1995): Sorption von Tributylzinn an Biofilmen der Elbe. Vom Wasser, 85, 11-20.

Kummert, R. und Stumm, W. (1989): Gewässer als Ökosysteme - Grundlagen des Gewässerschutzes. 331 S., 2. Aufl., Stuttgart.

Kuntz, K. W. and Warry, N. D. (1983): Chlorinated organic contaminants in water and suspended sediments of the lower Niagara River. Journal-of-Great-Lakes-Research. 1983. 9(2), pp 241-248.

Ladle, M.,Welton, J. A., and Bell, M. C. (1987): Sinking rates and physical properties of faecal pellets of freshwater invertibrates of the Genera Simulium and Gammarus. Arch. Hydrobiol. 108, 411-424.

Langedal, M., Ottesen, R., Bogen, J., (1996) Time variation in the chemical composition of sediment in three norwegian rivers - natural and anthopogenic causes, Arch. Hydrobiol. Spec. Issues Advanc. Limnol. 47, 29-39.

Latimer, J. S., Hoffman, E. J., Hoffman, G., Fasching, J. L. u. Quinn, J. G. (1990): Sources of petroleum hydrocarbons in urban runoff.- Water, Air, and Soil Pollution 52, 1-21.

Lau, Y. L. (1996): Modelling cohesive sediment settling. Arch. Hydrobiol. Spec. Issues Advanc. Limnol. 47, 363-371.

Lazarova, V. and Manem, J. (1995): Biofilm characterization and activity analysis in water and wastewater treatment. Wat. Res. Vol. 29, No. 10. 2227-2245.

Lee, B. G. and Fisher, N. S. (1992): Degradation and chemical release rates from phytoplankton debris and their geochemical implications. Limnol. Oceanol. 37: 1345-1360.

Lensing H. J., Vogt, M. and Herrling, B. (1994): Modeling of biologically mediated redox processes in the subsurface. Journal of Hydrology, 159, 125-143

Lewin, J. and Wolfenden, P. J. (1978): The assessment of sediment sources: a field experiment. Earth Surfaces Processes and Landforms 3, 171-178.

Li, D.-H. and Ganczarczyk, J. (1989): Fractal geometry of particle aggregates generates in water and wastewater treatment processes. Environ. Sci. Technol., 1385-1389.

Li, C.K. and Kamens, 1993: The use of polycyclic aromatic hydrocarbons as source signatures in the receptor modeling. Atmospheric Environment, 27A(4), 523-532.

Lichtenthaler, H. K. (1987): Chlorophylls and carotinoids: pigments of photosynthetic biomass. Methods in Enzymology, 18, 350-382

Lick, W. (1982): Entrainment, deposition, and transport of fine-grained sediments in lakes. Hydrobiologia, 91, 31-40.

Lick, W., Huang, H., Jepsen, R. (1993): Flocculation of fine-grained sediments due to different settling. Journal of Geophysical Research, 98, NO. C6, 10,279-10,288.

Liu, D., Lau, Y. L., Chau, Y. K. and Pacepavicius, G. J. (1993): Characterization of biofilm development on artificial substratum in natural water. Wat. Res. Vol. 27, No. 3, 361-367.

Loder, T. C. and Liss, P. S. (1981): Control by organic coatings by the surface charge of estuarine suspended particles. Limnol. Oceanogr., 30(2), 418-421.

Lum, K. R., Kaiser, K. L. E. and Jaskot, C. (1991): Distribution and fluxes of metals in the St. Lawrence river from the outflow of Lake Ontario to Quebec city. Aquatic-Sciences. 1991. 53(1), 1-19.

Lush. D. L. and Hynes, H. B. N. (1973): The formation of particles in freshwater leachates of dead leaves. Limnology and Oceanography, 18(6), 968-977.

Mackay, D. *et al.* (1992): Illustrated handbook of physical-chemical properties and environmental fates of organic chemicals.- Bd. 2, Chelesa, Michigan.

Maguire, R. J., Kuntz, K. W. and Hale, E. J. (1983): Chlorinated hydrocarbons in the surface microlayer of the Niagara River. Journal-of-Great-Lakes-Research. 1983. 9(2), 281-286.

Mandelbrot, B., Passoja, D. E., and Paullay, A. J. (1984): Fractal character of fracture surfaces of Metals. Nature, Vol., 308(19), 721-722.

Melack, J. M. (1985): Interactions of detrital particulates and plankton. Hydrobiologia, 125, 209-220.

Merriman, J. C., Wilkinson, R. J., Kraft, J. A. and Anthony, D. H. (1991): Rainy river water quality in the vicinity of bleached kraft mills. Chemosphere. 1991. 23/11-12, 1605-1615.

Michelbach, S. (1995): Origin, resuspension and settling characteristics of solids transported in combined sewage.- Water Science and Technology 31, H. 7, 69-76.

Miguel, A. H. and Pereira, P. A. (1989): Benzo(k)fluoranthene, benzo(ghi)perylene, and indeno(1,2,3-cd)pyrene: new tracers of automotive emissions in receptor modeling.- Aerosol Science and Technology 10, 292-295.

Milliman, J. D. and Meade, R. H. (1983): World-wide delivery of river sediments in the oceans. J. Geol. 91: 1-21.

Möller-Lindenhof, N. u. Reincke, H. (1991): Problematik der Standardisierung von Schwermetallgehalten in Sedimenten auf Korngrößenfraktionen.- Deutsche Gewässerkundliche Mitteilungen 35, H. 2, 42-45.

Müller, M. J. (1976): Untersuchungen zur pleistozänen Entwicklungsgeschichte des Trierer Moseltales und der wittlicher Senke.- (=Forschungen zur Dt. Landeskunde, Band 207), Trier, 185 S.

Murphy, E. M., Zachara, J. M. and Smith, S. C. (1990): Influence of mineral-bound humic substances on the sorption of hydrophobic organic compounds.- Environmental Science and Technology 24, H. 10, 1507-1516.

Muschak, W. (1989): Straßenoberflächenwasser- eine diffuse Quelle der Gewässerbelastung.- Vom Wasser 72, 267-282

Nagel, A. (1995): Untersuchung transportdynamischer Prozesse im Olewiger Bach. Diplomarbeit im Fach Hyrologie, Universität Trier.

Namer, J. and Ganczarczyk, (1993): Setting properties of digested sludge particle aggregates. Wat. Res. 27(8), 1285-1294.

Negendank, J. (1983): Trier und Umgebung. Sammlung Geologischer Führer Bd. 60, Berlin - Stuttgart, 195 S.

Ogunsola, O. J., Oluwole, A. F. and Asubiojo, O. I. (1994): Traffic pollution: preliminary elemental characterisation of roadside dust in Lagos, Nigeria.- The Science of the Total Environment 146/147, 175-184.

Olive,L. J. Olley, J. M., Murray, A. A. and Wallbrink, P. J. (1995): Variation in sediment transport at a variety of temporal scales in the Murrumbidgee river, New South Wales, Australia.- In: Effects of Scale on Interpretation and Management of Sediment and Water Quality, (Proceedings of the Boulder Symposium). IHAS Publ. No. 226, 275-284.

Ongley, E. D., Bynoe, M. C., Percival, J. B. (1981): Physical and geochemical characteristics of suspended solids, Wilton Creek, Ontario.- Can. J. Earth Sci. 18, 1365-1379.

O'Melia, C. R. and Tiller, C. L. (1993): Physicochemical aggregation and deposition in aquatic environments. In: Buffle, J., van Leewen, H. P. (eds.): Environmental Particles, Vol. 2. Internation Union of Pure and Applied Chemistry, Environmental Analytical and Physical Chmeistry Series. Lewis Publishers, Ann Arbor, 353-385.

Parlar, H. und Angerhöfer, D. (1991): Chemische Ökotoxikologie.- Berlin.

Partheniades, E. (1986a): Turbidity and cohesive sediment transport. Marine Interfaces Ecohydrodynamics. Proc. 17th Liege Colloquim, Elsevier Oceanography Series, 42, 515-550.

Partheniades, E. (1986b): The present state of knowledge and needs for future research on cohesive sediment dynamics, in: Wang, S. Y., Shen, H. W. and Ding, L. Z. (Eds): River Sedimentation Vol. III. Proceddings of the Third International Symposium on River Sedimentation, 3-25.

Passow, U., Alldredge, A. L. and Logan, B. E. (1994): The role of particulate carbohydrates exudates in the flocculation of diatom blooms. Deep-Sea Research I, 41(2), 335-357.

Peart, M. R. & Walling, D. E. (1982): Particle size characteristics of fluvial suspended sediment. in: Recent Developments in the Explanation and Prediction of Erosion and Sediment Yield (Proceedings of the Exeter Symposium, July 1982). IAHS Publ. no. 137, 397-407.

Pejrup, M. (1991): The influence of flockulation on cohesive sediment transport in a microtidal estuary. In: Clastic Tidal Sedimentology, ed. by Smith D. G. *et al.*, Canadian Society of Petroleum Geologists. Memoir 16, 283-290.

Perret, D., Newman, M. E., Nègre, J.-C. *et al.* (1993): Submicron particles in the river Rhine - I. Physico-Chemical Characterization. Wat. Res., 28(1), 91-106.

Perry, R. and McIntyre, A. E. (1986): Impact of motorway runoff upon surface water quality.- In: Effects of Land Use on Fresh Waters, Agriculture, Forestry, Mineral Exploitation, Urbanisation. Solbe, J.F. de L.G. (Hrsg.), 53-67, Chichester.

Petts, G. E. (1984): Impounded rivers. Chichester.

Peyton, B. M. (1996): Effects of shear stress and substrate loading rate on Pseudomonas Aeruginosa biofilm thickness and density. Wat. Res., 30(1), 29-36.

Pfeiffer, W. C., Fiszman, M., Malm, O., and Azcute, J. M. (1986): Heavy metal pollution in the Paraiba do Sul river, Brazil. Science-of-the-Total-Environment. 1986. 58(1-2), 73-79.

Pflock, H., Georgii, H. W., Müller, J. (1983): Teilchengebundene polycyclische aromatische Kohlenwasserstoffe (PAK) in belasteten und unbelasteten Gebieten.- Staub Reinhalt. Luft, 43, 230-234.

Platford R. F., Maguire, R. J., Tkacz, R. J., Comba, M. E., Kaiser, K. L. (1985): Distribution of hydrocarbons and chlorinated hydrocarbons in various phases of the Detroit River. Journal-of-Great-Lakes-Research. 1985. 11(3), 379-385.

Prahl, F.G. and Carpenter, R. (1983): Polycyclic aromatic hydrocarbon (PAH)-phase associations in Washington coastal sediment.- Geochimica et Cosmochimica Acta 47, 1013-1023.

Prochnow, D., Engelhardt, C. and Bungartz, H. (1996): On the settling velocity distribution of suspended sediments in the Spree river. Arch. Hydrobiol. Spec. Issues Advanc. Limnol. 47, 389-400.

Pozo, J., Elosegui, A. and Basaguren, A. (1994): Seston transport variability at different spatial and temporal scales in the Agüera watershed (North Spain). Wat. Res. Vol. 28(1), 125-136.

Pridmore, R. D., Cooper, A. B., Hewitt, J. E. (1984): ATP as a biomass indicator in eight North Island lakes, New Zealand. Freshwater Biol. 14, 75-78.

Raunkjaer, K., Hvitved-Jacobsen, T. and Nielsen, P. H. (1994): Measurement of pools of protein, carbohydrate and lipid in domestic wastewater. Wat. Res. Vol. 28, No. 2, 251-262.

Riebesell, U. (1991): Particle aggregation during a diatom bloom. II. Biological aspects. Mar. Ecol. Prog. Ser. 69, 281-291.

Rittmann, B. E. (1993): The significance of biofilms in porous media. Water Resources Research, Vol. 29, No. 7, 2195-2202.

Rees, T. F., Leenheer, J. A. and Ranville, J. F. (1991): Use of a single-bowl continuous-flow centrifuge for dewatering suspended sediments: Effects on sediment physical and chemical characteristics. Hydrological Processes, Vol. 5, 201-214.

Rich, P. H., and Wetzel, R. G. (1978): Detritus in the lake ecosystem. Am. Nat. 112, 57-71.

Richter, G. (1983): Der Landschaftsraum Trier. Böden. Mitt. Dtsch. Bodenkundl. Gesell. 37, 3-22.

Rogge, W. F., Hildemann, L. M., Mazurek, M. A. and Cass, G. R. (1993): Sources of fine organic aerosol. 3. road dust, tire debris, and organometallic brake lining dust: roads as sources and sinks.- Environmental Science and Technology 27, H. 9, 1892-1904.

Rogak, S. N., Flagan, R. C. and Nguyen, H. V. (1993): The mobility and structure of aerosol agglomerates. Aerosol Sci. Technol. 18, 25-47.

Rostad, C. E., Pereira, W. E. and Leiker, T. J. (1994): Distribution and transport of selected anthropogenic organic compounds on Mississippi River suspended sediment (USA), May/June 1988. Journal-of-Contaminant-Hydrology. 1994. 16(2), 175-199.

Santiago, S., Thomas, R. L., McCarthy, L. *et al.* (1992): Particle size characteristics of suspended and bed sediments in the Rhone river.- Hydrological Processes, 6, 227-240.

Santschi, P. H. (1988): Factors controlling the biogeochemical cycles of trace elements in fresh and coastal marine waters as revealed by artificial radioisotopes. Limnol. Oceanogr., 33, 848-866.

Santschi, P. H. and Honeyman, B. D. (1991): Are thorium scavenging and particle fluxes in the ocean regulated by coagulation? In: Kershaw, P. J., Woodhead, D. S. (eds.): Radionuclides in the Study of Marine Processes. Elsevier Applied Science, New York, 107-115.

Schachtschabel, P., Blume, H.P., Brümmer, G. u.a. (1989): Lehrbuch der Bodenkunde.- Stuttgart.

Schäfer, K., Barrenstein, A. Alberti, J. und Lokotsch, R. (1993): TOC-Bestimmung in Schlämmen, Sedimenten und Schwebstoffen - Beschreibung des Verfahrens und begleitender Qualitätssicherungsmaßnahmen. Acta hydrochim. hydrobiol. 21, 299-307.

Schallenberg, M. and Kalff, J. (1993): The ecology of sediment bacteria in lakes and comparisons with other aquatic ecosstems. Ecology, 74(3), 919-934.

Schinkel, H. (1991): Die Verwendung spektrochemischer Puffer in der Flammen-AAS. GIT Fachzeitschrift Labor 1, 25-30.

Schneck,B. (1996): Austrag ausgewählter partikelgebundener Schadstoffe von einer Straßenoberfläche. Diplomarbeit im Fach Hydrologie an der Universität Trier, 114S.

Schorer, M., Bierl, R. und Symader, W. (1994): Zeitliche Veränderung von Schadstoffgehalten in Flußsedimenten. Vom Wasser, 83, 117-126.

Schorer, M. (1997): Pollutant and organic matter content in sediment particle size fractions: Space-time patterns of organic contaminants in river bottoms sediments. Freshwater Contamination (Proceedings of the Rabbat Symposium S4, April-May, 1997), IAHS Publ. no. 243, 359-67.

Schröder, D. (1983): Böden. Mitt. Dtsch. Bodenkundl. Gesell. 37, 159-284.

Schwar, M. J., Moorcroft, J. S., Laxen, D.P., Thompson, M. and Armorgie, C. (1988): Baseline metal-in-dust concentraitons in greater London.- The Science of the Total Environment 68, 25-43

Seiler, P. (1996): Erosion an Fließgewäserufern: zeitliche und räumliche Varianz der Ufererosion am Olewiger Bach und auftretende Meßprobleme. Diplomarbeit an der Universität Trier - Fachbereich VI: Geographie/Geowissenschaften.

Sharpley, A. N. and Syers, J. K. (1979): Phosphorus inputs into a stream draining an agricultural watershed. II. Amounts contributed and relative significance of runoff types. Water, Air and Soil Pollution 11, 417-428.

Sherdshoopongse, P., Thapornsawati, S., and Kwankaew, J. (1991): The distribution of organic matter in Songkhla Lake Basin (SLB). Environmental-Monitoring-and-Assessment. 1991. 19(1-3), pp 457-467.

Shuman, F. R. and Lorenzen, C. J. (1975): Quantitative degradation of chlorophyll by a marine herbivore. Limnol. Oceanogr. 20, 580-586.

Smock, L. A., Metzler, G. M. & Gladden, J. E. (1989): Role of debris dams in the structure and functioning of low-gradient headwater streams. Ecology, 70(3): 764-775.

Spicer, P. T. and Pratsinis, S. E. (1996): Shear-induced flocculation: the evolution of floc structure and the shape of the size distribution and steady state. Wat. Res. Vol. 30(5), 1049-1056.

Stanley, H. E. and Meakin, P. (1988): Multifractal phenomena in physics and chemistry. Nature, 335, 405-409.

Stone, M., English, M. C. and Mulamoottil, G. (1991): Sediment and nutrient transport dynamics in two tributaries of Lake Erie: A Numerical Model. Hydrological Processes, 5, 371-382.

Stone, M. and English, M. C. (1993): Geochemical composition, phosphorus speciation and mass transport of fine-grained sediment in two lake Erie tributaries. Hydrobiologia, 253, 17-29.

Stone, M. and Saunderson, H. (1992): Particle size characteristics of suspended sediment in southern Ontario rivers tributary to the Great Lakes. Hydrological processes, Vol. 6, 189-198.

Stone, M. and Droppo, I. G. (1994): In-channel surficial fine-grained sediment laminae. Part II: Chemical characteristics and implications for contamiant transport in fluvial systems. Hydrological Processes, Vol. 8, 113-124.

Stotzky, G. (1985): Mechanisms of adhesion to clays, with reference to soil systems. In: Bacterial Adhesion (Ed. by D. Savage and M. Fletcher), Plenum, New York, 195-254.

Strehler, B. L. and Totter, J. R. (1952): Firefly luminescence in the study of energy transfer mechanisms. I. substrates and enzyme determination. Arch. Biochem. Biophys. 40, 28-41.

Strunk, N. (1992): Case sudies of variations in suspended mater transport in small catchments.- Hydrobiologia 235/236, 247-255.

Strunk (1993): Schwebstofftransport und Hochwasserdynamik - Eine Untersuchung über das Trasnportverhalten gelöster und susnpendierter Wasserinhaltsstoffe zur Identifikation aktiver partikulärer Stoffquellen.- Dissertation Universität Trier, 167 S.

Sundermeyer, H. (1979): Vergleichende Untersuchungen am energie-Stoffwechsel von unterschiedlich angezogenen Nitrobacter-Zellen. Dissertation, Universität Hamburg.

Symader, W. , Bierl, R. und Strunk, N. (1991): Die zeitliche Dynamik des Schwebstofftransportes und seine Bedeutung für die Gewässerbeschaffenheit. Vom Wasser, 77, 159-169.

Symader W. and Strunk, N. (1991): Transport of suspended matter in small catchments. Intern. Symp. on the trasnport of suspended sediments and its mathematical modelling, Florence (Italy), 239-252.

Symader, W. and Strunk, N. (1992): Determing the source of suspended particulate matter. Erosion, Debris Flows and Environmental in Mountain Regions (Proceedings of the Chendu Symposium, July 1992). IAHS Publ. no. 209, 177-185.

Symader, W., Bierl, R. and Hampe, K. (1994): Temporal variations of organic micropollutants during strom events in a small river catchment. Hydrological, Chemical and Biological Processes of Transformation and Transport of Contamiants in Aquatic Environments (Proceedings of the Rostov-on-Don Symposium, May, 1993). IAHS Publ. no. 219, 423-428.

Symader, W., Schorer, M. and Bierl, R. (1997): Space-time patterns of organic contaminants in river bottoms sediments. Freshwater Contamination (Proceedings of the Rabbat Symposium S4, April-May, 1997), IAHS Publ. no. 243, 37-44.

Takada, H., Onda, T. and Ogura, N. (1990): Determination of polycyclic aromatic hadrocarbons in urban street dusts and their source materials by capillary gas chromatography.- Environmental Science and Technology 24(8), 1179-1186.

Takada, H., Onda, T., Harada, M. and Ogura, N. (1991): Distribution and sources of polycyclic aromatic hydrocarbons (PAHs) in street dust from the Tokyo Metropolitan area.- The Science of the Total Environment 107, 45-69.

Taylor, S. W. and Jaffé (1990a): Biofilm growth and the related changes in the physical properties of a porous medium - 1. Experimental Investigation. Water Resources Research, Vol. 26, No. 9, 2153-2159.

Taylor, S. W. and Jaffé (1990b): Biofilm growth and the related changes in the physical properties of a porous medium - 2. Permeability. Water Resources Research, Vol. 26, No. 9, 2161-2169.

Taylor, S. W. and Jaffé (1990c): Biofilm growth and the related changes in the physical properties of a porous medium - 3. Dispersivity and model verification. Water Resources Research, Vol. 26, No. 9, 2171-2180.

Ten Brinke, W. B. (1996): The impact of primarily produced organic matter on the aggregation of suspended sediments. Arch. Hydrobiol. Spec. Issues Advanc. Limnol. 47, 77-91.

Tsai, C. H., Iacobellis, S., Lick, W. (1987): Flocculation of fined-grained lake sediments due to an uniform shear stress.- Journal of Great Lake Research 13(2), 135-146.

Turley, C. M. and Lochte, K. and Patterson, D. J. (1988): A barophyllic flagellate isolated from 4500 m in the mid-North Atlantic. Deep-Sea Res., 35, 1079-1092.

Turley, C. M. and Lochte, K.(1990): Microbial response to the input of fresh detritus to the Deep-sea bed. Palaeogeogr. Palaeoclim. Palaeoecol., 89, 3-23.

Udelhoven (1992): Das computergestütze Partikelanalysesystem GALAI CIS-1 und seine Eignung für die Untersuchung von Schwebstoffen. Diplomarbeit im Fachbereich VI Abteilung Hydrologie an der Universität Trier.

Udelhoven, T., & Symader, W. (1995): Particle characterisitics and their significance in the identification of suspended sediment sources. In: Tracer Technologies for hydrological systems. IAHS Publ. No. 229. 153-162.

Umlauf, G. and Bierl, R. (1987): Distribution of organic micropollutants in different size fractions of sediment and suspended solid particles of the river Rotmain.- Zeitschrift für Wasser- und Abwasser-Forschung 20, 203-209.

Van Wambeke, F. and Bianchi, M. A. (1985): Bacterial biomass production and ammonium regeneration in mediterranean sea water supplemented with amino acids. 1. Correlation between bacterial biomass, bacterial activities and environmental parameters. Mar. Ecol. 23, 107-115.

Vandevivere, P. and Kirchman, D. L. (1993): Attachment stimulates exopolysaccharide synthesis by a bacterium. Applied and Environmental Microbiology, 3280-3286.

Vermette, S. J. (1991): Temporal variability of the elemental composition in urban street dust.- Environmental Monitoring and Assessment 18, S. 69-77.

Wagner, W. (1983): Geologie des Trier Raumes.- Mitt.Dtsch. Bodenkundl. Gesellsch. 37, 90-122.

Wakeham, S. G., Schaffner, C. and Giger, W. (1980): Polycyclic aromatic hydrocarbons in recent lake sediments - I. Compounds having anthropogenic origins.- Geochimica et Cosmochimica Acta 44, 403-413

Wallace, J. B., Webster, J. R., and Cuffney, T. F. (1982): Stream detritus dynamics: regulation by invertebrate consumers. Oecologia 53, 197-200.

Walling, D. E. (1983): The sediment delivery problem. Journal of Hydrology, 65, 209-237.

Walling D. E., Kane, P. (1982): Temporal variation of suspendes sediment properties.- In: Recent Developments in the Explanation and Prediction of Ersion and Sediment Yield (Proceedings of the Exeter Symposium, July 1982). IAHS Publ. 137, Wallingford/Oxfordshire, 409-419.

Walling, D. E., Moorehead, P. W. (1987): Spatial and temporal variation of the particle-size characteristics of fluvial suspended sediment. Geografiska Annaler, 69A, 47-59.

Walling, D. E., Moorehead, P. W. (1989): The particle size characteristics of fluvial suspendes sediment: an overview.- Hydrobiologia 176/177, 125-149.

Walling, D. E. and Webb, B. W. (1982): Sediment availibility and the prediction of storm-period sediment yields. Intern. Assoc. Hydrological Soc. (IAHS) Publ. No. 137, 327-338.

Walling, D. E. and Woodward, J. C. (1993): Use of a field-based elutritation system for monitoring the in situ particle size characteristics of fluvial suspended sediment. Wat. Res. Vol. 27(9), 1413-1421.

Walther, W. (1980): Prozeß des Stoffabtrags und der Stoffauswaschung während un nach Starkregenereignissen in acekrbaulich genutzten Gebieten. - 2. Stoffauswaschung. Zeitschrift für Kulturtechnik und Flurbereinigung, 21, 145-153.

Warry, N. D. and Chan, C. H. (1981): Organic contaminants in the suspended sediments of the Niagara River. Journal-of-Great-Lakes-Research, 7(4), 394-403.

Watts, S. E. J. and Smith, B. J. (1994): The contribution of highway run-off to river sediments and implications for the impounding of urban estuaries: a case study of Belfast.- The Science of the Total Environment 146/147, 507-514.

Webster, J. R. (1983): The role of benthic macroinvertibrates in detritus dynamics of dtreams: a computer simulation. Ecol. Monogr. 53, 383-404.

Webster, J. R., Benfield. E. F. (1986): Vascular plant breakdown in freshwater ecosystems. - Ann. Rev. Ecol. Syst. 17: 567-594.

Webster, J. R., Benfield. E. F., Golladay, S. W., Hill, G. H., Hornick, L. E. *et al.* (1987): Experimental studies of physical factors affecting seston transport in streams. Limnol. Oceanogr., 32(4), 848-863.

Webster, J. R., Golladay, S. W., Benfield, E. F., D'Angelo, D. J. and Peters, G. T. (1990): Effects of forest disturbance on Particulate Organic matter Budgets of Small Streams. J. N. Am. Benthol. Soc. 9. 120-140.

Weiler, H. (1984): Zur Hydrogeologie des Idarwaldes. - In: Fach- und Mitteilungsblatt der Vereinigung der Absolventen und Freunde der Fachhochschule des Landes Rheinland-Pfalz, Abteilung Trier, Jahrgang 33, Heft 3/4, Trier, S. 14-16.

Wells. J. T., and Shanks, A.L. (1987): Observation and geologic significance of marine snow in a shallow-water, partially enclosed marine embayments. J. Geophys. Res. 92(C12), 13185-13190.

Westall, F. and Rincé (1994): Biofilms, miocrobial mats and microbe-particle interactions. Electron microscope observations from diatomaceous sediments. Sedimentology, 41, 147-162.

Wiltshire, K., Geissler, C., Schroeder, F. & Knauth, H.D. (1996): Pigments in suspended matter from the Elbe estuary and the German Bight. Their use as marker compounds for the characterisation of suspended matter and in the interpretation of heavy metal loadings, Arch. Hydrobiol. Spec. Issues Advanc. Limnol. 47, 53-63.

Witzel, K. P. (1979): The adenylate energy charge as a measure of microbial activities in aquatic habitats. Arch. Hydrobiol. Beih. Ergebn. Limnol. 12, 165-176.

Wood, P. A. (1977): Controls of variation in suspended sediment concentration in the river Rother, West Sussex, England. Sedimentology 24(3), 437-445.

Wotten, R. S. (1990): The biology of particles in aquatic systems. CRC Press, Boston, Massachusetts.

Wotton, R. S., Malmqvist, B. and Ashfort, K. (1995): The retention of particles intercepted by a dense aggregation of lake-outlet suspension feeders. Hydrobiolgia, 306, 125-129.

Wotton, R. S. (1996): Colloids, bubbles, and aggregates - a perspective on their role in suspension feeding. J. N. Am. Benthol. Soc. 15, 127-135.

Xanthopoulos, C. (1992): Niederschlagsbedingter Schmutzstoffeintrag in die Kanalisation.- In: Schadstoffe im Regenabfluß II (= Schriftenreihe des ISWW Karlsruhe, 64, 147-166). München.

Zöller, L. (1984): Reliefentwicklung und geomorphologische Probleme im Hunsrück und im angrenzenden Saar-Nahe-Bergland.- In: Jätzold, R. (Hrsg., 1984): Der Trierer Raum udn seine Nachbargebiete. Exkursionsführer anläßlich des 19. Deutschen Schulgeographentages, Trier, S. 65-71.

Zysset, A., Stauffer, F., and Dracos, T. (1994): Modeling of reactive groundwater transport governed by biodegradation. Water Resources Research, Vol. 30, No. 8, 2423-2434.

TRIERER GEOGRAPHISCHE STUDIEN

Sonderheft 1 Hans-Josef Niederehe/Hellmut Schroeder-Lanz (Hrsg.)

Beiträge zur landeskundlich-linguistischen Kenntnis von Quebec.- 1977. 225 Seiten, 52Abbildungen, 23 Tabellen, 18 Bilder, 3 Karten und 1 Satellitenmosaik im Anhang. vergriffen

Sonderheft 2 Ludger Müller-Wille/ Hellmut Schroeder-Lanz (Hrsg.)

Kanada und das Nordpolargebiet.- 1979. 258 Seiten, 56 Figuren, 20 Tabellen, 38 Bilder. vergriffen

Sonderheft 3 Festkolloquium für Ernst Neef.

Veranstaltet am 27. April 1978 in der Universität Trier anläßlich der Verleihung der Goldenen Carl-Ritter-Medaille der Gesellschaft für Erdkunde zu Berlin an Professor Dr. Ernst Neef. -Herausgegeben von Ralph Jätzold. Aus dem Inhalt: Schmithüsen, Josef: Die säkulare Umwandlung der Landschaft durch den Menschen und ihre Folgen als Forschungsaufgabe.- 1979. 45 Seiten. DM 14,80

Sonderheft 4/5 Hellmut Schroeder-Lanz (Hrsg.)

Stadtgestalt-Forschung. Deutsch-kanadisches Kolloquium. Trier, 14. bis 17. Juni 1979.- 1982/86. Teil I: S. 1-364, 94 Figuren, 6 Tabellen, 6 Karten; Teil II: S. 365-778, 99 Figuren, 37 Tabellen, 3 Karten. DM 97,00

Sonderheft 6 Ralph Jätzold (Hrsg.)

Der Trierer Raum und seine Nachbargebiete. Exkursionsführer anläßlich des 19. Deutschen Schulgeographentages Trier 1984.- 1984. 360 Seiten. vergriffen

Heft 1 **Eberhard Blohm:** Landflucht und Wüstungserscheinungen im südöstlichen Massif Central und seinem Vorland seit dem 19. Jahrhundert.- 1976. 249 Seiten, 32 Figuren, 62 Tabellen, 18 Bilder, 1 Karte im Anhang. vergriffen

Heft 2 **Otmar Werle:** Das Weinbaugebiet der deutsch-luxemburgischen Obermosel.- 1977. 210 Seiten, 41 Figuren, 32 Tabellen. vergriffen

Heft 3 **Horst Kutsch:** Das Zerealienklima der marokkanischen Meseta. Transpirationsdynamik von Weizen und Gerste und verdunstungsbezogene Niederschlagswahrscheinlichkeit.- 1978. 154 Seiten, 19 Figuren, 63 Tabellen. DM 24,50

Heft 4 **Karl-Heinz Weichert:** Das Fremdenverkehrspotential und die Erscheinungsformen des Fremdenverkehrs als Untersuchungsgegenstand der Fremdenverkehrsgeographie, dargestellt am Beispiel des Planungsraumes Westeifel.- 1980. 259 Seiten, 36 Figuren, 43 Tabellen. DM 45,00

Heft 5 **Horst Kutsch:** Principal Features of a Form of Water-Concentrating Culture on Small Holdings with Special Reference to the Anti Atlas. A contribution to the debate on aridity thresholds and the question of transferring cultivation methods to areas of the world with similar climates.- 1982. 99 Seiten, 28 Figuren, 10 Tabellen, 5 Karten (davon 1 Karte im Anhang), 6 Farbphotos. DM 49,80

Heft 6 **Guido Gross:** Geographie in Universität, Schule und Gesellschaft. Ansätze im 18. und frühen 19. Jahrhundert in Trier.- 1981. 79 Seiten, 5 Abbildungen. DM 15,90

Heft 7 **Mechthild Kronen:** Bodenerosion in Parana/Brasilien.- 1989. 222 Seiten, 25 Abbildungen, 41 Tabellen, 46 Karten, 9 Fotos, 6 Kartenlegenden als Anlage. DM 49,00

Heft 8 **Berthold Hornetz:** Optimierung der Landnutzung im Trockengrenzbereich des Anbaues. Hydraturbezogene Reaktionsmuster von Tepary-Bohnen und Bambarra-Erderbsen unter Trocken-streßbedingungen sowie Möglichkeiten zur Bestimmung von Ertragsschwellenwerten in potentiellen Anbaugebieten mit Hilfe eines agrarökologischen Simulationsmodelles (mit einem Anwendungsbeispiel aus Südostkenya).- 1991. 226 Seiten, 65 Abbildungen, 33 Tabellen, 2 Karten im Anhang. DM 48,00

Heft 9 **Berthold Hornetz und Dietrich Zimmer** (Hrsg.):
Beiträge zur Kultur- und Regionalgeographie. Festschrift für Ralph Jätzold.- 1993. XXVI und 368 Seiten, 47 Figuren, 41 Tabellen, 18 Karten, 36 Abbildungen, 33 Bilder. DM 49,50

Heft 10 **Harald Leisch:** Demographic Disparities between Thai and Karen as a Result of the Development of the Medical Infrastructure and Population Policies. A Geomedical Study in Changwat Chiang Mai, Northern Thailand.- 1994. 96 Seiten, 41 Figuren, 11 Tabellen, 1 Karte. DM 29,50

Heft 11 **Harald Leisch** (Hrsg.); Perspektiven der Entwicklungsländerforschung. Festschrift für Hans Hecklau.-1995. XVIII und 322 Seiten, 48 Abbildungen, 27 Tabellen, 17 Photos, 21 Karten, 1 Farbkarte als Beilage. DM 39,50

Heft 12 **Christoph Eipper:** Die Bewertung des Umweltrisikos von Gewerbe- und Industriebetrieben - ein Verfahren zur praxisorientierten Durchführung von Umweltrisikoprüfungen auf der Grundlage von Risikostudien für die Versicherungswirtschaft.- 1995. 230 Seiten, 27 Figuren, 65 Tabellen, 9 Diagramme. DM 39,50

Heft 13 **Leonard Palzkill:** Die klimatische Eignung der südlichen Eifel und des mittleren Moseltales für eine landschaftsbezogene Erholung während der Übergangsjahreszeiten.- 1995. XVII u. 244 Seiten, 76 Abbildungen, 25 Tabellen, 31 Karten. DM 39,50

Heft 14 **Irina Kerl:** Multipler Vergleich von Zuordnungswahrscheinlichkeiten. Ein Verfahren zur Verbesserung der Maximum-Likelihood-Klassifikation nach klassenweise optimierter Kanalauswahl.- 1996. 128 Seiten, 17 Abbildungen, 38 Tabellen. DM 39,50

Heft 15 **Stefan Winkler:** Frührezente und rezente Gletscherstandsschwankungen in Ostalpen und West-/Zentralnorwegen. Ein regionaler Vergleich von Chronologie, Ursachen und glazialmorphologischen Auswirkungen.- 1996. 580 Seiten, 225 Abbildungen, 201 Figuren, 44 Tabellen. DM 59,50

Heft 16 **Roland Baumhauer** (Hrsg.): Aktuelle Forschungen aus dem Fachbereich VI Geographie/ Geowissenschaften .- 1997. 378 Seiten, 11 Abbildungen, 164 Figuren, 15 Tabellen.DM 49,50

Heft 17 **Ute C. Herzfeld:** The 1993-1995 Surge of Bering Glacier (Alaska) - a Photographic Documentation of Crevasse Patterns and Environmental Changes. - 1998. 212 Seiten, 276 Figuren, 1 Tabelle. DM 39,50

Heft 18 **Christof Kneisel, Frank Lehmkuhl, Stefan Winkler, Elisabeth Tressel, Hilmar Schröder:** Legende für geomorphologische Kartierungen in Hochgebirgen (GMK Hochgebirge). - 1998. 24 Seiten, DM 9,95

Heft 19 **Thomas Udelhoven:** Die raumzeitliche Dynamik des partikelgebundenen Schadstofftransportes bei Trockenwetterbedingungen in kleinen heterogenen Einzugsgebieten. - 1998. 136 Seiten, 50 Abbildungen, 14 Tabellen. DM 39,50